科技史新视角研究丛书

国家出版基金项目
NATIONAL PUBLICATION FOUNDATION

中国科学院自然科学史研究所 主编

杜新豪 著

农桑本务

明代中后期日用类书中的农学知识

山东科学技术出版社

·济南·

图书在版编目（CIP）数据

农桑本务：明代中后期日用类书中的农学知识 /
杜新豪著 . -- 济南：山东科学技术出版社，2023.4
（科技史新视角研究丛书）
ISBN 978-7-5723-1621-0

Ⅰ . ①农… Ⅱ . ①杜… Ⅲ . ①农学 – 中国 – 明
代 Ⅳ . ① S-092.48

中国国家版本馆 CIP 数据核字（2023）第 066075 号

农桑本务：明代中后期日用类书中的农学知识

NONGSANGBENWU：MINGDAI ZHONGHOUQI
RIYONG LEISHU ZHONG DE NONGXUE ZHISHI

责任编辑：胡启航　杨　磊
装帧设计：孙小杰

主管单位：山东出版传媒股份有限公司
出 版 者：山东科学技术出版社
　　　　　地址：济南市市中区舜耕路 517 号
　　　　　邮编：250003　电话：（0531）82098088
　　　　　网址：www.lkj.com.cn
　　　　　电子邮件：sdkj@sdcbcm.com
发 行 者：山东科学技术出版社
　　　　　地址：济南市市中区舜耕路 517 号
　　　　　邮编：250003　电话：（0531）82098067
印 刷 者：山东新华印务有限公司
　　　　　地址：济南市高新区世纪大道 2366 号
　　　　　邮编：250104　电话：（0531）82079130

规格：16 开（170 mm×240 mm）
印张：14.75　　字数：210 千
版次：2023 年 4 月第 1 版　　印次：2023 年 4 月第 1 次印刷
定价：78.00 元

总序

中国古代的科学技术是推动中华文明发展的重要力量，是中华文脉绵延不绝的源泉。其向外传播及与周边国家地区、域外文明的接触、交流和融合，为世界科学技术的发展做出了非常重要的贡献。古人在农、医、天、算以及生物、地理等领域，取得了许多重大科学发现；在技术和工程上，也完成了无数令人惊叹的发明创造，留下了浩如烟海的典籍和数不胜数的文物等珍贵历史文化遗产。

"五四"运动前后，我国的科技史学科开始兴起，朱文鑫、竺可桢、李俨、钱宝琮、叶企孙、钱临照、张子高、袁翰青、侯仁之、刘仙洲、梁思成、陈桢等在相关学科发展史的研究方面做出了奠基性的工作。从 20 世纪50 年代起，中国逐步建立科技史学科专门研究和教学机构。中国科技史研究者们从业余到专业、从少数人到数百人、从分散研究到有组织建制化活动、从个别学科到整个科学技术各领域，筚路蓝缕，渐次发展，全方位地担负起中国科学技术史研究的责任。

1957 年，中国自然科学史研究室（1975 年扩建为中国科学院自然科学史研究所，简称"科学史所"）成立，标志着中国科学技术史学科建制化的开端。此后六十多年，科学史所以任务带学科，组织同行力量，有计划地整理中国自然科学和技术遗产，注重中国古代科技史研究，编撰出版多卷本大型丛书《中国科学技术史》（简称《大书》，26 卷，1998—2011 年相继出版）、《中国传统工艺全集》（20卷20册，2004—2016年第一、二辑相继出版）和《中国古代工程技术史大系》（2006年开始相继刊印，已出版12卷）等著作。其中，《大书》凝聚了国内百余位作者数十年研究心血，代表着中国古代科技史研究的最高水平。

1978年起，科学史所将研究方向从中国古代科技史扩展至近现代科技史和世界科技史。四十多年来，汇聚同行之力，编撰出版《20世纪科学技术简史》（1985年第一版，1999年修订版）、《中国近现代科学技术史》（1997年）、《中国近现代科学技术史研究丛书》（35种47册，2004—2009年相继出版）和《科技革命与国家现代化研究丛书》（7卷本，2017—2020年出版）等著作，填补了近现代科技史和世界科技史研究一些领域的空白，引领了学科发展的方向。

"十二五"期间，科学史所部署"科技知识的创造与传播研究"一期项目，与同行一道着眼于学科创新，选择不同时期的学科史个案，考察分析跨地区与跨文化的知识传播途径、模式与机制，研究科学概念与理论的创造、技术发明与创新的产生、思维方式与知识的表达、知识的传播与重塑等问题，积累了大量新的资料和其他形式的资源，拓展了研究路径，开拓了国际合作交流的渠道。现已出版的多卷本《科技知识的创造与传播研究丛书》（2018年开始刊印，已出版12卷），涉及农学知识的起源与传播、医学知识的形成与传播、数学知识的引入与传播和技术知识的起源与传播，以及明清之际西方自然哲学知识在中国的传播等方面的主题。丛书纵向贯穿史前时期、殷商、宋代、明清和民国等不同时段，在空间维度上横跨中国历史上的疆域和沟通东西方的丝绸之路，于中国古代科技的史实考证、工艺复原与学科门类史、近现代科学技术由西方向中国传播及其对中国传统知识和社会文化的冲击等方面获得了更多新认知。

科学史所在"十三五"期间布局"科技知识的创造与传播研究"二期

项目，秉承一期项目的研究宗旨和实践理念，继续以国际比较研究的视野，组织跨学科、跨所的科研攻关队伍，探索古代与近现代科学技术创造和传播的史实及机制。项目产出的成果获得国家出版基金资助，将冠以《科技史新视角研究丛书》书名出版。这套丛书的内容包括物理、天文、航海、植物学、农学、医药、矿冶等主题，着力探讨相关学科领域科技知识的内涵、在世界不同国家地区的发展演变与交互影响，并揭示科技知识与人类社会的相互关系，不仅重视中国经验、中国智慧，也关注国外案例和交流研究。

两期项目的研究成果，从更宽视野、更多视角、更深层次揭示了科技知识创造的方式和动力机制及科技知识创造与传播的主体、发挥的作用和关键影响因素，深化了对中国传统科技体系内涵与演变及中外科技交流的多维度认识。

一百多年来，国内外学者前赴后继，在中国古代科学技术史、近现代科学技术史的发掘、整理和研究上已收获累累硕果，形成了探究中国古代和近现代科技史的宏观叙事架构，回答了古代科技的结构与体系特征、思想方法、发展道路、价值作用与影响等一系列问题，开创了近现代科技史研究的新局面。我国学者也迈出了从中国视角研究世界科技史的坚实步伐。

当下我国迈上了全面建设社会主义现代化强国、实现第二个百年奋斗目标、以中国式现代化全面推进中华民族伟大复兴的新征程。这种新形势，一方面需要我国科技群体不停向前沿探索、加快前进的脚步，另一方面也亟需科技史研究机构和学者因应时势进一步深入检视科技史，从中总结经验得失，以支撑现实决策，服务未来发展。在中国历史及世界文明发展的大视野中，进一步总结阐述中国科技发展的体系、思想、成就和特点，澄清关于中国古代科学技术似是而非的认识或争议，充分发掘传统科技宝库以为今用，将有助于讲好中国科技发展的故事，回答国家和社会公众的高度关切之问，推动中华优秀传统文化的创造性转化和创新性发展，提振民族文化自信和创新自信。

《科技史新视角研究丛书》结合微观实证和宏观综合研究，在这承前启后的科技史研究序列中，薪火相传，继往开来。它以新视角带来新认知，在中国古代与近现代科技史实、中外科技交流的研究中，必将更好地发挥以史为鉴的作用。

关晓武

2022 年 1 月

目 录

绪　论

明代中后期日用类书及其所
包含的农学知识

第一节　研究缘起

明崇祯九年（1636），时任江西分宜教谕的宋应星完成了其《天工开物》的书稿撰写。这部被现当代从事科技史研究的学者们所高度赞扬的宏伟巨著，在当时却因出版资金的问题难以付梓。幸得宋氏好友涂绍煃[①]的慷慨援助，才勉强于次年（1637）在南昌府刊刻。此版本是《天工开物》的初刻本，后被称作"涂本"。不久之后，福建建阳的书商杨素卿[②]发现了该书，对其中百科全书式的内容产生了强烈的兴趣，随即在"涂本"的基础上刊刻了第二版的《天工开物》，我们称之为"杨本"。在书坊普遍以盈利为主要目的的晚明时期，为科举考试服务的举业类书籍在当时的商业出版中占据主导地位，为何书商会选择这本"与功名进取毫不相关"[③]的书来刊印？其实这并非偶然，而是杨素卿根据当时书籍流通市场的供求情况作出的一种合理选择。建阳是明代全国的刻书中心之一，该地刻书的内容以通俗日用为主，其所刊刻的通俗

---

① 涂绍煃，字伯聚，号映蔽，江西新建人，约万历十年（1582）生，万历四十七年（1619）进士，历任南京工部虞衡司主事、四川督学、广西左布政使等职。

② 杨居寀，字素卿，一字日采，生卒不详，明末清初福建建阳书坊主，在明万历、崇祯年间曾刊刻过《红梨花记》《春秋左传纲目定注》等书籍。

③ 宋应星. 天工开物译注 [M]. 潘吉星，译注. 上海：上海古籍出版社，2016：4.

小说和日用类书众多，销售网络遍及南方各省乃至全国，获利颇为丰厚①。书林杨氏是建阳刻书行业的名肆之一，它刻印的《天工开物》"和初刻本基本相同，只是个别的字，稍有差异"②，而其中最大的不同之处就是杨素卿在封面上刊刻的"一见奇能"和"内载耕织造作炼采金宝一切生财备用秘传要诀"的广告标语（图1），这是当时绝大多数建阳书坊刊刻日用类书中通用的宣传标语。很显然杨氏打算将《天工开物》包装成日用类书的模样，以增加其销售量，来迎合日用类书火爆的市场，并从中获取出版利润。根据潘吉星先生的研究，杨本现存有两个版本，很可能是初版售完后旋即又印刷过一次，可见其畅销的程度③。《天工开物》在日本的刊刻与传播过程也颇为有趣。该书刊刻不久后便辗转流传至日本，但大多是以抄本的形式传播的。明和八年

图1　明末清初建阳书林杨素卿《天工开物》坊刻本书影

---

① 印刷史前辈张秀民对建阳书坊做过详细介绍。见张秀民. 明代印书最多的建宁书坊 [M]// 张秀民. 张秀民印刷史论文集. 北京：印刷工业出版社，1988：162-170.

② 薮内清，等. 天工开物研究论文集 [M]. 章熊，吴杰，译. 北京：商务印书馆，1959：3.

③ 潘吉星. 宋应星评传 [M]. 南京：南京大学出版社，2011：615.

（1771），为了满足日本国内广大读者的需求，位于大阪的菅生堂刊行和刻本《天工开物》，即所谓的"菅本"（图2），从而使《天工开物》在日本得到了更大范围的传播。根据日本科学史家薮内清的研究，在德川时代，该书"已经为各方面的学者所阅读，并且成为普遍阅读的中国书籍之一"[①]。值得注意的一点是，虽然《天工开物》在日本拥有数量庞大的读者群体，但该书并未对日本技术的变革产生过多少影响。因为"《天工开物》上所载技术和器具之类，自古以来就输入了日本，经过长时间的历史，日本自己的技术也有了发展。因此，这部书输入的时候，日本的产业技术水准已相当高了，在《天工开物》的具体的技术方面，可吸收的东西，包含的不太多"[②]。《天工开物》在日本社会畅销的原因只能归结于其中记载了丰富的居家日用知识。在江户时代，伴随着庶民教育的普及，整个日本社会的识字率得到进一步提高，发达的印刷业使得日用类书在社会上盛行起来[③]，产生出以《民家日用广益密事

图2　日本菅生堂版《天工开物》
（封面上的"千里必究"，表明它是一本畅销书）

---

① 薮内清，等.天工开物研究论文集[M].章熊，吴杰，译.北京：商务印书馆，1959：12.
② 薮内清，等.天工开物研究论文集[M].章熊，吴杰，译.北京：商务印书馆，1959：33.
③ 小泉吉永，解题.江户时代庶民文库40[M].东京：大空社，2015：i.

大全》为代表的一系列通俗日用类书，而《天工开物》的刊刻和传播就是当时日本国内日用类书市场兴盛的一个表现。菅生堂版封面中的"千里必究"字样也是明代日用类书的刊刻者常用的防盗版声明。从此事例中可看出日用类书籍的流行在《天工开物》传播过程中所起到的促进作用，该事例激起了笔者对日用类书这类题材书籍的好奇心，成为促使笔者从事明代日用类书研究的第一个原因。

笔者少时生活在鲁东南地区的一个小村落中，儿时接触最频繁的人群是祖母及其朋友，与她们的交流以及聆听她们的谈话内容构成了笔者孩提时期生活知识的底色。祖母除了自己姓名及寥寥数个简单的常用字之外，对其他汉字一概不识，仅有的知识与技艺靠的是父辈及他人的口耳相传。但她对每年辞灶①时张贴在厨房里的灶王爷像有着特殊的兴趣，每次在厨房做饭的闲暇时刻都要对着图像向我与堂妹比划一番，讨论今年的节气安排、雨水状况及预测可能的收成情况。她认为天宫每年都委派不同数量的龙（1~12条）来主管当地某年的降雨状况，龙的数量越多则越容易相互推诿而导致旱灾，龙越少则越会努力去施法降水而导致当地降水频繁，所以十二龙治水代表当年会极度干旱，一龙治水则是极度洪涝的征兆，六龙治水预示当地今年风调雨顺，以此类推；每年的草子（即田间杂草的生长概率）也被划为一到十二分不等，数字越大代表当年农田里的杂草越难治理；还有推算几牛耕田的方法，一牛耕田表示今年耕田会非常费力，而牛的数量越多就代表耕田速度越快，从而获得丰收；此外还有通过该图的几姑看蚕来预测本年的蚕事情况，鉴于吾乡鲜少艺蚕，故乡民常对此略而不谈……小小的一方灶王像中蕴含着如此丰富的农事信息，笔者对此啧啧称奇，彼时只觉得有趣，但并不清楚这些知识究竟来自于何处。直到从事史学研究后，在偶尔翻读日用类书时才发现祖母平时所讲的内容居然与明代日用类书"时令门"中所载的占候方法完全吻合。笔者少时居于乡间，那个年代课外读物极其匮乏，在温习完功课后常会

---

① 即祭灶，中国传统民间的重要节日习俗，一般在农历腊月二十三或二十四日进行。祭灶时除了给灶王爷供奉糖瓜和糕点，还要更换灶神画像。

在家里及其他乡邻的家中翻阅一些农家生活顾问、日用大全之类的民间通俗书籍，因为其中涉及的很多日常生活知识或小窍门颇为有趣。等涉猎历史学后才发现幼时在乡间所读的"闲书"竟然就是日用类书，且几乎每一种该类书籍在历史上都有与之类似的对应出版物（图3）。这些日用类书生命力顽强，其中囊括的各类知识在乡间社会得到广泛传播，这深深震撼了笔者的心灵，成为促使笔者研究明代日用类书的一个现实原因。

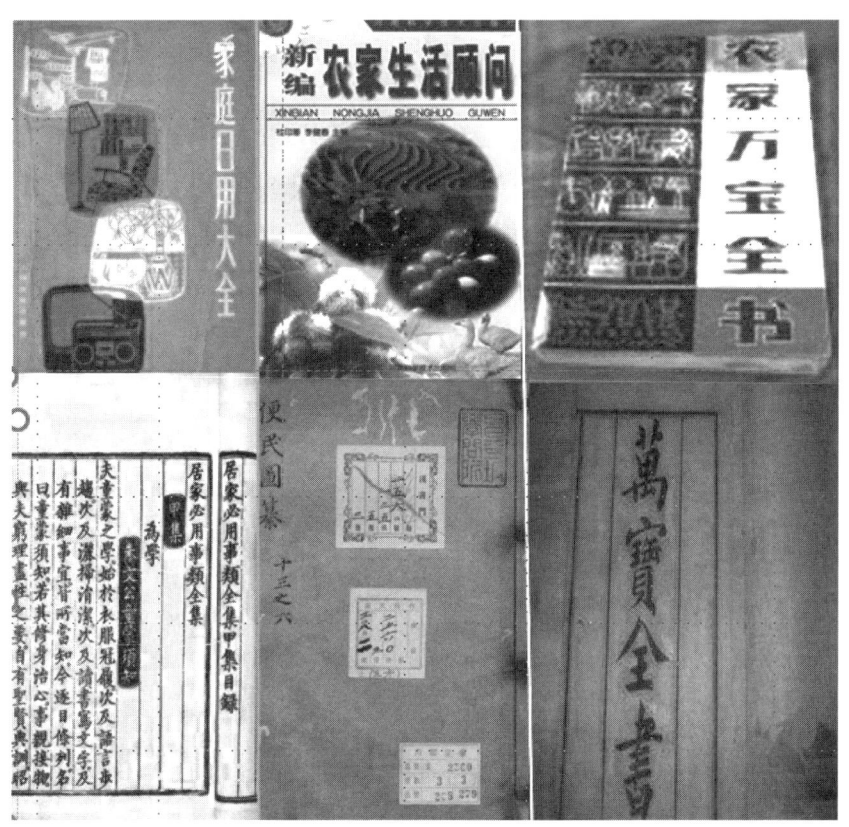

图3　当代农村家庭日用图书（上）及其在明代的对应性产品——日用类书（下）

第二节　日用类书概说

类书是我国古代工具书中的一类，它对群书中的资料进行采辑，将其中的各种资料进行分类汇编，以方便人们翻阅、检索与使用。类书具有两个

显著的特点：首先，它涵盖的主题范围很广，所谓"凡在六合之内，巨细毕举"①"群分胪列，靡所不载"，颇似近代以来兴起的百科全书；其次，类书具有资料汇编的性质，它对诸类典籍文献中的资料按一定的类别进行汇编，即所谓的"随类相从"②。我国最早的类书是魏文帝曹丕召集群儒所编纂的《皇览》，是类书的始祖③。南北朝时期，有《类苑》《华林遍略》《科录》等多部类书相继问世。隋唐时期，类书编纂之风日渐兴盛，涌现出一批重要类书，如《长洲玉镜》《初学记》《北堂书钞》《艺文类聚》等。迨至宋代，类书的编纂达到一个新的高潮，出现了《太平御览》《太平广记》《文苑英华》《册府元龟》等著名作品；同时也是在这个时期，欧阳修等文人在修《新唐书·艺文志》时，将先前《旧唐书·经籍志》中的"类事类"改为"类书类"，类书这个名称开始出现④；也是在大致相同的时期，一类特殊文体的类书在民间悄然出现并逐渐呈风靡之势，其所载的内容并不是传统类书所包含的那些诸如群书典故、氏族考证、诗文翰墨、科举指导与纪事本末之类，而是涉及居家日用、市井消遣与通俗文化等平实的世俗题材，其中的代表性著作是南宋末年陈元靓编纂的《事林广记》。这种倾向于关注百姓日常生活的新式类书被学者们称作"日用百科全书""日用类书"⑤"日用杂书"⑥或"小类书"⑦，现在学界多倾向于将其统称为日用类书。根据翟金明的定义，它是相对于官修大型类书及士人私撰的类书而言的、由民间书肆或书坊所刊刻的一种通俗类书籍，主要供下层民众日常实用、道德教化及休闲娱乐之需要。其将民间居家日用所需的各种常识，如农桑、医药、饮食、路程、气象、历法、命相、尺牍、劝善

① 陈梦雷. 松鹤山房诗文集 [M]. 文集卷 2·进汇编启. 清康熙铜活字印本, 1713（清康熙五十二年）: 5b.

② 陈寿撰. 三国志 [M]. 北京：中华书局，1982：88.

③ 胡道静. 中国古代的类书 [M]. 北京：中华书局，1982：5-6.

④ 戚志芬. 中国古代的类书、政书和丛书 [M]. 北京：商务印书馆，2005：9.

⑤ 日本学者是较早重视和利用此类资料做研究的一批人，仁井田陞将其称为"日用百科全书"，酒井忠夫将其称为"日用类书"。见吴蕙芳. 明清以来民间生活知识的构建与传递 [M]. 台北：学生书局，2007：12.

⑥ 杨国桢. 明清土地契约文书研究 [M]. 北京：人民出版社，1988：3.

⑦ 缪咏禾. 中国出版通史（明代卷）[M]. 北京：中国书籍出版社，2008：7.

等分门别类汇于一编，或摘录典籍，或采自民俗，或出以俚语，提供给士农工商以满足其日常生活之需要，性质颇似于当今的家庭生活手册。①

宋元时期，日用类书已经开始出现，但彼时的日用类书种类较少，主要有南宋的《事林广记》《锦绣万花谷》以及元代不著撰人名氏的《居家必用事类全集》等为代表的寥寥数种，且它们的读者群体主要还是以文人雅士为代表的上层士人阶层，如《事林广记》中的"文房""货宝""文籍""辞章"与《居家必用事类全集》甲集中的"为学"，丙集中的"仕官"，戊集中的"文房""宝货"与辛集中的"为吏指南"等篇章标题都清晰地表明这类书籍是为读书的士子、出仕的官吏以及富裕的世家子弟所撰写的读本，这些特定的内容导致该类书籍还仅是在士大夫的内部流传，其传播的范围也较为狭窄。迨至明代中期，这种情况开始发生了革命性的转变。明代中期以后，社会生产力发展迅速，手工业和商业与之前相比皆有了更大的突破，大批市镇蓬勃兴起，市民经济得到进一步的发展。社会经济的发展与市民阶层的崛起对思想领域也产生了巨大的影响与冲击，宋代以来标榜"存天理，灭人欲"和提倡秩序与遵从的程朱理学开始走向衰落，强调人的自我价值和心是万物主宰的阳明心学逐渐发展起来。王阳明在《传习录》中就肯定了日常事物对于人们格物致知的影响，倡导"日用事为间，体究践履，实地用功"②，他认为学问与知识不应该是为圣贤所垄断的专利，而"下至闾井田野农工商贾之贱，莫不皆有是学"③。之后以王艮为首的泰州学派更是认为"自古士农工商，业虽不同，然人人皆可共学。孔门弟子三千，而身通六艺者才七十二，其余则皆无知鄙夫耳"④，他们主张从日常生活中寻找真理，将百姓的居家日用视作最重要的事情。在这种思潮的带动下，士农工商以及普通百姓"愚夫"与"愚妇"被视作和士人、官宦甚至和圣人拥有同等的地位，这样，普通庶民百姓的

① 翟金明. 明代通俗日用类书的刊刻及价值 [M]// 中国社会科学院历史研究所文化室，编. 明代通俗日用类书集刊. 重庆：西南师范大学出版社，2011：1-2.

② 王守仁. 王阳明全集（壹）[M]. 徐枫，等，点校. 天津：天津社会科学院出版社，2015：44.

③ 王守仁. 王阳明全集（叁）[M]. 徐枫，等，点校. 天津：天津社会科学院出版社，2015：227.

④ 王一庵. 语录 [M]// 沈善洪，主编. 黄宗羲全集（第 7 册）. 杭州：浙江古籍出版社，1985：867.

日常生活也被赋予了重要的意义。日用类书这类关乎百姓居家日用的书籍更得到时人的进一步关注，以面向普通民众为目标的盈利性书坊如雨后春笋般出现，书商对日用类书的编纂和刊刻也变得更为用心。促使明代中期以后日用类书风靡的主要因素有两个。首先印刷业高度发达，书籍刊刻极其繁盛，当时民间的书坊与书肆已取代中央和藩府成为刻书行业的主角。生活在明代正德至万历年间的江阴人李诩对此有着深刻的感触，他写道：

> 余少时学举子业，并无刊本窗稿。有书贾在利考，朋友家往来，钞得灯窗下课数十篇，每篇誊写二三十纸，到余家塾，拣其几篇，每篇酬钱或二文或三文。忆荆川中会元，其稿亦是无锡门人蔡瀛与一姻家同刻。方山中会魁，其三试卷，余为怂恿其常熟门人钱梦玉以东湖书院活字印行，未闻有坊间板。今满目皆坊刻矣，亦世风华实之一验也。[①]

雕版印刷特别兴盛是明代刻书业的一个显著特点[②]。书籍印刷行业的繁荣使得同一块雕版的使用率提高，弘治年间笔画平直的宋体字的出现也降低了刻板的磨损，从而降低了书籍的印刷成本，书籍售卖的价格也更加便宜。还有一个重要的原因是明代中后期社会上民众的识字率有了显著提高，明代中期来华的朝鲜文臣崔溥在其见闻录中写道："江南人以读书为业，虽里闾童稚及津夫、水夫，皆识文字"[③]；同一时期北方人的识字率也有所提高，万历年间北直隶宝坻知县袁黄在任期间关心农桑生产，刊刻《劝农书》五卷，将农事列为数款，令"里老以下，人给一册。有能遵行者，免其杂差"[④]。这则事例可从一个侧面反映出在当时的北方村落中，识字的村民亦占有一定的比例。值得注意的是，虽然士大夫群体仍然占据着当时识字人口的绝大部分，

① 李诩. 戒庵老人漫笔 [M]. 北京：中华书局，1982：334.

② 张秀民. 中国印刷史 [M]. 上海：上海人民出版社，1989：339.

③ 朴元熇，校注. 崔溥漂海录校注 [M]. 上海：上海书店出版社，2013：165.

④ 袁黄. 宝坻劝农书 [M]// 郑守森，等，校注. 宝坻劝农书·渠阳水利·山居琐言. 北京：中国农业出版社，2000：2.

但是商人、农民和小手工业者中也有一部分人可粗识文字或具有"功能性识字"的能力，这些日益增长的"精英以下各层次"的识字人口也增加了整个社会对知识及其载体——书籍的需求。对于这些新增的识字人口来说，以往满载儒家经典、诗文翰墨、品质生活的印刷品门槛稍高，他们迫切需要与其庶民文化品位相适应的印刷品来阅读，这样，通俗日用类书的编纂与刊印就成为当时一个紧迫的社会需求①。

明代日用类书市场的繁荣体现在以下几个方面。

首先，当时日用类书的种类繁多、琳琅满目。根据张献忠的统计，仅目前在各类书目文献中能看到的万历年间以后的明代日用类书条目就有二百余种②，而且作为一种印刷质量低劣且不具收藏价值的民间文献来说，没有被文献记载或已经佚失的数量更是不在少数，如果加在一起，估计数量更为庞大。

其次，当时日用类书出版市场竞争激烈，盗版现象甚为严重，以至于很多书商都在自己出版的日用类书封面上注明版权并对盗版现象加以痛斥。例如万历年间，出版于建阳书肆题作《类聚三台万用正宗》的日用类书上就印着书商余文台对盗版者的抨击与对该书版权的声明："坊间诸书杂刻，然多沿袭旧套，采其一去其十，弃其精得其粗，四方士子惑之。本堂近锓此书名为万用正宗者，分门定类，俱载全备，展卷阅之，诸用了然，更不待他求矣。请认三台为记。"③其他日用类书也经常会在封面或封底注明"毋为赝刻所欺"等字样来提醒读者购买正版书籍。

再次，许多日用类书被翻刻数次，市场销量巨大，如现存明代中后期刊刻的《新锲天下备览文林类记万书萃宝》《新刻群书摘要士民便用一事不求

---

① 牟复礼在为《剑桥中国明代史》撰写的导言中也间接提到了这一点，他说："（明代）识字的人数大量增加，社会的整个精英以下各层次的学识有了增长，同时精英和精英以下的文化形式也繁荣起来。"参见牟复礼，崔德瑞，编. 剑桥中国明代史（上卷）[M]. 北京：中国社会科学出版社，1992：1.

② 张献忠. 从精英文化到大众传播：明代商业出版研究 [M]. 桂林：广西师范大学出版社，2015：167.

③ 龙阳子，编. 鼎锲崇文阁汇纂士民万用正宗不求人全编 [M]. 潭阳余文台刊本，1607（明万历三十五年）：封面.

人》《新板全补天下便用文林妙锦万宝全书》等日用类书都标明是重刊本，而且重刊的次数还不止一次。譬如，从刊刻于崇祯丁丑年名为《五刻理气纂要详辩三台便览通书正宗》日用类书的标题就可以看出，该书至少被刊刻过五次。

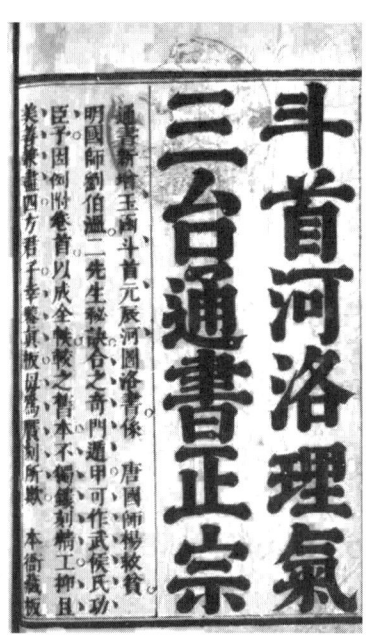

图4　明代中后期日用类书封面所载版权说明两则

虽然依据现存各类书目文献的记载，明代日用类书有迹可循者不少于两百余种[1]，但其中的大部分都已经湮没佚失，仅存的版本中有相当数量也仅在海外某些图书馆存有孤本，要想窥见全貌可谓"难于上青天"。好在日用类书的最大特点是盗版严重，后来刊刻者大多是在转抄前面既有文本的基础上递修而形成的，有些甚至利用了前书的雕版，导致很多日用类书在内容上都大同小异，虽然拉低了这类书籍的原创性，但这在客观上又为我们从内容上研究日用类书提供了方便。本书所主要利用的资料是中国社会科学院历史研

---

① 这个庞大的数目可能是对日用类书一词的概念与定义不同而导致的，或许是统计者对日用类书的定义较为宽泛。详见张献忠《从精英文化到大众传播：明代商业出版研究》一书的第167页；根据专门研究建阳印刷史的美国学者贾晋珠（Lucille Chia）的统计，明代建阳所刊日用类书的数量为31本。

究所文化室所编纂的《明代通俗日用类书集刊》，这是目前收集最全的明代日用类书合辑本，共计囊括了44部明代刊印的日用类书①，这其中有很多部是根据日本仁井田陞先生的藏书影印而来的②。这批日用类书包括：

《明本大字应用碎金》二卷　（明）不著撰者　明初刊本；

《新编事文类聚翰墨全书》一百三十四卷　（元）刘应李辑　明正统十一年（一四四六）刘氏翠岩精舍刊本；

《对类》二十卷目一卷　（明）不著撰者　明嘉靖二十九年（一五五〇）序福建书坊刻本；

《多能鄙事》十二卷　（明）刘基辑　明嘉靖四十二年（一五六三）范惟一刊本；

《居家必用事类全集》十卷　（元）不撰著人　明隆庆二年（一五六八）飞来山人刻本；

《新镌赤心子汇编四民利观翰府锦囊》八卷　（明）赤心子撰　明万历十三年（一五八五）闽建明雅堂刊本；

《便民图纂》十五卷　（明）不著撰者　明万历二十一年（一五九三）于永清刊本；

《新锲天下备览文林类记万书萃宝》存九卷　（明）不著撰者　明万历二十四年（一五九六）刊本；

《新镌历世诸大名家往来翰墨分类纂注品梓》十卷　（明）黄志清辑　万历二十五年（一五九七）余氏三台馆刊本；

《新锲全补天下四民利用便观五车拔锦》三十三卷　（明）不著撰者，徐三友校　明万历二十五年（一五九七）书林闽建云斋刊本；

① 该书第16册第二本是《增补易知杂字全书》二卷附《新镌幼学易知书札便览》一卷的合刊本，如果这被视作两本的话，那么总数就为45本。

② 在《明代通俗日用类书集刊》问世之前，日本学者曾挑选了一批日用类书由汲古书院在1999—2004年间出版，题为《中国日用类书集成》，该书由酒井忠夫监修、坂出祥伸等解说，共分14卷，收录了晚明出版的6种日用类书，分别为《新锲全补天下四民利用便观五车拔锦》《新刻全补士民备览便用文林汇锦万书渊海》《新刻天下四民便览三台万用正宗》《新刻搜罗五车合并万宝全书》《鼎锓崇文阁汇纂士民万用正宗不求人全编》与《新板全补天下便用文林妙锦万宝全书》。

《新刻京台公余胜览国色天香》十卷 （明）吴敬所辑 明万历二十五年（一五九七）金陵周氏万卷楼重刊本；

《新刻天下四民便览三台万用正宗》四十三卷 （明）余象斗编 明万历二十七年（一五九九）余氏双峰堂刻本；

《新锲燕台校正天下通行文林聚宝万卷星罗》三十九卷 （明）徐会瀛编 明万历书林余献可刊本；

《锲旁注事类捷录》十五卷 （明）邓志谟撰 明万历三十一年（一六〇三）序余氏萃庆堂刊本；

《新锲增补万锦书言故事大全》八卷 （明）徐心鲁撰 万历中闽建黄直斋重刊本；

《新刻联对便蒙图像七宝故事大全》二十卷 （明）吴道州编、周子材校正、周载道补遗 明万历三十二年（一六〇四）黄氏集义堂重刊本；

《新刊翰苑广记补订四民捷用学海群玉》存十七卷 （明）武纬子补订 明万历三十五年（一六〇七）序潭阳熊氏种德堂刊本；

《新刻群书摘要士民便用一事不求人》二十二卷 （明）陈允中编 明万历书林种德堂本；

《新刻类辑故事通考旁训》十卷 （明）屠隆辑 万历三十六年书林詹霖宇重刊本；

《鼎锲崇文阁汇纂士民万用正宗不求人全编》三十五卷 （明）龙阳子编 明万历三十五年（一六〇七）潭阳余文台刊本；

《新刻全补士民备览便用文林汇锦万书渊海》三十七卷 （明）徐企龙编 明万历三十八年（一六一〇）积善堂杨钦斋刊本；

《新板全补天下便用文林妙锦万宝全书》三十八卷 （明）刘子明辑 明万历四十年（一六一二）书林刘氏安正堂重刊本；

《新刻邺架新裁万宝全书》存二十四卷 （明）朱鼎臣编 明万历四十二年（一六一四）序潭邑书林对山熊氏刊本；

《重刻增补故事白眉》十卷 （明）邓志谟辑 明万历余氏萃庆堂刻本；

《精选故事黄眉》十卷　　（明）邓志谟辑　明万历四十二年（一六一四）序余氏萃庆堂刊本；

《新刻增补全相燕居笔记》　　（明）林近阳编　明万历中余氏萃庆堂刊本；

《新刻搜罗五车合并万宝全书》三十四卷　　（明）徐启龙编　明万历四十二年（一六一四）闽建书林树德堂刊本；

《新刻云窗汇爽万锦情林》六卷　　（明）余象斗撰　明万历间双峰堂刊本；

《新刊天下民家便用万锦全书》十卷　　（明）不著撰者　明万历年间刊本；

《选锲骚坛撷粹嚼麝谭苑》十二卷　　（明）赤心子汇编　万历中世德堂刊本；

《新锲重订补遗音释大字日记故事大成》存四卷　　（明）不著撰者　明万历年间熊氏云吾书舍刊本；

《新镌注释里居通用合璧文翰》二卷　　（明）屠隆编、俞启相校正　明万历中熊氏云吾种德堂刊本；

《新刻含辉山房辑注古今名公启札云章》七卷首一卷　　（明）陈继儒监、郑梦虹选编　明潭水熊氏刊本；

《鼎锲龙头一览学海不求人》存十七卷　　（明）不著撰者　明刊本；

《新刻太仓藏板全补合像注释大字日记故事》四卷首一卷　　（明）杨乔编　明闽建刘君丽刊本；

《重刻增补燕居笔记》十卷　　（明）何大抡编　明崇祯六年（一六三三）金陵书林李澄源刻本；

《新刻全补评注文豹金璧故事》　　（明）郑以伟编　明崇祯六年（一六三三）刊本；

《新刻人瑞堂订补全书备考》三十四卷　　（明）郑尚玄订　明崇祯十四年（一六四一）序刊本；

《新刻增校切用正音乡谈杂字大全》二卷　　（明）不著撰者　明末刻本；

《增补批点图像燕居笔记》二十二卷　　（明）冯梦龙编　明刊本；

《增补易知杂字全书》二卷附《新镌幼学易知书札便览》一卷　　（明）不

著撰者　明刊本；

《新镌增补较正寅几熊先生尺牍双鱼》九卷　　（明）熊寅几辑　明末刊本。

本书以日用类书为主要研究对象，日用类书的定义是供给社会上普通百姓以各类日用知识的通俗性书籍，"日用"一词是其核心与灵魂，所以英语圈的汉学家多将其翻译为 daily-use encyclopedias。笔者认为该翻译形象地概括出日用类书的两个主要特征：第一是日用性，即此类书籍里囊括的知识是人们在日常实际生活中能用到的，这是它与小说、画册等观赏娱乐性文本的最大区别之处；第二是它承载的知识具有多样性，即它必须是一本包含两种及两种以上日用知识的百科全书，不能仅仅包含某种单一种类的知识，这是它与风水、堪舆、木工、商书等只有一项知识的专业类通书的区别之处。《明代通俗日用类书集刊》的编者虽然号称收录了 44 种"日用类书"，但其中《新刻京台公余胜览国色天香》中收录的大多是小说、诗话和笑谈；《新刻类辑故事通考旁训》书里虽仿照日用类书分为天文、地舆、岁时等门类，但其全是对历史典故的援引，只可作为闲读作品，对居家日用也毫无用处；《重刻增补故事白眉》与《精选故事黄眉》皆为故事类选，亦可归为休闲类读物；《新刻增补全相燕居笔记》《重刻增补燕居笔记》和《增补批点图像燕居笔记》记载的是文言小说、诗词歌赋等；《新刻云窗汇爽万锦情林》中则全载《华阳奇遇》《夫妻成仙》等类书小说；《选锲骚坛摭粹嚼麝谭苑》主要记载短篇传奇故事以及琐记、诗话与笑林等；《新锲重订补遗音释大字日记故事大成》也是为文化程度不高的读者提供的历史人物故事汇编的书籍；《新刻太仓藏板全补合像注释大字日记故事》是记载历代掌故和儒家事典的；《新刻全补评注文豹金璧故事》收录了自盘古开天地至唐宋时期的历代故事，所以以上 12 种故事类通俗书籍应该排除在外，该套书中剩余的 32 种日用类书是本书资料之主要来源。此外，明版《致富奇书》是当时社会上广为流传的一部重要日用类书，目前学界已发现两个晚明时刊刻的版本，该书在明清两代和民国时期长盛不衰，其中载有稼圃、树植、蚕缫和牧养等大量有关农业的专门知识；现藏于日本市立米泽图书馆的万历年间由书林与耕堂朱仁斋刊印的《万珠聚囊不用求人》卷一"天文门"中载有农业占候知识，卷十七"农桑门"中载有农桑知识与耕织图像；日本山口大学图书馆棲息堂文库所藏万历年间由书林詹林我刊刻的《新刻四民便览万书萃锦》①二十八卷"农桑门"中载有关于农桑耕获、养蚕、果树种植等内容；日本浅草文库藏万历末崇祯初②书林三槐堂王泰源梓的《新刻艾先生天禄阁汇编採精便览万宝全书》中的卷三"时令门"包含着岁时与天文占术以及求龙治水等农业占候内容，其卷二十二"农桑门"上层为栽种诸法，下层为农桑撮要与耕织图；上海图书馆藏明崇祯年间刊刻的《新刻天如张先生石渠精採万宝全书》中有专门一章关于"农桑"的知识；现藏于哈佛大学哈佛燕京图书馆的崇祯戊辰（1628 年）书林存仁堂陈怀轩刊刻的《新刻眉公陈先生编纂诸书傋採万卷搜奇全书》第一卷"天文门"中的"天文祥异"与第十卷"时令门"中的"岁时纪事""杂占天时"中包含诸多农业占候内容，第九卷"农桑门"中亦有大量的种艺之法和耕织图词，故而也将它们列入本书的重要资料来源。

从书籍出版的时间上来说，现存的明代日用类书刊印时间皆在明代中后期，且绝大多数集中在嘉靖、万历年间，这是彼时印刷出版事业大发展的一个缩影。从出版地域上来说，除了《便民图纂》（首刻于吴县）③、《致富奇书》（未知、常熟）④和《新刻人瑞堂订补全书备考》（金陵）外，其他基本为由闽建书林所刊刻⑤，这是宋明时期福建建阳居民"以刀为锄，以版为田"⑥

① 该书第三卷"人纪门"末记载万历皇帝"为大明万万年"，可知该书刊刻于万历年间。

② 本书中没有标明具体的刊刻年份，但根据《中国日用类书集成》所收录的情况，该书现存万历末和崇祯元年三槐堂刊刻的两种版本。参见刘全波. 论明代日用类书的出版 [J]. 山东图书馆学刊，2014，145（5）：69-70.

③ 根据明人周弘祖在《古今书刻》中的记载，建阳书坊也曾刊印过《便民图纂》一书，笔者估测这为其知识渗入明代中后期建阳书坊刊刻的日用类书提供了契机。参见高儒，周弘祖. 百川书志 古今书刻 [M]. 上海：上海古籍出版社，2005：365.

④ 在明代至少存在两个不同版本的《致富奇书》，其一是题作陈继儒补订的版本，该书戴羲的《养余月令》里曾经引用过，可见成书于其之前，刊刻地点未知；其二是日本内阁文库所藏毛氏精梓本，极有可能是毛晋的汲古阁刊刻，位于常熟。

⑤ 虽然《明代通俗日用类书集刊》中的《新刻京台公余胜览国色天香》和《重刻增补燕居笔记》标注为金陵书林刻本，但在上文中我们将其归入通俗故事类，不被视作本书所定义的日用类书。此外，两本对本书有重要史料价值之日用类书《新刊天下民家便用万锦全书》与《鼎锲龙头一览学海不求人》，二者皆缺少出版信息，但根据其版式与知识结构来猜测大概率也是出自建阳书坊。

⑥ 转引自吴世灯. 建阳书坊的衰落与四堡书坊的崛起 [J]. 福建学刊，1996（3）：69.

进行图书出版和彼时"天下书籍备于建阳之书坊"①的一种真实写照。从撰写时间上来说，虽然《居家必用事类全集》与《新编事文类聚翰墨全书》是由元人撰写的，《多能鄙事》据传也是成书于明初或明代中期，但它们在明代中后期被重新翻刻出版，也能从侧面反映出当时的图书市场对这些书籍中囊括的日用知识有一定需求，故而暂且将它们一并列入其中进行考察与研究。

第三节　日用类书研究现状及述评

类书博采群书的特点决定了它多是对既往文献资料的承袭与汇总，遵循述而不作的传统，其中常存在托伪、杜撰、重复与冗杂等缺陷，所以经常被古人视作"稗贩之学""剽窃腐烂之书""村塾兔园册之类"，而为正统的士大夫文人所鄙夷，其作用仅局限于辑录佚书与校勘古籍，如四库馆臣就对类书有如下之评价：

> 类事之书，兼收四部。而非经非史，非子非集。四部之内，乃无类可归。《皇览》始于魏文，晋荀勖《中经部》分隶何门，今无所考。《隋志》载入子部，当有所受之。历代相承，莫之或易。明胡应麟作《笔丛》，始议改入集部。然无所取义，徒事纷更，则不如仍旧贯矣。此体一兴，而操觚者易于检寻，注书者利于剽窃，转辗稗贩，实学颇荒。②

对日用类书而言情况则更为糟糕，首先是因为日用类书的主要刊刻地——福建建阳书坊，其所印的书籍质量本身就粗糙不堪，明人郎瑛在《七修类稿》中对此有如下评价：

---

① 赵文. (景泰)建阳县志 [M]. 续集·典籍. 袁铦续修. 刻本, 1504(明弘治十七年)：11b.
② 永瑢, 等. 四库全书总目 [M]. 北京：中华书局, 1965：1141.

　　我朝太平日久，旧本多出，此大幸也。惜为建阳书坊所坏。盖闽
专以货利为计，凡遇各省所刻好书，闻价高，即便翻刻，卷数目录相同，
而于篇中多所减去，使人不知，故一部止货半部之价，人争购之。①

　　明代学者谢肇淛也批评建阳书坊刻印的书籍"出书最多而板纸俱最滥恶，盖
徒为射利计，非以传世也"②。在这种出版印刷的地域环境下，日用类书这种
廉价印刷品的刊刻质量则更为低劣，如在一本题作《新刻邺架新裁万宝全书》
的日用类书中，编纂者熊对山就斥责很多坊刻的日用类书对内容随意删减，
以至于"内中诸卷，颠倒错乱，不行增补"③。中国古代读书人历来偏爱版本
精良和刻印精美的善本图书，对建阳书坊生产的这些错讹甚多的日用类书自
然嗤之以鼻，当时几乎没有士人注意到它们的价值，仅在校勘文献时才会偶
有翻阅。

　　日本学者对中国日用类书的研究有首倡之功。早在"二战"之前，以仁
井田陞为代表的汉学学者就注意到日用类书中所载史料的独特价值，并开始
系统收集各种版本的日用类书，中国社会科学院历史研究所汇编的《明代通
俗日用类书集刊》中就有相当部分影印自仁井田陞的收藏品，仁井田氏还将
日用类书资料用于其对中国法制史的研究中，他根据日用类书对元明时期的
村规约进行进一步解读④。酒井忠夫是中国日用类书研究的集大成者，早在
20世纪五六十年代，他就撰写了《明代の日用類書と庶民教育》，在该文中，
第一次提出了"日用类书"这一概念⑤；其后又撰写《元明時代の日用類書と
その教育史的意義》一文，系统探讨了日用类书中的童蒙故事与杂字对元明
时代童蒙教育的意义⑥；在这些个案研究的基础上，酒井忠夫出版了其关于

　　① 郎瑛. 七修类稿 [M]. 上海：上海书店，2001：478.
　　② 谢肇淛. 五杂组 [M]. 傅成，校点. 上海：上海古籍出版社，2012：241.
　　③ 朱鼎臣，编. 新刻邺架新裁万宝全书 [M]. 潭邑书林对山熊氏刊本，1614（明万历四十二年）：封面.
　　④ 仁井田陞. 元明時代の村規約と小作證書など（一）：日用百科全書の類二十種の中から [M]//
仁井田陞. 中国法制史研究——奴隷農奴法. 家族村落法. 東京大学出版会，1962：741–789.
　　⑤ 酒井忠夫. 明代の日用類書と庶民教育 [M]// 林友春，编. 近世中国教育史研究：その文教政策と
庶民教育. 国土社，1958.
　　⑥ 酒井忠夫. 元明時代の日用類書とその教育史的意義 [J]. 日本の教育史学，1958（1）：67–94.

日用类书的研究专著《中国日用類書史の研究》，该书概述了通俗日用类书从宋代出现到明代兴盛的整个过程，对宋元时代与明代的代表性日用类书进行个案介绍，同时对明代日用类书进行分类叙述，将它分为举业、启劄翰墨、故事关系、幼学·童蒙教育、居家日用、市隐编纂与商人书等几种类型，最后还对明代日用类书的流通问题进行了论述①。此外，小川陽一出版了《日用類書による明清小説の研究》，从日用类书的角度来研究明清时期的小说，他将日用类书中的酒令、相法、克择、占卜、善书与《西厢记》《金瓶梅词话》《三言两拍》《西湖二集》等通俗小说中的相关内容进行比对、印证，从而对小说进行更深层次的解读②。除了这些对日用类书的专门研究成果之外，20世纪六七十年代还有诸多日本的中国史研究者在日用类书中搜寻其所需要的资料，寺田隆信等研究者将日用类书应用于明清商业史的研究中，代表性著作为寺田隆信《明清時代の商業書について》③、斯波義信《〈新刻客商一覽醒迷天下水陸路程〉について》④、森田明《〈商賈便覽〉について——清代の商品流通に関する覚書》⑤与水野正明《〈新安原板士商類要〉について》⑥等。

自20世纪中叶开始，国内逐渐有学者对日用类书进行了零星整理与初步的介绍性研究。农史界前辈石声汉对明代日用类书《便民图纂》进行了拓荒式的研究，他于1958年在《西北农学院学报》上发表《介绍〈便民图纂〉》一文，对该书中所含的农业生产技术、食品制造、医疗调摄、家庭日用品制备、气象预测与占卜等诸种实用知识进行了简要介绍，认为《便民图纂》属于供给农村中的一般人以日常生活中所需技术知识的通书⑦；次年，他在农业出

① 酒井忠夫. 中国日用類書史の研究 [M]. 東京：国書刊行会，2011.

② 小川陽一. 日用類書による明清小説の研究 [M]. 東京：研文出版，1995.

③ 寺田隆信. 明清時代の商業書について [J]. 集刊東洋学，1968，20.

④ 斯波義信.《新刻客商一覽醒迷天下水陸路程》について [M]// 森三樹三郎博士頌壽記念事業會，編. 東洋学論集：森三樹三郎博士頌壽記念. 京都：朋友書店，1979.

⑤ 森田明.《商賈便覽》について：清代の商品流通に関する覚書 [J]. 福岡大学研究所報，1972，16.

⑥ 水野正明.《新安原板士商類要》について [J]. 東方学，1980，60.

⑦ 石声汉. 介绍《便民图纂》[J]. 西北农学院学报，1958（1）.

版社出版了根据北京图书馆藏嘉靖刊本整理的《便民图纂》[①]；同年，中华书局也根据郑振铎所藏的明万历于永清本出版了《便民图纂》的影印本[②]。郑振铎在《西谛书话》中对《新锲两京官板校正锦堂春晓翰林查对天下万民便览》《鼎镌校增评注五伦日记故事大全》《居家必用事类全集》与《便民图纂》等几种代表性日用类书进行了介绍[③]。郑氏收藏有明代坊刻日用类书数十百种，曾计划对它们做一综合性的研究，惜未能实现[④]。王重民为《明本大字应用碎金》《万用正宗不求人全编》《订补全书备考》《五车拔锦》等日用类书撰写了提要[⑤]。总体来说，该时期学者对日用类书的研究还是集中在对其撰者、版本进行考证等基础性问题上，或仅是对一些代表性的书籍做简单的导读与提要，但他们为之后的日用类书研究指明了道路。王重民在为明崇祯闽刻本《订补全书备考》所作提要中说："盖是书所载，于近八百年来，民生日用，文学哲学，礼俗游艺，以及医卜星象等事，凡所以维系世道人心者，莫不有之，讲社会学史者，欲真知下级社会人生，不可不读是书也"[⑥]，郑振铎在为《新锲翰府素翁云翰精华》作提要时也认为"斯类通俗流行之作，为民间日用的兔园册子，随生随灭，最不易保存……研讨社会生活史者，将或有取于斯"[⑦]。前辈学者的这些真知灼见都为日用类书的研究在下一阶段的社会史取向上奠定了基本方向。

近年来，随着社会史研究的日趋繁荣，日用类书成为揭示宋代以来庶民社会生活中衣食住行各种面相的重要资料来源，对其中史料的挖掘和对其本身的研究都得到进一步的发展。首先来看对日用类书本身的研究，吴蕙芳是目前中文学界对日用类书着力最深的学者，她在台湾政治大学读博期间就曾

① 邝璠. 便民图纂 [M]. 石声汉，康成懿，校注. 北京：农业出版社，1959.

② 邝璠. 便民图纂 [M]. 北京：中华书局，1959.

③ 郑振铎. 西谛书话 [M]. 北京：生活·读书·新知三联书店，2005：314-315，500-503.

④ 见郑振铎为《新镌赤心子汇编四民利观翰府锦囊八卷》撰写的提要，载郑振铎. 西谛书目五卷题跋一卷册6：西谛题跋 [M]. 北京：文物出版社，1963：10-11.

⑤ 王重民. 中国善本书提要 [M]. 上海：上海古籍出版社，1983：366-383.

⑥ 王重民. 中国善本书提要 [J]. 上海：上海古籍出版社，1983：383.

⑦ 郑振铎. 西谛书目五卷 题跋一卷册6：西谛题跋 [M]. 北京：文物出版社，1963：10-11.

撰文，呼吁关注日用类书这类往往被主流史学界所忽略的文献对新社会史研究所起的作用①，她还对上海图书馆所藏的诸版《万宝全书》加以介绍，并结合日本所藏的《万宝全书》，厘清了民间日用类书中文献的拼凑问题②。她先后出版《万宝全书：明清时期的民间生活实录》与《明清以来民间生活知识的构建与传递》两本研究性专著，前者主要以《万宝全书》这类民间日用类书为研究对象，对此类书籍的渊源、发展及版本演变过程进行了探讨，将其中所载的日用知识分为文化基础的传承、实用智能的学习、社交活动的历练与休闲兴趣的培养四种类型进行论述，并在书后附录了明清时期各版《万宝全书》的目录③；后者主要以日用类书中的杂字书为切入点，试图分析明清以来的民间社会是如何通过书籍媒介的文字阅读而非经验体会或口耳相传的方式来获取生活知识的④。此外，她对明清时期杂字类日用类书流传到日本的过程及其产生的影响也有所关注⑤。刘天振的《明代通俗类书研究》一书主要将视角集中在日用类书中的道德故事类和娱乐通俗类类书上，并对通俗类书与古代小说进行了研究，涉及日用知识的部分是通过文契体例、词状文书与书启活套来反映晚明社会的世态人情及民间世相⑥。此后，刘氏又对明代通俗故事类日用类书进行过更深入的系统性研究，探讨了其繁盛的背景、发展历程以及其中所蕴含的学术价值⑦。张献忠的《从精英文化到大众传播——明代商业出版研究》根据现有的书目文献以表格的形式汇总统计了明代日用类书及其刊刻情况，认为明代中期以后，随着商品经济的发展与市民阶层的兴起，日用类书得以大量出版并拥有极大的市场；他对明代日用类书的编纂和刊刻特点进行概括总结，认为它具有包罗万象、门类齐全、纂而不

① 吴蕙芳. 新社会史研究：民间日用类书的应用与展望 [J]. 政大史粹，2000（2）.

② 吴蕙芳. 上海图书馆所藏《万宝全书》诸本：兼论民间日用类书中的拼凑问题 [J]. 书目季刊，2003，36（4）.

③ 吴蕙芳. 万宝全书：明清时期的民间生活实录 [M]. 台北：花木兰文化工作坊，2005.

④ 吴蕙芳. 明清以来民间生活知识的建构与传递 [M]. 台北：台湾学生书局，2007.

⑤ 吴蕙芳. 江户时期流传日本的一部中国识字书：《增订日用便览杂字》[J]. 书目季刊，2007，41（1）.

⑥ 刘天振. 明代通俗类书研究 [M]. 济南：齐鲁书社，2006.

⑦ 刘天振. 明代类书体小说集研究 [M]. 北京：中国社会科学出版社，2014：251-310.

著、互相传抄、通俗易懂、四民皆宜的特点①。刘全波也对明代日用类书的出版概况进行了介绍,对日用类书的售价进行了探究,并对其盈利性的编辑营销理念进行了总结②。贾晋珠(Lucille Chia)对 11—17 世纪福建建阳的出版商及其出版事业做了详细的考察与研究,她从书籍制作材料、书籍板式、书籍类别、撰刻者、书商及其营销策略等方面进行了详尽的探讨,并对日用类书及其可能的读者群体做了一定程度的估测③。余英时认为,在中国,古代商人是士以下教育水平最高的一个社会阶层,商业要求商人本身必须具有一定程度的知识水平,明清时期出现了一批"商业书",为商贾提供了必要知识④。很多学者都围绕着商业日用类书做了大量的工作,陈学文系统研究了明清时期的商业书及商人书,利用的主要材料为日用类书中的"商旅门"与一系列专门性商书。他首先对明清时代的商书进行了总体性概述,认为商书兴起的背景是商品经济发展及商业的繁荣、城镇经济的发展、区域经济与远程贩运业的发展、地理知识的积累和交通事业的发展、印刷业的发展、商儒结合与重商思潮兴起,以及文化商业化。他将商书按照内容分为标准商书、水陆行程书、集商业经营和水陆路程于一体的商书、商业道德与伦理书,以及防骗类书五类。之后,他又对若干本重要的商书如《士商类要》《新刻京本华夷风物商程一览》《客商一览醒迷天下水陆行程》《新刻士商要览》《商贾便览》《江湖奇闻杜骗新书》等分别进行了研究。最后,他还在正文之后附录了《关于明清商书版本与序列的研究》及《商书研究论著目录》。⑤张海英也对明清时期的商业日用类书进行了研究,她对《新刻天下四民便览三台万用正宗》中的"商旅门"进行个案研究,⑥进而对明清时期商业书的出版

---

① 张献忠. 从大众文化到大众传播:明代商业出版研究 [M]. 桂林:广西师范大学出版社,2015:165-186.

② 刘全波. 论明代日用类书的出版 [J]. 山东图书馆学刊,2014,145(5).

③ 贾晋珠. 谋利而印:11—17 世纪福建建阳的商业出版者 [M]. 邱葵等,译. 福州:福建人民出版社,2019.

④ 余英时. 中国近世宗教伦理与商人精神(增订版)[M]. 北京:九州出版社,2014:213.

⑤ 陈学文. 明清时期商业书及商人书之研究 [M]. 台北:红叶文化事业有限公司,1997.

⑥ 张海英. 日用类书中的"商书":析《新刻天下四民便览三台万用正宗·商旅门》[J]. 明史研究,2005(001).

与广泛流布这种新现象进行分析，认为它体现了明清出版印刷业的繁荣、刻印技术的改进与民间图书市场的发展。她认为随着日用类书在底层社会的广泛传播，标志着原有的以官僚和士大夫为阅读主题的印刷品格局被打破，商人为主体的新阅读群体已然形成①。卜正民（Timothy Brook）根据综合性日用类书《万用正宗》与商业日用类书《商贾一览醒迷》中的相关内容，探讨了明代的灾害预测方法和经商择日的吉凶占卜，认为这是明代商业发达的一种体现②。除此之外，王振忠在对明清徽州研究的过程中，收集了数百种罕见的、在村落流传的日用类书，其中大部分为路程类商书，并对《目录十六条》③《指南尺牍生理要诀》④与《祭文精选》⑤等若干本做了深入的介绍与研究。全建平的《宋元民间交际应用类书探微》以完整传世的《新编通用启劄截江网》《新编事文类聚启劄云锦》《新编事文类要启劄青钱》与《新编事文类聚翰墨全书》四本宋元时期民间交际应用类书为研究对象，分析了它们的内容，考证了成书先后顺序，并对四本书之间的相互关系进行了探讨⑥。周安邦对明代中晚期日用类书"农桑门"中所收录的农耕竹枝词和蚕桑竹枝词进行过研究，认为它们充分反映了当时吴中地区农事操作和蚕业活动的实际情况，对于文化史、农学史与文献学的研究，都有极重要的特殊价值⑦。王正华以晚明福建地区出版的日用类书为中心，以其中的"书画门"为研究对象，自生活与知识的角度切入，探究该类书籍与晚明时期出版

① 张海英. 明清商业书的刊印与流布：以书籍史/阅读史为视角 [M]// 复旦大学历史系，编. 变化中的明清江南社会与文化. 上海：复旦大学出版社，2016：346-349.

② 卜正民. 纵乐的困惑：明代的商业与文化 [M]. 方骏等，译. 桂林：广西师范大学出版社，2016：185-187；卜正民. 挣扎的帝国：元与明 [M]. 潘玮琳，译. 北京：中信出版集团，2016：71-73，108-109.

③ 王振忠. 清代前期徽州民间的日常生活：以婺源民间日用类书《目录十六条》为例 [M]// 陈锋，主编. 明清以来长江流域社会发展史论. 武汉：武汉大学出版社，2006：675-726.

④ 王振忠. 闽南贸易背景下的民间日用类书：《指南尺牍生理要诀》研究 [J]. 安徽史学，2014（5）.

⑤ 王振忠. 区域文化视野中的民间日用类书：从《祭文精选》看二十世纪河西走廊的社会生活 [J]. 地方文化研究，2014，7（1）.

⑥ 全建平. 宋元民间交际应用类书探微 [M]. 北京：中国社会科学出版社，2015.

⑦ 周安邦. 明代日用类书《农桑门》中收录的农耕竹枝词初探 [J]. 兴大中文学报，2014，36；周安邦. 由明代日用类书《农桑门》中收录的蚕桑竹枝词探究吴中地区的蚕业活动 [J]. 兴大人文学报，2015，55.

文化、艺术相关活动之间的复杂关系①。除了上述对日用类书的专门研究之外，另一方面，很多学人将日用类书视作蕴含丰富社会史资料的富矿，从中挖掘出众多有价值的史料来论证宋代以降庶民日常生活的方方面面。王尔敏就曾利用多种日用类书来揭示明清时期的庶民文化生活，如他曾用明刻本《居家必用事类全集》中的史料来讲述明清时期庶民生活中的饮食医药与养生益寿法②。尤陈俊以日用类书为核心资料研究了明清时期法律知识，主要涉及契约书写、诉讼之学与律例知识几个方面，他认为透过日用类书可以看出明清时期法律知识的变化趋势及其背后的历史图景③。陈学文以日用类书与族谱为主要研究材料，探讨了明清时期的社会治安和社会秩序的整治问题④。徐嘉露探讨了日用类书"民用门"中的契约文书，认为这些资料对全面了解和把握明代民间社会秩序自我管理、有序运行的真实场景拓展了视野⑤。葛兆光将日用类书与蒙书、手册、读本等资料一起视作思想史研究的重要资料，认为它们给时人提供了基本的知识储备，构成了他们思想的底色与基础⑥。

综上所述，自20世纪中叶以来，日用类书这种为传统精英士人所鄙夷的兔园册子，逐渐登上了学术研究的舞台，不但成为揭示传统时代庶民社会生活的宝贵资料，而且自身也成为了专门的学术研究对象，诸多的研究成果进一步提升了研究的深度和广度。虽然已有诸多优秀研究成果珠玉在前，但目前对日用类书的研究仍然有一些不足之处和新的突破口。一是日用类书，顾名思义是庶民百姓在遇到生活难题时可随时翻阅以查找解决方法与对策的应急性书籍，关于日用生活的知识和技术是其根本与核心。日用类书中包含诸

---

① 王正华. 生活、知识与文化商品：晚明福建版"日用类书"与其书画门 [J]. "中央研究院"近代史研究所集刊，2003，41.

② 王尔敏. 明清时代庶民文化生活 [M]. 长沙：岳麓书社，2002：39-43.

③ 尤陈俊. 法律知识的文字传播：明清日用类书与社会日常生活 [M]. 上海：上海人民出版社，2013.

④ 陈学文. 明清时期乡村的社会治安和社会秩序整治：以日用类书为中心 [J]. 浙江社会科学，2015，223(3).

⑤ 徐嘉露. 明代民间日用类书契约体式的史料价值 [J]. 北方文物，2018，134(2).

⑥ 葛兆光. 中国思想史（导论）[M]. 上海：复旦大学出版社，2013：92-93.

多的农桑、制造、牧养、医药、星占、气象等科技史料，这理应是日用类书研究的重点领域，但目前对日用类书研究的既有成果多集中在社会史方面，对其中技术与知识的关注还远远不够。除了石声汉对《便民图纂》中农业技术的简短介绍（《试论〈便民图纂〉中的农业技术知识》）[1]、坂出祥伸对日用类书中"医学门"的研究（《明代「日用類書」醫学門について》）[2]、白安雅（Andrea Bréard）对明代日用类书"算法门"和"八谱门·牙牌"中数学知识的涉猎（《晚明日用类书中的数学知识与实践》）[3]以及黄一农对清代以降日用通书与社会互动的考辩（《通书——中国传统天文与社会的交融》）[4]外，几乎没有其他学者关注到日用类书里的科技知识，甚至连以研究传统中国日常技术驰名的汉学家白馥兰（Francesca Bray）与傅玛瑞（Mareile Flitsch）等人的著述中也鲜有提及它们，所以日用类书依然是目前科技史研究中的一个富矿，亟待学界对其中的技术性知识进行全面而系统的研究。二是现有的研究基本上是利用日用类书来研究传统社会在某个具体方面的发展状况。此类研究是建立在这样一个假设的基础上的，即日用类书中的描述是对彼时庶民社会生活的真实写照，但这种假设的真实性遭到了一些学人的质疑。最先对此提出异议的是王正华，她认为不能将日用类书视为生活实录，她以"诸夷门"中所载的山海异物与传说物种为例，指出这些想象之物并非是真实存在的，只是当时人们的一种主观臆想[5]；赵益也对日用类书与社会生活的关系进行过深入探讨，他认为日用类书对彼时社会生活的反映是间接的甚至片面的，并不是对其真实的写照[6]。倘若日用类书中所描绘的事物、技术与知识并不是对当时日常生活的写照，那么它到底是什么？我们又在何种程度上可以依赖此

① 石声汉. 试论《便民图纂》中的农业技术知识 [J]. 西北农学院学报，1958（1）.

② 坂出祥伸. 明代「日用類書」醫学門について [J]. 關西大學文學論集，1998，47（3）.

③ Andrea Bréard, Knowledge and Practice of Mathematics in Late-Ming Daily-Life Encyclopedias[M]. In F. Bretelle-Establet, ed., Looking at it from Asia. The Processes that Shaped the Sources of History of Science，（Boston Studies of Philosophy of Science; vol. 265），Springer，305–329.

④ 黄一农. 通书：中国传统天文与社会的交融 [J]. 汉学研究 1996，14（2）.

⑤ 王正华. 生活、知识与文化商品: 晚明福建版「日用类书」与其书画门 [J]. "中央研究院"近代史研究所集刊，2003，41.

⑥ 赵益. 明代通俗日用类书与庶民社会生活关系的再探讨 [J]. 古典文献研究，2013，16.

类文本来进行社会史与科学史的研究，这类研究的边界和范围又在何处？这些都是值得我们进一步思考与探讨的问题。

第四节　日用类书中的农业知识

明代中后期，随着民间书坊刊刻的日用类书在种类上愈加繁多，为了抢占更大的市场份额，以攫取更多的图书销售利润，吸引更多读者的青睐与购买，成为各大书肆的书商们公认的一种重要商业竞争策略。日用类书的编纂者和书商们多用"四民利用""四民捷用""四民便用"或"四民要览"等唬人标题来博取更广泛读者群体的关注，如在《新刊翰苑广记补订四民捷用学海群玉》这本日用类书的序言中，编纂者就大力渲染该书对社会上各阶层人的功用：

> 士以之仕，可大受亦可小知。农以之耕，知天时亦知地利。工之所以奏技，贾之所以市倚，凡百家众技之流，其所以取捷目前者，一卷阅而了然心目，则其大用之不穷。[①]

根据书商的此则叙述，当时社会上士、农、工、商四个阶层的民众都可以从这本日用类书的阅读中获得各自的益处。在中国古代这四个阶层中，农民的人数最多，分布也最为广泛，农业是当时整个社会中最重要的生产部门，是支撑国家政权运行的最根本基石，农业也被视作"本业"而受到历代统治者的推崇，所以"农圃医卜"历来就是日用类书中的重要组成部分。日用类书中的农学知识与技术很早就为农史学者们所关注，如王毓瑚在其《中国农学书录》中将中国古代的农书典籍分作九类，而以记载农学知识为主的日用类书即占其一，他将其称为"通书性质的农书"，并对此有如下论述：

---

① 武纬子，补订. 新刊翰苑广记补订四民捷用学海群玉 [M]. 潭阳熊冲宇种德堂版，1607（明万历三十五年）：序言.

"通书性质的农书"：过去的所谓通书，主要是农村居民的日用百科全书。因为农村居民的主要生产活动是农业，所以通书里面也有关于农业生产知识的部门。像元朝的《居家必用事类全集》，明朝的《便民图纂》《多能鄙事》等，都是如此。这种书一般都是出于无名氏之手，编写原则基本上是"述而不作"。其所以值得重视，就是因为书中记录下了很多真正民间的生产经验，而这些来自实践的宝贵知识，往往是不见于有作者具名的那些著名的农书的。因此，这类书中关于农业生产知识的专篇，也应当算作农书。其他一些本来并非通书，但也是以记录民间农业生产实践为主的著作，像《致富全书》之类，也可视为通书中关于农业生产知识专篇的单行。①

闵宗殿在撰写《中国农学通史（明清卷）》之时也将包含农学知识在内的日用类书的流行视为明清时期农书发展的重要特点之一，他写道：

所谓通书，指既包含农业生产知识，又包含农民生活知识（如当时的封建礼俗、阴阳占卜和禁忌，以及医药常识等内容）的图书。这类书既有助于指导生产，又适合日常的生活需要，是一种日用百科性质的农书。明代《陶朱公致富奇书》、邝璠《便民图纂》，清代丁宜曾《农圃便览》等便是这种性质的农书。这类农书的出现，在一定程度上也反映了农业生产知识的普及。②

其实，上述两位农史前辈学者所提及的"通书性质的农书"或"以农村生活为主的通书"仅是指以农村生活和农业知识为主的日用类书③。石声汉在整理《便民图纂》的过程中，就认识到这类农业通书的特点，他写道："我们祖国，向来是一个农业国家，农村人口比例很大，因此通书一向也有两个类型：第一个类型，以城市的小市民日常生活为主题；另一个，则以农村生

① 王毓瑚. 中国农学书录 [M]. 北京：中华书局，2006：355-356.
② 闵宗殿，主编. 中国农业通史（明清卷）[M]. 北京：中国农业出版社，2016：462.
③ 其中王毓瑚书中提到的《居家必用事类全集》却是个例外，不过他并没有对此展开论述。

活为主。因为第二类型的通书包含着许多关于农业生产的技术知识，我们便将它归入农书这一体系之内。"① 值得注意的是，这类通书仅仅占据日用类书的一小部分，保存下来的也只有寥寥数本，而在明代撰写与刊刻的主要有《多能鄙事》《便民图纂》与《致富奇书》，我们姑且将它们称为"农业类日用类书"。

白馥兰在从事中国古代农业史研究的过程中，对建阳刻书中缺乏农书的现象感到甚为吃惊，她困惑地写道：

> 贾丽珠（Lucille Chia）对宋元明时期福建建阳刻书业进行过全方位研究②，她发现在商业性刻书坊刊刻的书目中，只有一部宋代著作被收入《四库全书》的"农家类"……我们仍然可以从中看出，农书的刻书市场相对很小，因为贾丽珠发现建阳刊刻的医学书籍总共有278 种，其中仅明代就有 244 种。③

据此她对建阳所刻印书籍中蕴含的农学知识感到失望，进而安慰性地猜测或许这些农学知识多是以手抄本而非刻本的形式在流传，其实真实情况则不然。日用类书历来包含庶民日常生活中的各个方面，所谓"大则惇伦沴政之节，训育交际之规，养生送死之礼；小则器什食用之制，阴阳占候之术，农圃技艺之方，无一事之可缺，无一事之可苟也"④，"凡饮食、服饰、居室、器用、农圃、医卜之类，咸所营"⑤，其中农圃知识本来就是其重要的组成部分。明代中后期建阳书坊刊刻的日用类书中存在大量的农学知识，它们以单独篇章而非全文的形式混杂在其中，服务于日用类书读者群体士、农、工、商中的

---

① 石声汉. 介绍《便民图纂》[J]. 西北农学院学报, 1958(1).

② 此处指 Lucille Chia, Printing for Profit: The Commercial Publishers of Jianyang, Fujian（11th–17th Centuries）[M]. Harvard University Asia Center, 2003. 该作者现在一般被译作贾晋珠，我们在前后面引用时均写作贾晋珠.

③ 白馥兰. 技术、性别、历史：重新审视帝制中国的大转型 [M]. 吴秀杰, 白岚玲, 译. 南京：江苏人民出版社, 2017: 235–236.

④ 不撰著人. 居家必用事类全集 [M]. 飞来山人刻本, 1568（明隆庆二年）：序言.

⑤ 刘基, 辑. 多能鄙事 [M]. 范惟一刻本, 1563（明嘉靖四十二年）：序言.

部分农民、对农业感兴趣的士人以及从事农产品贩卖的商人等人群。这部分农业章节常为研究中国古代农业史的学者们所忽略，笔者姑且将这些称之为"日用类书中的农学章节"。简而言之，农业类日用类书和日用类书中的农业章节共同构成了本书研究的主题。

农业类日用类书与日用类书中包含农学的章节并不是在明代中期以后突然出现的全新事物，而是其发展与演变有着自身漫长的过程。按照读者对象的不同，我们可粗略地将中国古代农书分为两种类型：一类是在官宦、士大夫等精英阶层内部流传的农书，另一类是可供下层识字人群阅读的农书。前者在农书中占有绝对压倒性的比例，如虽然贾思勰谦逊地表示撰写《齐民要术》的原意是"鄙意晓示家童，未敢闻之有识"[1]，但从为该书所作的序言和书名中的"齐民"二字，可以看出他期冀的读者对象仍然是负有牧民职责的统治者与官僚[2]。王祯在撰写《农书》时心中的潜在读者也是官员和士人，在自序中，他希望"躬任民事者，倘有取于斯欤"[3]；在介绍耘荡这种江浙间的先进农具时，他也期冀"庶爱民者播为普法"[4]。甚至连自称"西山隐居全真子"的陈旉撰写农书的原因，也是因为"士大夫每以耕桑之事为细民之业，孔门所不学，多忽焉而不复知，或知焉而不复论，或论焉而不复实"[5]，所以他撰写农书的本意也是写给士人阅读的。这些重要大型农书的流通范围局限在精英士大夫的内部，以至于清代士人吴邦庆感叹道："即今世传有《齐民要术》《农桑辑要》诸书，亦不过供学者之流览，于服田力穑者毫无裨补也。"[6]与此同时，另一类古代农业文献的阅读对象却与之有所不同，这类文献中的第一种就是官修或私造的历日，它记载了一年中日月、朔闰、物候、节气和农事等活动的时间安排，体现着敬授人时的浓厚官方色彩。图5即为明代永乐年间的一个官方颁布的历日，可以看出上面仅仅记载着简单的岁时节气之类

① 贾思勰，原著. 齐民要术校释（第二版）[M]. 缪启愉，校释. 北京：中国农业出版社，1998：19.
② 曾雄生. 中国农学史（修订本）[M]. 福州：福建人民出版社，2012：210.
③ 王祯. 农书译注：王祯自序 [M]. 缪启愉，缪桂龙，译注. 济南：齐鲁书社，2009：1.
④ 王祯. 农书译注 [M]. 缪启愉，缪桂龙，译注. 济南：齐鲁书社，2009：481.
⑤ 陈旉. 陈旉农书校注 [M]. 万国鼎，校注. 北京：农业出版社，1965：21.
⑥ 吴邦庆，辑. 畿辅河道水利丛书 [M]. 许道龄，校. 北京：农业出版社，1964：421.

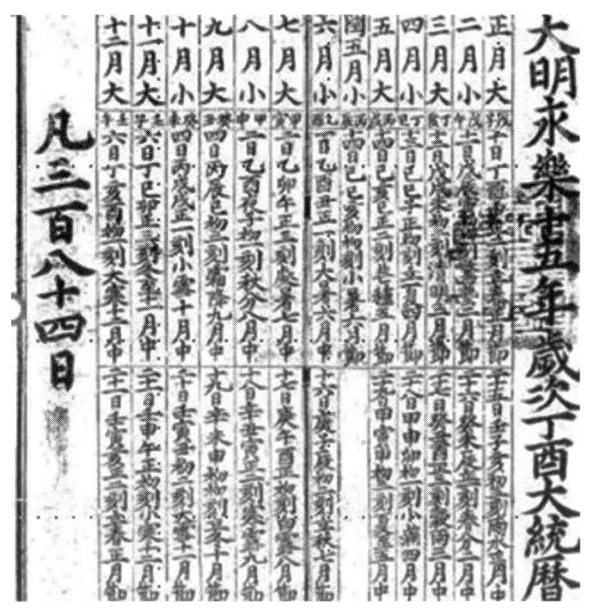

图5　大明永乐十五年（1417）所颁大统历

信息。民间的小历①会在此基础上衍生出一些农业生产、民俗、择日和禁忌等内容，但对于具体的农业知识来说，也仅仅是一句简单的描述而已，毫无技术含量。第二种此类文献被研究者们称作月令类农书，最早的《月令》一书是按照一年十二个月的顺序，它将每个月的阴阳五行、物候、节气、星象历法等内容紧密联成一体，属于国家的政令性文献。但在秦汉之后月令的内容发生了变化，其中涉及农事的月令发展成为独立的门类②。月令这种题材的农书将每个月的农事活动加以汇总，使之井然有序又颇具可操作性，所以颇受庶民百姓的欢迎。月令因其实用性而在民间传播较为广泛，如东汉崔寔撰写的《四民月令》中的"四民"即传统士、农、工、商四阶层的民众，从该书标题就可看出其面向的读者群体是整个社会的芸芸大众。月令类农书里会对每个月份的农事活动做简单的介绍，但主要的笔墨在于哪个具体节气应该从事

---

① 小历之名称，见于《新五代史·司天考第一》载"然世谓之小历，只行民间"，它和通书有着密切联系。参见王立兴. 关于民间小历 [M]// 中国天文学史整理研究小组编. 科技史文集 第10辑 天文学史专辑3. 上海：上海科学技术出版社，1983：45-68.

② 汤勤福.《月令》祛疑：兼论政令、农书分离趋势 [J]. 学术月刊，2016，48（10）：139-143.

哪些农活，对于如何从事、利用何种技术来操作则没有明确的阐述。这两类文献在民间的畅销使得日用类书的编纂者试图借用其形式并在此基础上进行创新，一本在晚明被刻印十余次的名为《新刊理气详辩纂要三台便览通书正宗》的日用类书中对此有过叙述：

> 国家钦若昊天，敬授人时，则有钦天历日之颁，家谕□喻，□著吉凶，以利民用，惠至宏而沃矣。通书备载神煞、生尅、制化，皆以翔历日之行，而为民造福者也。①

通书或日用类书中的农业篇章不仅在一定程度上承袭了历日与月令类农书中记载的农事安排、灾害预测以及节气时序等事项，还详载各种农事活动所需要的具体知识与操作技术，可见它是月令类农书和历日在宋代以降民间社会中的转型与创新。

笔者在前文中已经提及，本书所关注的日用类书中的农学知识可分为两大类别，即农业类日用类书以及日用类书中的农业章节。对于农业类日用类书，虽然根据农史前辈们的论述，在明代颇具代表性的有《便民图纂》《多能鄙事》《致富奇书》这三本，但本书只重点关注《便民图纂》，因为该书通篇以农学知识为主线并开启了明代中后期日用类书"农桑门"中知识结构与耕织图像的滥觞。明代两种《致富奇书》与清代、民国流传的诸种《致富奇书》在知识结构上有所不同，它们不是后世版本中的那种以手工业与商业为主，而是通篇都以农业为主，是典型的面向农人的农业类日用类书，但因为其中的许多内容摘抄自《便民图纂》，所以原创意义有所减弱，故而本书不拟另述。而被前辈学者视作农业通书典型的《多能鄙事》由于是明初或中期所撰，托伪刘基所作，且其中有饮食、服饰、居室、器用、阴阳、占卜、农圃等各类知识汇杂，农学知识仅仅是其中的一个小的组成部分，不具备成为农业类日用类书的条件，且其中的"农圃类"部分也多为种植水果、药用植物和观赏性

---

① 佚名. 新刊理气详辩纂要三台便览通书正宗 [M]. 潭邑林维松刻本, 1598（明万历二十六年）.

花卉的园艺性技术，主要大田农作物的种植方法则大多被排除在外，故本书亦不拟关注该书，仅将其中的部分资料作为参考与对照。日用类书中的农业章节就是明代中后期综合类日用类书中所包含的农学知识，主要包括三类：一是记载农作物种植技术、花果种植技术、蚕桑技术以及耕织图像的"农桑门"①；二是描述农事节气、农业占候与农业灾异的"时令门"或"天文门"；三是记录饲养六畜方法和畜牧兽医知识的"牧养门"②。它们各自涵盖专门的农学知识，需要对其中的内容进行详细分析。此外，"地舆门"中记载的户粮土产、"商旅门"中记载的气象知识和农产品物价信息等也包含些许涉及农业的史料，我们会在本书的写作过程中酌情利用这些资料。

第五节　本书的思路与写法

就明代日用类书中的农学知识而言，前辈学人业已围绕农业类日用类书进行过一些个案研究，主要集中在考证其撰者、刊刻过程及版本流传等文献学方面③，对于综合日用类书中的农业章节则鲜有触及。目前仅有的两篇关于"农桑门"的文章也只是对其中的农业竹枝词和蚕桑知识做了简单的史料钩沉与案例分析。除此之外，"农桑门"中的耕织图像、"时令门""天文门"中的农业占候与日用类书其他门类中的农学知识则依旧无人涉足。形成这种现象的原因可能是前辈学者认为日用类书里记载的农学知识篇幅较少而琐碎芜杂，这些记载于其中的农业技术既不是当时最先进的，又不是稀奇抑或罕见的，它们只是日常农事活动中所通用的普通知识，遂认为没有去深入研究

---

① 明代中后期日用类书中该部分多被称作"农桑门"，但也有个别例外，如万历四十二年（1614）潭邑书林对山熊氏刊本《新刻邺架新裁万宝全书》将其称作"耕布门"。

② 这部分题目多变，例如《新刻邺架新裁万宝全书》中称作"马经门"，《新刊天下民家便用万锦全书》中称为"牛马经类"，这大概是由牛与马两种牲畜价值相对贵重，在农家畜牧养殖业中所占的重要位置决定的。

③ 例如，董光璧. 刘基和他的《多能鄙事》[J]. 中国科技史料，1981（2）；肖克之.《便民图纂》版本说 [J]. 古今农业，2001（2）.

的必要。其实日用类书是除农书之外，传统农业知识传播的一种重要途径，且其中的农学知识与农书相比有自己的特色，本身就具有很高的研究价值。除此之外，关注日用类书中的农学知识还有更为重要的意义。在中国传统社会中，"士"与"农"是迥然有异的两个社会等级，虽然有些士人也甚为关注农业的发展并撰写了有关农学的著作，但出自农家者流的这些农书所期望的阅读对象大多是发展地方农业的官僚和士人，对普通农民的农学实践似乎没有良好的效果，以至于元代张枀在为鲁明善《农桑衣食撮要》写序时怅然曰："务农之书，或繁或简，田畴之人，往往多不能悉"①，清人吴邦庆也曾感叹道："即今世传有《齐民要术》《农桑辑要》诸书，亦不过供学者之流览，于服田力穑者毫无裨补也"②，这种状况导致农业史的研究在士人的文本知识与农民的农学实践之互动环节上有所断裂。日用类书则不然，它本身就是以销往民间为目的，撰者挑选的农学知识虽简便却是彼时民间最具需求性的。日用类书的撰者与书商必定要花费相当的力气来摘抄、选择、整合已有的农学知识，并吸收、创造新的且当时农业生产中亟需的知识，以满足乡居地主及普通农民等读者的需求。这样日用类书在一定程度上就成为探究士人的农业文本知识与农民的农学实践之间相互关系的一个突破口。

本书在系统收集明代中后期各种版本的日用类书，厘清其撰者、文献来源及版本翻刻之过程的基础上，以明代书坊刊刻的诸种日用类书如《便民图纂》《致富奇书》《万宝全书》等为经，以其中的耕作、蚕桑、树艺、占候、牧养等各门具体农学知识为纬，从知识社会学的视角来剖析日用类书中的农学知识，考察促使其产生与发展的社会背景，编纂者如何根据民间社会的需求将它们进行采集、加工与"编码"，这些农学知识在之前已有知识基础上做了何种创新，以及它们的读者受众群体是谁等重点问题。目的是分析日用类书与传统农书中的农学知识在知识获取、生成、传播与应用等方面的不同之处，以及探究明代中后期社会转型与农学知识书写之间的相互关系。

---

① 鲁明善. 农桑衣食撮要 [M]. 王毓瑚，校注. 北京：农业出版社，1962：17.
② 吴邦庆，辑. 畿辅河道水利丛书 [M]. 许道龄，校. 北京：农业出版社，1964：421.

本书除绪论与结语外，主体部分共分作四章，篇章结构及各个章节的主要观点归纳如下。

绪论主要是介绍该项研究的缘起、研究对象、学术史回顾及本书的写作方法、路径和框架。本章细致考察了明代中后期日用类书出现的社会背景、总体出版情况及其中所涉及的农学知识，认为市民经济的蓬勃发展、阳明心学的思想启蒙和书籍印刷技术的进步，使得通俗性日用类书成为图书市场上的畅销品，在明代中后期的建阳、金陵等南方地区被民间书坊大量刊刻。学界对日用类书的研究从 20 世纪五六十年代开始兴起，日本学者在其中所起的作用功不可没，研究历程主要集中在三个维度，即对日用类书版本的考证、对其中社会史料的发掘与对其自身的研究，且近年来研究趋势日趋兴盛。日用类书中的农学知识包括农业性日用类书和综合日用类书中的农业章节两个部分，对于前者，既有研究只围绕着文献考证展开，对于后者，学界目前关注更为不足。

第一章围绕《便民图纂》这本重要的农业性日用类书来展开讨论，因为该书中的内容为明代中后期坊刻日用类书中的"农桑门"所大量承袭，奠定了此后日用类书中农学的知识结构与基本框架，故而先对其进行深入研究。本章分为四节，首先重新梳理了《便民图纂》的撰者以及版本流传情况，认为《便民图纂》是一本具有很高原创性的通俗性日用类书，以往学界公认的《便民纂》并不是它的祖本，该书的撰者和首刻者都是时任吴县县令的邝璠，并向读者介绍了日本内阁文库所收藏的弘治壬戌本。接着分析了《便民图纂》中的诸种农学知识类型，并对知识进行了溯源，认为这些知识主要来自于新近刊刻的农书和先前成书的日用类书，撰者邝璠在撰写过程中不但对已有知识进行了重新整合与系统化处理，其间还有诸多新知识的创造，他的这种写作手法极大突破了传统类书"述而不作"的保守性传统。最后分析了《便民图纂》中农学知识的影响，认为其中的农学知识一方面通过《农政全书》等经典书籍的转引汇入正统农学体系中，在中国农学史上起到了承前启后的作用；另一方面，其农学知识大批量汇入了建阳、金陵等地刊刻的日用类书中，成为之后日用类书中农业知识的范本，并成为"农桑门"中耕织图像的滥觞。

这些知识逐渐成为明代中后期庶民社会百姓居家日用知识的一部分。

第二章主要关注明代中后期诸种日用类书"农桑门"中的农业耕作知识。本章主要探讨日用类书"农桑门"中的以水田稻作为中心的大田耕作知识，植桑养蚕技术，果树、蔬菜与花卉培壅的诸种方法，分析这些农业知识的文献来源、编排形式及其在明代中后期取得的技术性新发展，认为民间书肆的书坊主与他们雇佣的以下层文人为主体的编纂者群体在日用类书农学知识的条理化和技术性上做了大量的有益工作。明代中后期日用类书中的农学知识比以往宋元时期日用类书中的农学知识编排更加合理，对农业实践也具有更大的指导意义，其背后的原因是农业发展导致的农学概念变化及识字率提升等因素带来的读者受众群体的改变。

第三章对日用类书"农桑门"中所绘制的大量日常农务、女红图像和农业竹枝词进行系统性研究。首先采用传统图像证史的方法，认为这批耕织图像中蕴含着丰富的、它书不载的详细农事信息，能够直观反映明代中后期南方稻作地区农业发展的诸种面貌及技术细节，还能透露出一些社会与经济维度的信息。同时探究日用类书的撰者群体如何通过增加视觉性资料和朗朗上口的口诀性质的民间竹枝词来提升日用类书中农学知识的通俗性与可读性，以期达到增加销量的目的。继而对这批耕织图像绘制的背景与原因进行了尝试性分析，认为增加知识的趣味性以迎合庶民社会以及试图缓解当时社会上日益紧张的主佃关系是这批耕织图像被创造的主要目的，即彰显世俗娱乐性与隐喻象征性是这批耕织图的主要意义，其在农业技术传播方面的作用反而是被后世研究者曲解、夸大或人为制造的结果。

第四章集中讨论了日用类书"时令门"与"天文门"中的天气占卜、课晴问雨、趋吉避凶等农业天象、气象及灾害等方面的复杂知识群。明代中后期处于气候学上的小冰期时期，气温趋于寒冷且旱涝极其不均，其间气象灾害频仍，农民在长期的农业生活实践中积累了丰富的气象知识。本章分别探讨占候知识渗入日用类书的背景，民间社会如何利用山川草木、鸟兽鱼虫等自然现象与生物活动来预测特定日期天气的技术以及农民如何通过农业占卜获得来年气候适合种植哪种作物的信息，这些通过占候获得的农事信息在其后的农业实践中和农作物品种选择等方面留下了何种印记。笔者倾向于认为，这些占候知识批量出现在明代中后期的日用类书中，是当时以江南和福建地区为代表的南方水田农业区农业转型和农产品高度商品化的一种反映，种植农作物的经营性地主、农民和贩运农产品的商人共同构成了该部分知识的主要阅读群体，而农业占候知识兴起的本身也是明代中后期社会中的芸芸大众对当时社会转型与环境变化所产生的一种焦虑性心理表现，是当时"天人感应"的一种重要形式。

最后部分为全书的结语，是在对全书进行概括总结的基础上凝练的一些初步结论。本章拟分三个部分来阐述：第一部分主要藉由日用类书这种特殊形式的书籍来探讨科学史研究中的革命／变革与日常／普通之间的关系，并以明代中后期日用类书中的农学知识为核心案例，分析这些日常／普通的知识与技术在科学史研究中的意义与价值；第二部分试图结合前几章的内容来对先前日用类书研究者们将日用类书中的知识等同于庶民生活的真实写照这种先验性观点进行商榷，认为日用类书中的文本农学知识只是书商们摘选了士人农书中的相关文本企图来用以指导农业实践的一种尝试，这只是农学知识在士人和农民之间传递环节中的一种流动形式，是介于农学理论与真实农业实践之间的一种镜像；第三部分是以农学知识为例分析日用类书中所载知识的独特价值，认为它不但通过向下流动的模式在庶民社会中得到长盛不衰的流通，对当时的农业实践产生某些直接的促进与指导作用，而且其中的部分知识还往上层流动，其新颖的具体知识以及全新的知识编排方式对晚明时期"百科全书式"的人物如徐光启、宋应星及其著作的撰写产生了一定程度的影响。最后以跨国视角来审视了明代中后期日用类书在东亚及欧洲国家的传播及其意义，同时将明代中后期出版的日用类书置于全球印刷发展与平民阅读的浪潮中，提出本研究的进一步展望。

纵览全书结构与框架，其中值得注意的一点是，我们在前文中业已提及，日用类书中的农业章节主要包括"农桑门"中的农桑知识、"时令门"与"天文门"中的农业占候知识，以及"牧养门"中的畜牧兽医知识三种知识类型。前两种知识类型在本书中都有专门的章节来详细论述，但根据现有的框架来

看，书中缺少单独的章节甚至小节来讨论畜牧兽医知识，这是笔者基于以下两种原因考虑所做的取舍。一是"牧养门"在明代中后期日用类书中的显示度极低，根据笔者的统计，至少 15 本明代撰刻的日用类书中设有"农桑门"篇章，13 部载有讲述农业占候知识的"时令门"或"天文门"，而仅有 3 部明代中后期的日用类书中含有类似"牧养门"的动物饲养与疾病防治篇章①，且这部分知识与宋元时期日用类书中的相关知识纵向相比，其知识多为承袭而创新性略显逊色，不足以支撑起一个单独的章节，这种体量与当前主流学术界关于明代畜牧业的看法是一致的。学者们普遍倾向于认为，畜牧业在中国古代的农业体系中扮演着一个不太重要的角色，中国人用植物油、蔬菜和豆腐替代了动物脂肪和肉类。特别是明代以后，在中原地区，随着疆土的开拓与农耕的垦殖，可供放牧的牧场与林地皆被开垦为耕种的农田②，仅在边疆地区，在那些被认为不宜耕种的山区、沼泽、草原或沙漠，牲畜饲养作为一项重要的经济活动，才被保留了多个世纪之久③。第二种考虑是，尽管明代前期政府也比较重视畜牧业的发展，如设在京郊的上林苑监，由良牧署饲养大量种牛、羊和猪，民间养马的马政制度也是规模颇为巨大，但本书所主要叙述的江南地区马政负担相对较轻，且早在明宪宗时期，由于受到"大率由草场兴废"等原因的制约，马政已日益凋敝④，而且即便偶有政府摊派养马的情况，也多是采用"每群长下选聪明子弟二三人习学兽医，看治马匹"⑤的方法来给予指导，民间普通百姓不需要掌握这些兽医知识，这些因素叠加造成了明代中后期日用类书中牧养类知识的匮乏。综上所述，本书不拟对"牧养门"做单独研究，仅在介绍《便民图纂》中的"牧养类"时对其略作叙写。

① 这里没有包含《多能鄙事》，因为《多能鄙事》中的牧养知识多为抄袭前代日用类书《居家必用事类全集》中的相关内容而成，所以其内容大多还是反映了元代而非明代的畜牧业发展状况，而且学界对于其成书时间也存在不同的看法。

② 伊懋可. 大象的退却：一部中国环境史 [M]. 梅雪芹等，译. 南京：江苏人民出版社，2014：10-19.

③ Edited by Roel Sterckx, Martina Siebert and Dagmar Schäfer. Animals through Chinese History, Earliest Times to 1911[M]. Cambridge University Press, 2018, pp118.

④ 陈振国. 清代马政研究 [M]. 长春：吉林大学出版社，2016：16-19.

⑤ 王圻. 续文献通考 [M]. 曹时聘等刻本，1603（明万历三十一年）：20b.

　　从研究方法与路径上来说，本书作为一本历史学著作，首先要恪守历史文献学的基本原则，重视对明代中后期出版之日用类书的地毯式搜集与梳理，尽量搜集更多稀见的日用类书版本并对不同版本中农业知识的流转与嬗变进行纵向比较，同时要把日用类书中记载的农业知识与彼时农书、地方志、笔记等其他类型文献中记载的农学知识进行横向比较，以在更深层的程度上把握日用类书中农学知识的特质。其次，明代中后期日用类书中农业知识的生产与传播模式亦是本书关注的一个重点内容。传播学理论与方法也是重点借鉴的方法之一，本书拟采用德国学者马莱兹克（G·Maletzke）关于大众传播的过程模式，不但深入分析影响知识传播者（即日用类书撰者，如书坊主、图书编辑）与受众（即日用类书使用者，如士、农、工、商）的诸多因素，还分析传播者对知识的选择与加工及受众对媒介内容的接触选择共同对日用类书中农学知识的内容、编排与形式所产生的影响①。再次，日用类书的批量出版是在明代中后期社会转型的大背景下出现的一种独特现象，特别是与庶民社会的发展息息相关，所以本书也尝试引入社会学的方法来研究日用类书中的农学知识，包括利用马克斯·舍勒（Max Scheler）创立的知识社会学、彼得·伯克（Peter Burke）提出的知识社会史以及贝尔纳（John Desmond Bernal）与默顿（Robert King Merton）所提倡的科学社会学等诸多学科的理论，来揭示和阐明农学知识与明代中后期社会之间丰富而复杂的关系。在研究工具上，本书采用科学史家席文（Nathan Sivin）提出的"文化簇"（cultural manifolds）方法②，利用多学科的优势，结合编史学、人类学、技术史、STS 等相关学科的各种有效工具与方法，对日用类书中的农学知识进行综合性分析，期冀可以更客观地还原这段历史的本来面貌。

　　本书的创新点及可能的学术影响主要体现在三个方面。一是从农业史角度来看，在研究资料的选取上，以往研究农业技术史的学者大多依赖于文人撰写的专业性农书，而这些农书中呈现出来的农业情况是很少参与农业实践

　　① 苏克军. 传播学概论 [M]. 长春：吉林大学出版社，2017：129-131.

　　② 所谓的"文化簇"就是用所有相关学科来考察所有的相关资料来探究人文或社会科学问题的一种方法。参见席文. 论文化簇 [J]. 复旦学报（社会科学版），2011（6）：55-56.

的文人根据自己的阅读知识与见闻所营造的一幅农业发展的"虚像"，与彼时现实生活中的真实农业有些许脱节。日用类书中农学知识与技术的目标受众是农业从业者或者实践者，撰者选取的知识大都是当时社会上日常农事中所亟需或验之有效的，所以通过对日用类书中农学知识的解读能更清晰地还原历史时期的真实农业技术。二是从方法论的角度来说，以往的科学史研究多关注历史的宏大叙事，注重主流科学家及其里程碑式的著作，对庶民百姓在日常生活中使用的技术与知识则稍有忽略。本书通过日用类书这种特殊文本来窥视普通农民的日常技术实作，期冀能在一定程度上将科技史的研究引入到对底层社会的关注上。以往的社会史研究多着墨于普通百姓的衣、食、住、行及娱乐活动，而忽视了习而不察的日用技术，其实技术才是构建社会生活这幢大厦的最根本基石，本书通过对明代中后期日用农业技术历史的研究，试图从更基础的视角来解构当时的农业社会。三是从日用类书研究史上来看，既往的绝大多数研究都习而不察地将日用类书这种文本视作对当时庶民生活的真实写照。根据这种观点，周安邦在研究"农桑门"时倾向认为其中收录的蚕桑知识能够完整反映明代吴中地区的蚕业实作活动①，吴蕙芳也将日用类书撰者从前代农书里抄袭的技术作为史料来解说明清时期的农业耕作状况②。本书作者的观点则认为，日用类书中的农学知识是从官员、书商、编者等非农业从业者角度出发来认为民间急需的农业知识的集合体，它并不是对庶民社会中农事活动的真实反映，而仅仅是架构于想象与真实之间的一个镜像，虽然这个镜像与传统农书等文献相比是更贴近于事实的，但并不等于事实本身。若以这种观点来看待日用类书中的农学知识，我们就会发现它并不是成型的固定化知识，而是知识在编纂者与读者之间流动的一种特殊状态，从中能更好地思考传统时代以农学为代表的技术知识是如何被创造与传播的。

---

① 周安邦. 由明代日用类书"农桑门"中收录的蚕桑竹枝词探究吴中地区的蚕业活动 [J]. 兴大人文学报 2015, 55.

② 吴蕙芳. 万宝全书：明清时期的民间生活实录 [M]. 台北：花木兰文化工作坊, 2005：99–113.

第一章

生成范本:《便民图纂》与江南
新型日用农学知识的展开

　　《便民图纂》是明代颇具代表性的一部民间日用生活指导手册,它以记载农业生产技术为主,兼及祈禳涓吉、课晴占雨、医药卫生与食品制造等各门类实用技术知识。仅在明代弘治至万历中期的百余年间,该书就至少被刊刻过六次,说明它在当时社会上颇受欢迎①。作为一本成书于江南稻作农业区吴中的劝农手册,该书曾于嘉靖、万历年间在云南、广西、贵州等边疆地区经由地方官员刊刻与颁发,对边陲地区的农田开垦与农业技术提升起到一定的积极作用。其工丽的农务女红图亦开启了后世日用类书"农桑门"中插入耕织图像的滥觞。同时,该书包含传统农书、医书所不载的部分史料,历来为学者所珍视,清人徐兆玮在日记中写道:"读徐光启《农政全书》七卷。卷中引王祯《农桑通诀》、王盘《农桑辑要》、邝廷瑞《便民图纂》三书最详。"②根据今人的统计,《农政全书》直接和间接引用《便民图纂》多达七十八次③;李时珍在撰写《本草纲目》时也将《便民图纂》列入"引据古今一家书目"中的重要一种,并在干洗头屑、狗咬昏闷、打扑伤损、拔白换黑、竹刺入肉、脚指鸡眼、黑发、足疮嵌甲等处对其中所载的民间偏方、验方引用过十余次。虽然四库馆臣在编纂《四库全书总目》之时因该书内容冗琐复杂且不名

---

① 邝璠. 便民图纂 [M]. 出版说明. 扬州:广陵书社,2009:1a.

② 徐兆玮. 徐兆玮日记 1 [M]. 李向东等,标点. 合肥:黄山书社,2013:338.

③ 殷子.《农政全书》数字化研究 [D]. 南京:南京农业大学,2007:21.

一家，故将其列入杂家类，但因为其中囊括着丰富的农业生产知识，揭示了明代农业社会的诸种新面相，故历代农史学家都将其视作一本专业性农书，并围绕其撰者、版本流传以及其中包含的农业新知识等方面进行过诸多探究，亦取得了颇为丰硕的成果。

虽然郑振铎、万国鼎、石声汉、王毓瑚、天野元之助、肖克之等前贤都曾围绕着《便民图纂》的撰者、刻印过程、版本流传等诸多问题进行过一些有益的探究，亦取得了较为显著之进展[①]，但总体来说，前人对《便民图纂》的研究还稍显薄弱，甚至连在书籍撰者、初刻者及其成书年代等基本问题上都存在诸多争议的观点。本章的前两节将逐一评析前辈学者关于该书撰者的立论，厘清其真正的撰者与初刻本，考证其与《便民纂》的关系，并对日本内府所藏而不为国内学者所熟知的弘治壬戌（1502）刻本进行简要之介绍；后两节将详细探究《便民图纂》中农学知识的主要类型及概要内容，分析其中各种农学知识的文献来源和创新之处，并归纳总结这些农学知识对之后农学发展所产生的影响与它们在民间的传播过程。

第一节　孰为祖本？
——《便民图纂》与《便民纂》关系考

上海图书馆藏有一部残破不全的明刻本《便民纂》十四卷，该书未题撰者，也无序跋，被学界普遍认为是《便民图纂》的祖本。这种观点于1959年由中华书局的编辑在影印郑振铎所藏的《便民图纂》万历于永清本时被首次提出，编辑在该书的后记里写道："上海图书馆藏有一部成化、弘治之间刻本的《便民纂》十四卷，不题撰者，核其内容，正是《便民图纂》的祖本。"[②]

---

① 管见所及，目前关于《便民图纂》较重要的成果有郑振铎的《邝璠〈便民图纂〉》、石声汉《介绍〈便民图纂〉》、万国鼎《邝璠〈便民图纂〉》、陈麦青《关于〈便民纂〉》、肖克之《〈便民图纂〉版本说》，以及王毓瑚在《中国农学书录》与天野元之助在《中国古农书考》中对其的研究。

② 邝璠. 便民图纂 [M]. 北京：中华书局，1959：后记.

万国鼎先生也撰文对此观点表示赞同[1]，多年后，复旦大学的陈麦青经过仔细翻阅《便民纂》全书并将它与《便民图纂》进行反复校核后，认为影印本后序中关于《便民纂》系《便民图纂》祖本的结论是确凿无疑的[2]。其后很多学人对这种观点进行了直接引用，似乎它已成为一种真知。支持《便民纂》为《便民图纂》祖本的学者们判断的主要依据是两书目次基本相似且相互对应，只是次序稍有不同而已，为简便起见，故对两书章节对应关系列表（表1–1）。从该表格中可以看出，几乎《便民纂》的所有章节在《便民图纂》中都可以找到与之相对应的章节，他们据此认为在刊印《便民图纂》时，撰者调整了《便民纂》的类目次序，把宋代楼璹《耕织图》中的部分内容添加到卷首，并把其中的五言诗改为通俗的竹枝词；其次把《便民纂》中大谈琴、棋、书、画等与农民日常生活无关的《辨识类》大幅删减，仅把某些对日用民生有用的条目压缩到《制造类》中。促使他们坚信《便民纂》是《便民图纂》祖本的另一个原因或许是两书每章条目之多少与每个条目的长短，以农桑部分为例，《便民纂》比《便民图纂》多出"耙劳""岁宜种谷""播种时宜""播种地利""灌田""拣稗""除埝田稻"等诸多条目，而且即便是同一个条目，在《便民纂》中的叙述也比在《便民图纂》显得更加冗长。例如，"种绿豆"条目，《便民纂》曰"宜四月，种有蓝色、绿色，又有宜摘角或宜连稿收，终是稿收者便"，而在《便民图纂》中，这条仅有"宜四月"寥寥三字，这些似乎都暗示着《便民图纂》是在《便民纂》基础上的进一步删减与剔除，仿佛《便民纂》确凿无疑是《便民图纂》的祖本。

表1–1　　　　　《便民纂》与《便民图纂》[3]目次之对应关系

《便民纂》目次	《便民图纂》与之相对应章节
卷一《诸占类》	卷六《杂占类》
卷二《月占类》	卷七《月占类》

---

[1]　万国鼎. 邝璠《便民图纂》[J]. 中国农报, 1962(11).

[2]　陈麦青. 关于《便民纂》[J]. 中国农史, 1985(4)：107–109.

[3]　此处《便民图纂》一书之目次依据的版本为万历于永清本。

（续表）

《便民纂》目次	《便民图纂》与之相对应章节
卷三《月禳类》	卷八《祈禳类》
卷四《尅择类》	卷九《治吉类》
卷五《树艺类（上）农桑》	卷二《耕获类》、卷三《桑蚕类》
卷六《树艺类（中）草木花实》	卷四《树艺类（上）种诸果花木》
卷七《树艺类（下）蔬菜》	卷五《树艺类（下）种诸色蔬菜》
卷八《牧养类》	卷十三《牧养类》
卷九《法制类（上）调治饮食》	卷十四《制造类（上）》
卷十《法制类（下）造治物用》	卷十五《制造类（下）》
卷十一《辨识类》	（无对应章节）
卷十二《广嗣类》	卷十二《调摄类（下）》
卷十三《起居类》	卷十《起居类》
卷十四《摄生类（上）医治》	卷十一《调摄类（上）》
（无对应章节）	卷一《农务之图、女红之图》

　　笔者在上海图书馆翻阅《便民纂》时偶然发现两条重要的线索，导致对其成书的年代产生了怀疑。目前来看，上海图书馆馆藏的《便民纂》极有可能是个孤本，该书业已破损，书中并无任何关于其版本的记载或蛛丝马迹，图书文献检索信息上也仅注明该书为明刻本，并未有进一步更详细的信息。而在前述1959年版中华书局影印《便民图纂》后记以及万国鼎、陈麦青两位先生的文章中，皆提及该书为成化、弘治间的刻本，可惜他们都未给出确凿的史料出处。笔者在该书卷五《树艺类（上）农桑》中读到"垦荒"条时意外发现一条可判断该书成书年代的史料，兹录于下：

　　　　凡开垦荒田，须烧去野草。犁过，先种芝麻一年，使草木之根败烂，后种五谷，则无荒草之害。盖芝麻之于草木，若锡之于五金，性相制也，务农者不可不知。顾东桥中丞曰：有山场荒地，须合力尽开，

> 仍就里併开天池，蓄水备旱，且可杀下山骤水，谚云："坐贾行商，不
> 如开荒。"

该条目主要论述山场开荒的具体技术，其中引用了顾东桥的言论，并称其为中丞。顾东桥即明代学者顾璘，顾璘字华玉，号东桥，因而世人多称其作顾东桥，王阳明与之交往甚密，曾撰写《答顾东桥书》与其辩论过格物，《明史》也对顾璘的生平有如下之记载：

> 顾璘，字华玉，上元人。弘治九年进士。授广平知县，擢南京吏部主事，晋郎中。正德四年出为开封知府，数与镇守太监廖堂、王宏忏，逮下锦衣狱，谪泉州知州。秩满，迁台州知府。历浙江布政使，山西、湖广巡抚，右副都御史，所至有声。迁吏部右侍郎，改工部。董显陵工毕，迁南京刑部尚书。罢归，年七十余卒。[①]

通过此则史料可看出，顾璘一生仕途较为坎坷，虽先后担任过诸多官职，但直到仕任山西后才第一次担任巡抚，清人梁章钜曰："今巡抚之称中丞，盖沿于此。明人如陈一元有《送谢寯云中丞移镇粤东》诗……至今遂沿为故实。"[②]故而得知明清两代称呼巡抚为中丞，顾璘只有在任山西巡抚之后，才可能被人们称作中丞，既然《便民纂》的撰者在书中称顾璘为顾东桥中丞，那么该书的写作时间当不会早于顾璘任山西巡抚之前。根据京学志撰写的《南京刑部尚书顾公璘传》所记载，顾璘于"（嘉靖）壬辰召为都察院右副都御史巡抚山西"[③]，可知其在嘉靖十一年（1532）出任山西巡抚，相应《便民纂》的写作时间也便不会早于嘉靖十一年。而现今发现的《便民图纂》最早刻本为弘治十五年（1502）刻本，所以《便民图纂》的成书年代至少不晚于弘治十五年，由此可以推断弘治年间就已成书的《便民图纂》不可能脱胎于嘉靖十一年之

① 张廷玉，等，撰. 明史 [M]. 北京：中华书局，1974：7354-7355.
② 梁章钜，郑珍. 称谓录 亲属记 [M]. 冯惠民，等，点校. 北京：中华书局，1996：313.
③ 焦竑. 国朝献征录 [M]. 卷48·南京刑部一. 徐象橒曼山馆刻本，1616（明万历四十四年）：76a.

后才成书的《便民纂》，而后者就更不可能是前者的祖本。

"祖本说"之谬误亦可从上海图书馆所藏《便民纂》中的其他部分找到相关佐证，《便民纂》各卷的卷端均刻有卷数和该卷的名称，如第一卷卷端的文字是"便民纂卷一　诸占类"，第八卷的卷端刻有"便民纂卷八　牧养类"的文字，其他各卷亦如是，唯独在第四卷中刊刻者却把"便民纂卷四　克择类"误刻为"便民图纂卷四　克择类"（图1-1），这从另一个角度证明此本《便民纂》的成书时间应晚于《便民图纂》，书商在刻印之时误把此页《便民纂》的书名刻成当时已在民间流传颇广的《便民图纂》，所以说《便民纂》非但不是《便民图纂》的祖本，相反它却是抄袭《便民图纂》并以其为蓝本进行扩充的基础上撰成的书籍，这正与清代盈利性书坊的书商以四卷本《陶朱公致富奇书》为底本雇佣文人扩充至十卷《增补陶朱公致富奇书广集》而售卖的情况相类似。

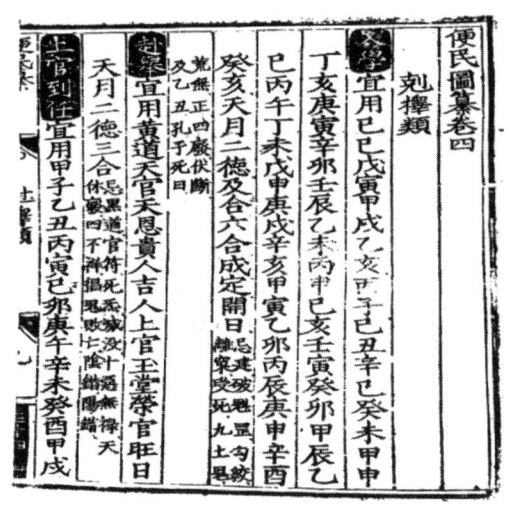

图1-1　上海图书馆藏《便民纂》卷四书影

确定了《便民纂》与《便民图纂》两书成书时间的先后顺序，我们回过头来重新审视一下支撑"祖本说"成立的理由，按照惯常的逻辑，某部书籍后续刊刻的版本会较先前的版本有所改进，在排版上更高质量抑或在内容上更精练，为何后出版的《便民纂》却比它所模仿的《便民图纂》在质量上更加粗糙不堪，内容上也更加庞杂无当，令人产生一种似乎《便民图纂》是在《便民纂》

的基础上删减而成书的错误印象？这就需要结合明代日用类书的性质、成书过程及读者受众群体等因素来综合进行解释。

至迟在春秋战国时期，中国就已基本构建起以士、农、工、商四民为主体的稳定性社会结构，四民各执其业，士业读、农业耕、工业技巧、商业贸易，形成了一种"农与农言力，士与士言行，工与工言巧，商与商言数……各安其性，不得相干"的固态社会阶层[①]，对于士人来说，其任务就是以求道为终极目标的读书并靠其来谋生。隋唐时期，一种摘抄其他诸种典籍中的同类知识并集结成册而出版的书籍"类书"大量出现且开始在士人间流行，农、工、商三个阶层则被排除在读者队伍之外。从宋代开始，四民之间的限制开始逐渐松动，如在谈到士人子弟的职业选择时，袁采认为"士大夫之子弟，苟无世禄可守、无常产可依，而欲为仰事俯育之计，莫如为儒"，但对于那些不能成为儒者的世家子弟们来说，亦不必进行苛责，"巫医、僧道、农圃、商贾、技术，凡可以养生而不至于辱先者，皆可为也"[②]。与这种新观念相呼应，彼时镂板的类书中不但包含有士人所需要的为学、治吏、闲情与器用等知识，还新添加了农、工甚至商贾等阶层的技术知识，以便供有志从事其他行业的读书人使用。成书南宋的《事林广记》中除了供读书人阅读的礼仪、翰墨等知识之外，还增添"耕织"与"悬壶"来讲述原本属于农民阶层的农桑、牧养类知识以及属于医者阶层的医药、解毒类知识，在金元间还出现了供士人与农民两个阶层共用的类书书籍《士农必用》。迨至明代，随着工商业的持续兴盛与社会流动的日益频繁，四民之间的界限开始变得愈加模糊，科场落败及无心举业的读书人纷纷开始寻找儒业之外的营生门路，面对弟子对其提出的"岂士之贫，可坐守不经营耶"之疑问，连博学鸿儒王阳明都倾向于认为，士人若能处理好学与治生之间的关系，"虽终日做买卖，不害其为圣为贤"[③]，受此种流风之熏染，社会上弃儒从商的案例屡见不鲜。彼时也有一些读书人把营生的希望寄托到农业上，黄省曾在科举落第后就选择躬耕以自给，张履祥亦认

---

① 何宁. 淮南子集释 [M]. 北京：中华书局，1998：810.

② 袁采. 袁氏世范 [M]. 北京：中华书局，1985：40.

③ 陈荣捷. 王阳明《传习录》详注集评 [M]. 台北：台湾学生书局，1983：398.

为"学者以治生为急",且"治生以稼穑为先",遂雇佣农人来经营农业,他自己在读书课馆之余,亦是"凡田家纤悉之务,无不习其事而能言之理"①。除了士人之外,由于当时启蒙教育成本的降低,出于记账、立契约以及书信往来等方面的实际生活需要,越来越多的农、工、商阶层的子弟们也进入私塾或通过修习日用杂字等途径来读书识字,整个社会的识字率较前代有了很大进步,根据罗友枝(Elelyn Rawski)的统计,迨至清代中国甚至有30%~45%的男性懂得识字②,识字的人们也在各种营生并频繁地调换着职业,如徐光启的父亲就识字并能阅读医学、星象、占候类的各种书籍,"尝业贾,不肯屑屑计会,复谢去,间课农学圃自给"③。对于明代中后期这种士人寻他业谋生,民间人士也频繁换职业的现象,有学者提出"四民兼业"的概念来形容彼时这种频繁的兼业现象④。这些识字者在兼业过程中体会到孔夫子那种"吾不如老农""吾不如老圃"的技术缺乏状况,为了迅速适应新职业并获取利润,这些兼业者迫切需要相关技术的指导。而明代拥有着极其发达的印刷出版业,以市场销售作为盈利目标的商业性书坊、书肆大量涌现,书贾们抓住这些识字的兼业者对日用技术需求的良好商机,大量刊刻、兜售兼业所需的技术类手册,很快众多号称可供士、农、工、商四个阶层日常生活中所需的指南性日用类书开始出现并迅速充斥于市坊间,这些书的名字中通常含有"四民便用""四民便览""士民万用""四民利用""四民捷用"等字眼,封面的图像也在暗示读者这些书籍对士、农、工、商四个阶层的人来说皆适合阅读(图1-2),试图来吸引更多的公众阅读群体,从而获取更丰厚的出版利润。如在一家名为种德堂的书肆所刻印的《新刊翰苑广记补订四民捷用学海群玉》序言中,其补订者武维子就大力吹嘘此书对士、农、工、商各阶层人获取知识的功用:

① 张履祥,辑补. 补农书校释 [M]. 陈恒力,校释;王达,参校、增订. 北京:农业出版社,1983:9.

② Elelyn Sakakida Rawski, Education and Popular Literacy in Ch'ing China[M]. University of Michigan Press, 1979, PP140.

③ 徐光启. 先考事略 [M]// 朱维铮,李天纲,主编. 徐光启全集(九). 上海:上海古籍出版社,2010:369.

④ 曾雄生. 四民兼业与知识融合:《便民图纂》的成书 [R]. 北京:马普伙伴小组成立学术讨论会,2007-09-26.

士以之仕，可大受亦可小知。农以之耕，知天时亦知地利。工之所以奏技，贾之所以市倚，凡百家众技之流，其所以取捷目前者，一卷阅而了然心目，则其大用之不穷。①

经过书商与其雇佣文人的大力推介与造势宣传，此类书籍在彼时图书市场上销售极为火爆，甚至在某些书肆中它们的销售能力与《金瓶梅》《红楼梦》《水浒传》《西厢记》等通俗畅销小说相匹敌，达到其他书籍望尘莫及的销量②，其畅销也导致书籍市场上有大量抄袭、盗版之事发生，以至于很多日用类书的封面上都刻印着版权所有者对图书盗版者的强烈谴责及告知读者如何辨别其书真伪之方法。

图1-2　《新刊翰苑广记补订四民捷用学海群玉》封面

《便民图纂》据传为吴县县令邝璠在治时所撰刻，其目的是为了给其邑下的农民提供农家生活所需要的各种日用知识，邝氏希望以此来劝课农桑，促进当地农业发展。该书"自树艺、占法，以及祈涓之事，起居调摄之节，刍牧

① 武纬子，补订. 新刊翰苑广记补订四民捷用学海群玉 [M]. 潭阳熊冲宇种德堂版，1607（明万历三十五年）：序言.

② 郑光祖，撰. 一斑录 [M]. 杂述四·销售可慨. 清道光舟车所至丛书本，1843（清道光二十三年）：9b.

之宜，微琐制造之事，捆撷该备"①，从编纂体例上来看是一本极好的日用类书之范本。但由地方官所纂的劝农性文献的性质决定它更多关注农业与民间社会中下层群众所需的日用技术，且该书中所载的知识具有较强的地域性，其中所述农事多为吴中太湖区域的农事经验，与当时天下四民通用的畅销读物之间尚有一定的差距。为了将其改成四民通用的畅销书籍，书坊主及其雇佣的文人墨客们对《便民图纂》进行了一系列改写与知识扩充。他们的第一步就是将该书里涉及太湖流域区域性的农事知识转变成南北通用的知识，太湖地区的作物结构是以水稻为主体，所以《便民图纂》里的农业知识也异常注重水稻的栽培、收藏与加工类技术。书商们在编纂《便民纂》之时增加了一些北方的旱作知识，如加入"耙劳"来讲述秋耕后耙劳田地的重要性，插入磨小麦来制作面粉的技术，增加对黍、粟、粱等北方旱地作物及其种植知识的介绍；还增补了某些南北通用的知识，如播种地利、播种时宜、灌田等，把《便民图纂》里某些具有强烈南方地域性的词条进行增补，如"藏米"条目被修改成"藏米谷"；此外，他们还仿照当时市肆上流行的日用类书的写作体例，将书中涉及农业技术的章节题目从"耕获类"改成"农桑"，以与当时日用类书的"农桑类"或"农桑门"相呼应。第二步是向《便民纂》中增添四民中其他阶层所需要的诸类知识，士人阶层毫无疑问是当时阅读文本的最重要群体，当然也是购买的主力，士人们的喜恶决定着日用类书的市场占有量及销量，彼时其他日用类书均把士人阶层需要的科举为学、琴棋书画、翰墨音律、礼仪社交等知识列为最重要篇幅。《便民纂》的撰者们也在《便民图纂》的基础上大量增添士人感兴趣的辨琴、辨兰亭诸帖、辨画、辨玉器、辨水晶、辨玛瑙、辨珊瑚、辨象牙等高雅性知识，同时，《便民纂》还增加了从事立契、会客等商业活动与吉凶日占卜的知识，以同时吸引有阅读能力的商人读者之兴趣。为了拼凑出更多的章节以彰显其书无所不包的特征，《便民纂》的撰者们将《便民图纂》的每个条目都进行了扩充，在其后引经据典，大段抄袭某些早期典籍与之相关的内容，例如在《便民图纂》描述农作物种植方法的基础上，又

---

① 邝璠，撰. 便民图纂 [M]. 序言. 扬州：广陵书社，2009：2b.

添加了对其性状、来源、烹饪方法与食用功效的诸多考证。由于日用类书的读者以士人群体为主，士人们无需借助于视觉图画材料即可进行阅读，所以《便民纂》的撰者删除了《便民图纂》中用来给粗识文字的农民看的农务与女红图像。此举亦进一步节约了刊刻该书的印刷成本，能以低廉的价格优势卖出更多的销量，获取更大的出版利润。

伴随着当时书籍市场上盗版与翻刻风气的盛行，很多日用类书都存在目次混乱且错讹颇多等诸种缺陷，与当时其他坊刻日用类书相类似，《便民纂》中也存在着这些不足，如虽然刻印者将书中的条目与题名都用黑底白字来标注，以与正文中的文字相区别，但卷二"月占类"中的正月、五月两条却与正文相同，未用黑底白字标识；且该书的章节目次颇为杂乱，如撰者莫名把农业类的"治水涸"条放在专讲调治饮食的卷九中。明代日用类书的编纂者大多为落魄的落第士人，他们为书坊所雇佣，即使少数日用类书标榜其作者为有名之士也多属伪托性质，这些作者大多籍籍无名，所撰的日用类书也基本不题撰者名氏，刚好《便民纂》中也无撰者及序跋信息。综合以上的诸种信息，可以断定《便民纂》是明代中后期某家书肆或书坊的书商及其雇佣文人以《便民图纂》为蓝本所编辑的面向当时世俗市场的盈利性书籍，是劝农文献《便民图纂》在当时书商坚信天下四民皆读者的信念下出版的一种衍生产物。

第二节　《便民图纂》的撰者与初刻本再考

关于谁是《便民图纂》的撰者这个问题，早在明清时期就存在着两种不同的看法。一种观点认为该书为弘治年间曾任吴县县令的邝璠（1458—1521）所撰。在此书嘉靖三十一年（1552）贵州刻本中所载左布政使李涵的序中称其为"邝廷瑞始刻于吴中"[①]。《明史》卷九十八的农家类书目中也写作"邝璠《便民图纂》十六卷"[②]。但另一种观点则认为，此书的撰者并非邝璠，如清

---

① 永瑢，等. 四库全书总目 [M]. 北京：中华书局，1965：1114.

② 张廷玉，等. 明史 [M]. 北京：中华书局，1974：2432.

代藏书家钱曾在《读书敏求记》中称该书为"不知何人所辑"[①]，四库馆臣亦云此书"不著撰人名氏"[②]。总之，彼时关于该书作者是谁始终是莫衷一是，未能形成统一的看法。明清士人关于该书撰者的不同意见亦为后世研究者们所承袭，如郑振铎断定此书为吴县县宰邝璠所撰无疑[③]，王毓瑚却认为该书并非成于一时一人之手，或许仅因它的第一次是由邝璠付刻的，所以后人就误认为该书是由邝氏编写的[④]。这两种不同的观点导致学者在涉及《便民图纂》撰者问题时下笔尽量谨慎且避免绝对化的论述。例如，白馥兰（Francesca Bray）在为李约瑟（Joseph Needham）多卷本《中国科学技术史》（SCC）撰写农业卷时曾几次提到《便民图纂》一书，但始终未谈及它的撰者[⑤]；董恺忱、范楚玉等人在编著《中国科学技术史（农学卷）》时，也谨慎地将该书称作"撰人题作邝璠的《便民图纂》"[⑥]；曾雄生在其《中国农学史》中亦对谁是撰者表示过怀疑，认为邝璠可能仅仅只是该书的刻印者[⑦]。

在诸多质疑邝璠为《便民图纂》撰者的声音中，王毓瑚的观点是最全面且最具代表性的，他提出的质疑也最具有说服力，被众多学者认可和接受。现将王氏的观点兹列于下，并对其论证的据点用序号进行简单标注：

四库全书总目列之杂家类，不载撰人的姓名。钱曾《读书敏求记》也说是不知何人所辑。钱氏所见的是明弘治壬戌（一五〇二年）刻本，①《四库》据以存目的是明嘉靖壬子贵州刻本。后者有贵州左布政使李涵的序，说到本书最初是邝廷瑞在吴中付刻的，后来吕经又在云南刻行过。按：《千顷堂书目》中本书的下面有注说，作者"字廷瑞，任

① 钱曾. 读书敏求记 [M]. 北京：书目文献出版社，1984：85.
② 永瑢，等. 四库全书总目 [M]. 北京：中华书局，1965：1114.
③ 郑振铎. 西谛书话 [M]. 北京：生活·读书·新知三联书店，1983：660.
④ 王毓瑚. 中国农学书录 [M]. 北京：中华书局，2006：133.
⑤ Joseph Needham, Science and Civilisation in China, Volume6 Part II: Agriculture[M]. by Francesca Bray, Cambridge University Press, 1984.
⑥ 董恺忱、范楚玉，主编. 中国科学技术史（农学卷）[M]. 北京：科学出版社，2000：653.
⑦ 曾雄生. 中国农学史（修订本）[M]. 福州：福建人民出版社，2012：464.

丘人，弘治癸丑进士，吴县知县，历官河南右参政"。弘治壬戌后于癸丑九年，从时间上来推算，②《读书敏求记》所著录的显然就是邝氏在吴县任内的刻本。可是那个本子上并没有载着撰人的名字。这就证明邝氏并非本书的作者。①

从这段话中可看出，王毓瑚抛出两个理由来质疑邝璠是《便民图纂》的撰者：第一，邝璠为《便民图纂》撰者这种观点的证据出现的时间太晚，迟至嘉靖壬子（1552）贵州刻本中才提及该书是由邝廷瑞在吴中付刻的，这条历时久远且间接的史料可信度不高；第二，清代藏书家钱曾在《读书敏求记》中提及该书不知何人所撰，既然钱曾看到的版本是邝璠在吴县任内的刻本，那么即可证明邝璠并非该书的撰者。下面，笔者将对王氏这两个质疑的理由分别予以分析与考证，来辨别其正谬。

一、关于撰者证据的时间排序：邝廷瑞始刻于吴中？

《便民图纂》成书于明弘治年间，但现藏于日本内阁文库弘治壬戌刻本的抄本中却并未载撰者名氏，仅在目录后的卷首里有一则名为《题农务女红之图》的短文，题曰：

> 宋楼璹旧制耕织图，大抵与吴俗少异。其为诗又非愚夫愚妇之所易晓，因更易数事，系以吴歌。其事既易知，其言亦易入。用劝于民，则从厥攸好，容有所感发而兴起焉者。人谓民性如水，顺而导之，则可有功。为吾民者，顾知上意向而克于自效也欤。②

因为该段文字之后并无任何落款，从这则文献的语气中仅可推测出该撰者似为一名在吴地的官员，撰刻这本书的缘由是劝课农桑，希望向治下的百姓普及农业生产技术与知识，此外并无进一步的信息可资参考。王毓瑚认为

---

① 王毓瑚. 中国农学书录 [M]. 北京：中华书局，2006：133.
② 佚名. 便民图纂 [M]. 内阁文库藏江户时代手抄本，番号：汉 2560.

真正第一次透露撰者信息的是该书载嘉靖三十一年（1552）贵州刻本中所载左布政使李涵的序，在序中李涵称此书是"邝廷瑞始刻于吴中"①，此时距该书初版付梓业已几十载岁月，而且这仅为第三者提供的间接证据，并无直接的材料可证明邝璠即是该书的撰者，这也正是否定邝璠为该书撰者的学人们提出的质疑理由。那么，是否可以找到时间更早的或直接的史料证据来说明邝璠与《便民图纂》之间的关系呢？

邝璠，字廷瑞，河北任丘人，弘治六年（1493）进士，先后任过吴县知县、瑞州知府以及河南右参政等官职。其实早在嘉靖丁亥（1527）云南刊刻的《便民图纂》中就提到这本书与吴下及邝璠的关系，欧阳铎在该书滇本的序里说："是书，余得诸吴下"，而刻者吕经也提及该书"原本出三厓欧阳氏，若托始，则任丘邝廷瑞氏选刻于吴者"②。遍检明清两代的诸种史籍文献，笔者又在明人汤沐的《公余日录》中发现一则更早的相关史料：

> 《便民图纂》，前吴县尹邝廷瑞璠在治时所编集者，其中具载农桑事宜，前为图以著其状，后作词以发其义，劝相之心，至是勤矣。然考之故宋楼璹为于潜令时亦有《耕织图》，前图后诗，如出一揆，第楼公以论荐进呈，嘉奖宣示，邝君此集则未有此遇也。③

这则史料中提及《便民图纂》系邝璠在吴县任县令时所编集。汤沐是江阴（今江苏无锡）人，弘治九年（1496）进士，次年授崇德知县，在任六年，后被召为御史，即他于弘治十年至十五年间（1497—1502）在崇德县任县令，而彼时邝璠亦在吴县任上。崇德、吴县两地地理位置相距极近，它们中间仅隔着吴江与桐乡两邑，所以根据汤沐的这则叙述，我们找到了比李涵的序更早

① 永瑢，等. 四库全书总目 [M]. 北京：中华书局，1965：1114. 注意这里是引用的四库总目的说法，而李涵的原文是"任丘邝公，始刻于吴"。见谢东山，删正；张道，编集.（嘉靖）贵州通志 第二册 [M]. 张祥光，林建曾，王尧礼，点校. 贵阳：贵州人民出版社，2017：715.

② 邝璠，编. 便民图纂 [M]. 北京：文物出版社，2018：3-6.

③ 汤沐. 公余日录 [M]// 北京图书馆古籍出版编辑组. 北京图书馆古籍珍本丛刊83 子部·丛书类. 北京：书目文献出版社，1998：25.

的证据来证明邝璠为《便民图纂》的撰者，但令人惋惜的是，这则史料同样也不是直接的证据。笔者经过进一步的文献爬梳，在祝允明于弘治十五年七月份撰写的《吴县令邝君遗爱碑》中发现了一则新材料，可直接证明《便民图纂》即邝璠在吴县时所刻：

> 又刻楼氏耕织，益以治生日用，曰《便民图纂》，与《吴越春秋》《吴中金石诸编》，流布甚多。或研精吟事，意致深切，辞华渊雅，延邹召枚，赓载连牍。于是桑稼条登，弦歌响腾，人民育而鱼鳖若，奸盗息而鼠雀稀，八年于兹，六事交义。今岁壬戌朝于京师，天子曰："邑固壮，不足以羁吾良。惟徽乏贰佐守，女其往哉？"君乃拜命以行。[1]

祝允明即文学史上闻名遐迩的祝枝山，是明代吴中的四大才子之一。弘治十五年，祝允明正在其家乡吴县居住以准备科举会试，恰逢邝璠在此地任满欲调任至徽州，当地百姓顾念邝璠在此地为官时期施行的仁政，欲为其刻碑，让乡贤祝枝山执笔撰碑文，此碑文足以证明《便民图纂》确系邝璠在吴县所刻。

邝璠与《便民图纂》编纂的关系亦可在明代其他史籍中找到旁证，在明代专门记载湖州地区历史掌故的《苕记》中，作者张睿卿提到：

> 吴县知县邝璠所汇农桑一书中载翘篷二字，盖苏湖水乡，当秋割禾或田中有水，则用小竹三茎，束其一头，开张其下，插之水中，于上每茎挂禾一束，以当风日，俟干则收之上场，亦谓之稻签，疑谓签插之义。然韵书无此签字，惟篷字，注云钞也，贯也，意此篷字为是，而翘迁二字不知何所据，且《广韵》迁著，竹名，或因此遂为迁就耳，其书名《便民图纂》，板行于世。[2]

既然《便民图纂》确凿为邝璠在吴县时所刊印，其中的《题农务女红图》也是

---

① 祝允明. 怀星堂集 [M]. 杭州：西泠印社出版社，2012：341.
② 董斯张. （崇祯）吴兴备志 [M]. 卷27. 南林刘氏嘉业堂刊本，1914（民国三年）：8a.

身为肩负劝课农桑职责的县令邝氏所撰写，而耕织图像中的诗词也因为"楼璹旧制耕织图，大抵与吴俗少异"而被邝氏替换为当时民间通俗易懂的竹枝词，所以可以看出邝璠不仅是《便民图纂》的刻印者，还是它的撰者。至于后世流传的此书诸种版本中为何没有提到撰者的名字，则有两种可能：一是原刻本写着的撰者名氏但在后来翻刻过程中被漏掉，毕竟邝氏在吴县的初刻本现已佚失，目前流传下来的诸种版本都是它的翻刻本；二是《便民图纂》一书从性质上来看是一部居家日用性质的类书，遵循类书"汇集资料，述而不作"的传统，其内容亦多转引自《田家五行》《多能鄙事》《居家必用事类全集》《种树书》等其他先前的诸类著作，原创性稍有打折扣，所以明代士人们在谈及邝氏与这部书的关系时也用"汇"（张睿卿语）、"编集"（汤沐语）等词语而非"撰"字[1]，加上它是一部以实用性为主要目标的劝农文书，目的是为了发展其治下的农业及小手工业生产，并不像邝氏另一本著作《阿陵集》那样是纯粹的个人作品，因而就没有被署名。

二、"不知何人所辑"说溯源

既然通过祝枝山的碑文业已确凿证实邝璠即《便民图纂》的刊刻者，那么为何学界会有众多学者认为该书的撰者不知是何人？他们的依据又是什么？实质上前辈学者王毓瑚业已窥见其中的某些玄机，王氏在论述《便民图纂》撰者时写道："钱曾《读书敏求记》也说是不知何人所辑，钱氏所见的是明弘治壬戌刻本。""不知何人所辑"的这种观点始自清代藏书家钱曾，钱曾在《读书敏求记》中写道：

> 《便民图纂》不知何人所辑，镂板于弘治壬戌之夏。首列《农务》《女红图》二卷。凡有所便于民者，莫不具列。为人上者，与《豳风图》等观可也。[2]

① 明代中后期日用类书的编撰者也多自称为汇编者而非撰者，如一部名为《新刻艾先生天禄阁汇编採精便览万宝全书》卷一卷首就写作"艾南英汇编"。

② 钱曾. 读书敏求记 [M]. 北京：书目文献出版社，1984：85.

《读书敏求记》一书在钱曾逝世后由吴兴赵孟升在雍正四年（1726）雕版印行，而经由《读书敏求记》的影响，关于《便民图纂》是不知何人所撰的这种观点在读书的士人群体中得到广泛传播并获得了大众的认可。

钱曾看到的版本是弘治壬戌刻本，目前国内能见到的《便民图纂》版本仅有嘉靖和万历年间的刻本，并无弘治版本流传，幸而日本内阁文库中藏有该版在江户时代的手抄本，天野元之助教授曾在其著作《中国古农书考》中对这个版本做过简短之介绍，但他因为弄错了邝璠在吴县任职的年份，误将此版本认定为《便民图纂》的初刻本，据此他否定了邝璠作为《便民图纂》首刊者的殊荣，转而根据弘治本中蒋洤所撰的序言猜测《便民图纂》的初刊者或许是当时信丰邑的县令曾政 [①]。

笔者通过中科院自然科学史研究所图书馆同仁，特别是孙显斌馆长的慷慨协助从日本影印到该版本，通读此书后发现该版本与后世嘉靖、万历年间的版本相比，有两处明显的不同：一是它比之后的版本耕织图数量多一幅，即"耕田"和"耙田"为两幅图（图1-3），而后来的版本将"耙田"图删除，将"耕田"竹枝词的前两句和"耙田"竹枝词的后两句重新合并成一首竹枝词，并将其附在"耕田"图的上栏；第二是该版本前有布政使司左参议蒋洤所写的序，这个序中包含着关于此版刊刻过程的若干珍贵信息，兹录于下：

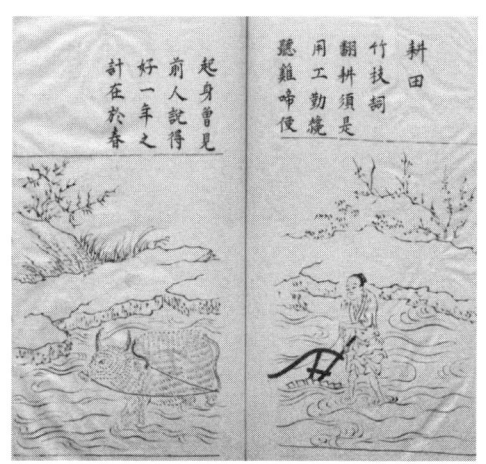

图1-3　内阁文库藏《便民图纂》中"耕田"与"耙田"的耕织图与竹枝词

---

① 天野元之助. 中国古农书考 [M]. 彭世奖，林广信，译. 北京：农业出版社，1992：167.

《便民图纂》不知何人所辑，信丰曾尹手是书，告予以真有便于民者，欲绣诸梓以为民便，敢请予披面阅之，大而天时地利，次而医药修筑，虽小而饮食衣服，靡不具载。深山大泽穷乡下里人，得是书而据守之亦奚不可者，今镂梓以行，其真有便于民哉，□名政，吾江宁人，自笠仕来，专以便民为务，在在有声，况素以学行见称，其真无负矣。予深嘉之，因书以弁其首。

时弘治壬戌夏五月吉旦

赐进士出身布政使司左参议、乡人蒋浤书[①]

蒋浤在这篇序里说得十分清楚，江西信丰县县令曾政拿着一本未署作者姓名的《便民图纂》呈给自己的上司兼同乡蒋浤，打算刊刻这本于百姓民生日用颇有益的书籍，并恳请蒋浤为此书作序。从蒋序中说《便民图纂》不知何人所辑与落款弘治壬戌夏的时间可以断定钱曾在《读书敏求记》中所记载其看过的《便民图纂》正是该版。所以至此可以对"不知何人所辑"这个观点进行溯源，即曾政发现了一本未署著者姓名的《便民图纂》，蒋浤在序中称其"不知何人所辑"，这个本子经重刻后其中的某一本辗转至清代藏书家钱曾那里，钱曾就按照蒋浤的说法称不知著者是谁。

显然，曾政呈递给蒋浤的这本《便民图纂》即邝璠在吴县任时所辑的刻本抑或该刻本的手抄本，从"不知何人所辑"这句话来推测，很可能曾氏拿给蒋阅读的版本是邝版的手抄本，该手抄本只誊录了内容而未顾及撰者的姓名。祝允明在《大明吴县令邝公遗爱之碑》中提及邝璠在任内曾刻过《便民图纂》《吴越春秋》《吴中金石诸编》等书籍，刻书时间在"今岁壬戌朝于京师"（即弘治十五年）之前，遍检史籍仅能查到邝璠曾于弘治十四年在任吴县县令时曾重刻元大德本《吴越春秋》十卷，但未有明确资料提及其刻印《便民图纂》的时间，可以确定的一点是，邝氏《便民图纂》的付刻肯定早于弘治十五年，即在邝氏任职吴邑的弘治七年到弘治十四年（1494—1501）之间。

---

① 佚名. 便民图纂 [M]. 内阁文库藏江户时代手抄本，番号：汉 2560.

综上所述，通过祝允明在弘治十五年七月为邝璠撰写的《吴县令邝君遗爱碑》可以断定《便民图纂》一书首先由邝璠在吴县刻印的，刻印时间在弘治七年到弘治十四年之间，而书中的文字是邝氏从其他典籍中取与民生日用有关的知识与技术汇编而成，所以邝璠既是《便民图纂》的首次刻印者，也是其撰者。

同时当前学界认为的弘治壬戌刻本其实并非是邝璠在吴县所刻的初刻本，而是农学知识经由行政官员从江宁传播到江西的一个个案，和之后的嘉靖壬子在贵州刻印、云南左布政使吕经在云南刻印的过程类似，都是农学知识经由官员、文人等知识阶层传播到外地的一个案例而已[①]。这些版本都是官刻的，带有强烈的地方性政府与官僚色彩，如吕经提到刊刻时"匠用公役，梓用往年试录及历日板可者"[②]，试图来改变边远地区的落后局面。王贞吉在广西刊刻本中提到"广西远中国，俗尚弋猎，鲜事耕织；疾病不知医药，贫于祷祀，夭于巫觋者，其常也"[③]，皆为这种地方官劝农思想的流露。

第三节　《便民图纂》中的农学概观及其知识溯源

《便民图纂》一书共计有十五卷[④]。卷一为《农务之图》与《女红之图》、卷二《耕获类》、卷三《蚕桑类》、卷四《树艺类上》、卷五《树艺类下》、卷六《杂占类》、卷七《月占类》、卷八《祈禳类》、卷九《治吉类》、卷十《起居类》、卷十一《调摄类上》、卷十二《调摄类下》、卷十三《牧养类》、卷十四《制造类上》、卷十五《制造类下》。全书内容颇为丰富，"自树艺、占法，以

---

① 有关官员群体在《便民图纂》一书的刊刻过程与知识传播中所起的作用，可参见葛小寒. 明代官刻农书与农学知识的传播 [J]. 安徽史学，2018（3）：33-41.

② 邝璠. 便民图纂 [M]. 石声汉，康成懿，校注. 北京：农业出版社，1959：14.

③ 邝璠. 便民图纂 [M]. 石声汉，康成懿，校注. 北京：农业出版社，1959：12.

④ 弘治本与嘉靖本皆作十六卷，万历于永清本将卷一《农务之图》和卷二《女红之图》合为一卷，故为十五卷，因万历本刻印质量好，图像精致逼真，故将其作为本研究的主要使用资料。

及祈涓之事，起居调摄之节，蒭牧之宜，微琐制造之事，捆撼该备，大要以衣食生人为本……一切日用饮食治生之具，展卷胪列，无烦咨诹，所称便民者非耶?"① 鉴于该书是邝璠在吴县任职时推行劝农的产物，因而农业生产知识毫无疑问是全书最重要的组成部分，也正是因为如此，《明史·艺文志》和《四库存目丛书》均将此书列入农家类。该书所涵盖的诸类农学知识，大约是按照以下的顺序来排列的：

> 矍轨是书，饬三经而勤四体，然后谷亩数盆，一岁而再获；然后瓜桃枣李果核，一本数以盆鼓；然后荤菜百蔬以泽量；然后六畜禽兽，一切而剸车；然后麻葛茧丝之属不可胜衣……②

根据该书的目次及以上叙述，笔者将《便民图纂》中涉及的农学知识分为以水稻为中心的作物栽培知识、种桑养蚕知识、花果蔬菜栽培知识、占候知识与牧养知识五种知识类型。同时由于该书所附的《农务女红图》中亦蕴含了丰富的农事信息，是继南宋楼璹《耕织图》后耕织图像的又一次集大成之作，所以笔者亦要对这些视觉性图像资料及其所包含的农业知识进行专门性分析。本节重点关注书中这六类农学知识的主要内容及典型特征，并对这些知识进行文献溯源。

一、以水稻为中心的作物栽培知识

这部分农学知识集中在本书卷二《耕获类》章节中，共计三十一个条目，分别是开垦荒田法、耕田法、治秧田、壅田、收稻种、浸稻种、插秧、揚稻、耘稻、收稻、收麦、藏麦、种荞麦、种大豆、种黑豆、种绿豆、种豌豆、种蚕豆、种豇豆、种赤豆、种白扁豆、种芝麻、种黄麻、种络麻、种苎麻、种棉花、种红花、种靛、种席草、种灯草、种杞柳，按照现代农学知识分类均属于农作物栽培学的范畴。

---

① 邝璠. 便民图纂 [M]. 扬州：广陵书社，2009：序言.
② 邝璠. 便民图纂 [M]. 扬州：广陵书社，2009：序言.

水稻历来是江南地区最重要的粮食作物，在明代中国的粮食作物中已占据首要位置，宋应星就曾估测过"今天下育民人者，稻居十七"[①]。稻作在江南地区重要如斯，以至于在撰写《太湖地区农业史稿》时撰者们将"以水稻为核心的粮食生产的发展"作为单独的一章，并认为唐代以后太湖地区欣欣向荣的经济，都是与水稻生产的发展密切相联系的[②]。在这种背景下，成书于太湖流域吴县的《便民图纂》自然也烙上鲜明的稻作农业印记。该篇首先介绍了开垦荒田与耕田的方法，巧妙地利用先锋作物芝麻的种植来防治杂草和害虫。耕治完毕后就要整治秧田，秧田须在前一年提前开垦妥当，这样土地在冬季被冰冻过以后，等到春天田土就会变得酥软，这种方法在南宋陈旉的书中已经提及，"于秋冬即再三深耕之，俾霜雪冻冱，土壤苏碎"[③]；此外，做秧田的另一技术要点就是要保持土地平整，平整才能保证撒种时"种不陷土中易出"，清代对做秧田要求更加严苛，须"土烂如面，水平于镜"[④]。还有稻田施肥技术，此处撰者将施肥条目放在治秧田之后，极可能是给秧田施底肥。在施加的肥料中，作者提到了河泥、灰粪、麻饼与豆饼四类，前三种肥料都是由来已久，用豆饼施肥却是首次在农书中被提及，这体现了明代中期江南地区施肥技术的进步。选择稻种的方法仍如《齐民要术》中的留种、选种法类似，农民利用穗选法来选择良种，并将选好的谷种用稻草包裹放在房梁上，防止被老鼠盗食。然后是浸种，将稻谷放到河水里来催芽，如果还未生芽，就用草覆盖继续生芽。生芽后就要准备撒种，撒完过两三日后在秧田上面再撒上稻草灰，这与之前农书中提到的下种后立刻撒灰的方法略有不同。等秧苗长成之后，即分科来插秧移栽，插秧后稻田中如若生草就用耘荡除去，除草完毕后，再用灰粪或麻饼、豆饼给稻田施一次追肥，以便在底肥耗尽后可以继续支持水稻的生长与分蘖。追肥技术是明代稻田大田施肥技术的又一

① 宋应星. 天工开物译注 [M]. 潘吉星，译注. 上海：上海古籍出版社，2016：6.
② 中国农业科学院、南京农业大学中国农业遗产研究室太湖地区农业史课题组编著. 太湖地区农业史稿 [M]. 前言. 北京：农业出版社，1990：4.
③ 陈旉. 陈旉农书校注 [M]. 万国鼎，校注. 北京：农业出版社，1965：45.
④ 刘应棠. 梭山农谱 [M]. 王毓瑚，校. 北京：农业出版社，1960：6.

个重大突破。之后就放水犒稻，犒稻即《齐民要术》中提及的"薅讫，决去水，曝根令坚"[①]，待到土裂之后要再进行灌溉，谓之"还水"，嗣后就等待水稻收获。该地区的早稻一般在寒露之前收割，晚稻则于霜降前后收割。

除水稻外，书中还记载了麦、大豆、黑豆、绿豆、豌豆、蚕豆、豇豆、赤豆、白扁豆与芝麻等旱地杂粮作物的栽培方法。麦的种植方法是于"早稻收割毕，将田锄成行垅，令四畔沟洫通水，下种，以灰粪盖之"。此种植方法首先强调麦要与早稻进行连作，如若晚稻收割后再种麦，时间上就来不及；其次是要将收刈后的稻田整治成沟、垄相间的样式，在垄上种麦，以防止降水过多涝死麦苗。这两种技术措施皆体现了明代中期太湖流域稻麦二熟农业轮作制度的成熟和完善。我国东南部地区受季风气候的控制，每逢夏季便雨量充沛，而麦子正好在此时成熟，所以收麦时要尽快抢占时间，以避免麦子被雨水淋湿而导致麦粒腐烂。在金元时期的《韩氏直说》中就曾提及收麦时要"带青收一半，合熟收一半"[②]，来尽量抢占晴天的时间。《便民图纂》的撰者呼吁农民在麦子熟时，要趁天晴赶紧收割，并宣称"收麦如救火"，以此来凸显此项农事活动的紧迫性。该书对麦的储藏方法也有一定的介绍，认为要用稻草铺在缸底，然后撒上灰来覆盖，这样就会使得麦粒不被虫蛀。种植大豆的方法也是"锄成行垅，春穴下种"，即将田地锄成沟、垄相间，在垄上点穴来播种，因为大豆也不耐涝，这是南方低洼田地种旱地作物的特殊方法，在北方种在平地中即可。在种豌豆条中，作者提及如若在靠近城市的地方种植，可以摘豆角来售卖，体现了彼时江南经济发展对农业商品化的影响。另外，在白扁豆条目中，撰者写道："（白扁豆）一名沿篱豆。清明日下种，以灰盖之，不宜土覆。芽长分栽，搭棚引上。"该条中有两个地方值得注意，一是称呼白扁豆为沿篱豆这个名称，正是该地的土语，如嘉靖年间《常熟县志》就说"白扁豆，吴人名为沿篱豆，有数种"[③]，崇祯年间的《吴县志》也说"白

① 贾思勰，原著. 齐民要术校释（第二版）[M]. 缪启愉，校释. 北京：中国农业出版社，1998：138.
② 石声汉，校注. 农桑辑要校注 [M]. 西北农学院古农学研究室，整理. 北京：中华书局，2014：40-41.
③ 冯汝弼，修，邓韨，等，纂. （嘉靖）常熟县志 [M]. 卷4·物产. 刻本，1539（明嘉靖十八年）：18b.

扁豆,俗名沿篱豆"[1],证明《便民图纂》中记载的农学知识确实是结合了吴地的农业实践,其知识具有原创性;二是其种植方法中的分栽法(即移栽法)和搭棚引秧法(之前处理藤蔓类作物的方法都是沿着杆子、篱笆等物体在面上攀爬,而搭棚法使得藤条可以沿着一个立体来攀爬,极大节省了空间)可能是在诸种农书中最早被记载的。

　　同时,书中还记载了四种纤维作物和两种染料作物的种植方法,以及其他一些用于小商品制造或编织的经济作物的种植技术。种黄麻条先引用了元代《农桑衣食撮要》中的谚语"十耕萝卜九耕麻"[2],来强调多耕、勤耕对黄麻生长的益处,在整地过程中,还要将地锄成垅,将种撒在垄上,且农人不能站立在垄上,因为这样就会将土踩踏得太结实而影响作物生长。络麻是制麻袋、麻布、造纸、绳索的主要原料,在古代中国也被农人广泛种植,种络麻的时间较为灵活,在四月到六月间皆可。另外,书中还有关于苎麻的种植方法,不同于以上两种通过种子来繁殖的麻,苎麻是多年生长的、用根来繁殖的作物,在收割后应该将根留住,以便来年正月时移根分栽。这三种麻类作物对肥料的需求都极大,皆要在肥熟的土地生长,黄麻"布叶后以水粪浇灌",络麻须"地宜肥湿",而苎麻在砍完植株后也须"以灰粪壅之"。棉花大约在13世纪中叶被从印度等地区引入到长江流域[3],之后其种植范围得到迅速扩展,元代至元年间政府就曾在浙东、江东、江西、湖广、福建等地设木棉提举司,并开始向民间征收棉税。成书元代的由大司农司编纂的《农桑辑要》第一次将棉花的种植方法撰写在书中,即所谓的"新添栽木棉法"[4],迨至明代,棉花种植业愈发兴盛。棉花要在谷雨前浸种拌灰,打算植棉的田地要预先用粪作基肥,然后挖穴播种,每穴五到七粒种子,出苗后间苗,每处只留两三株,生长过程中要随时锄草和掐尖,八月份即可收棉花。之后是两种染料作物的种植,红花需要在田垅上来穴种,靛下种前需要先浸种。它们都需要很多肥

---

① 牛若麟,修,王焕如,纂. (崇祯)吴县志 [M]. 卷29·物产. 刻本,1642(明崇祯十五年):3a.

② 鲁明善. 农桑衣食撮要 [M]. 王毓瑚,校注. 北京:农业出版社,1962:28.

③ 章楷. 中国植棉简史 [M]. 北京:中国三峡出版社,2009:13–17.

④ 石声汉,校注. 农桑辑要校注 [M]. 西北农学院古农学研究室,整理. 北京:中华书局,2014:53.

料，如靛"待放叶，浇水粪。长二寸许，分栽成行，仍用水粪浇活。至五、六月，烈日内将粪水泼叶上，约五六次"。随着当时丝织业和棉纺业的迅速发展，染造行业颇为兴盛，农民从中获利较多，所以农人对该类作物的施肥就更加用心与频繁。除此之外，书中还有编织席子的蔺草、制作灯芯和雨簑的灯草，以及制作柳编制品的杞柳的种植方法。这是明代中后期苏南地区草编、制烛等日用百货制作产业发达的一个真实写照①。

　　总体而言，《便民图纂》中的作物栽培章节对前代文献的承袭较少，绝大多数栽培技术都是撰者根据自身心得和吴地当时的农业实际情况所撰写的，"畦种法"与"厚壅法"这两种农法在本部分中频繁出现即可说明这一点。虽然其中亦有一小部分知识是来自前代的《陈旉农书》和《农桑衣食撮要》，但所占比例甚少，对它们的完全照搬更是鲜见，即使在引用古书时撰者也对原书中的知识进行了简化处理，以便能更好地服务于吴县地区的老百姓。例如，对《陈旉农书》中的"今夫种谷，必先修治秧田。于秋冬即再三深耕之，俾霜雪冻冱，土壤苏碎"②，撰者进行了简化性改写，改为"须残年开垦，待冰冻过，则土酥"，使得文字更加简洁与通俗易懂。该部分颇有意思的是对稻床这种江南特色农具的记载，在"牵砻"条目中，撰者记述了当地在稻登场后，要先用稻床这种农具来打下稻的芒头。这个记载在农学史上有比较重要的意义，曾雄生对此总结说："明清时期，江南地区的稻作农业基本上仍是沿用宋代以来的技术，但在一些细小的方面也有进步，稻床便是其中之一。稻床是稻谷脱粒工具，元代以前稻谷脱粒采用掼稻箄，到了明代便采用了稻床。《便民图纂》首先作了记载。"③这点不但可以彰显《便民图纂》一书具有颇高的原创性，而且可以从一个侧面反映日用类书中的农学知识可以补充传统农书的不逮之处。

　　① 李伯重. 发展与制约：明清江南生产力研究 [M]. 台北：联经出版事业股份有限公司，2002：74-82.

　　② 陈旉. 陈旉农书校注 [M]. 万国鼎，校注. 北京：农业出版社，1965：45.

　　③ 曾雄生. 中国农学史（修订本）[M]. 福州：福建人民出版社，2012：465.

二、种桑养蚕知识

吴县素来以蚕桑业发达而著称，地方志的编纂者称该地"以蚕桑为务，地多植桑，生女未及笄教以育蚕，三四月谓之蚕月"[①]。该书的桑蚕知识收录在卷三《蚕桑类》中，涉及论桑种、栽桑、修桑、压桑、接桑、斫桑、摘桑、论蚕性、收蚕种、浴连、治蚕室、安槌、下蚁、用叶、擘黑、斋蚕、论凉暖、论饲养、论分抬、簇蚕、择茧、缫丝、晚蚕、十体、三光、八宜、三稀、五广、杂忌共计二十九个技术条目，其中关于植桑的条目有七条，关于养蚕知识的条目有二十条，关于缫丝的仅有两条。

卷三《蚕桑类》开篇先介绍了桑树的种类，主要分为荆桑和鲁桑两类[②]，二者在性状上的区别是"荆桑之叶尖薄，得茧薄而丝少；鲁桑之叶圆厚，得茧厚而丝多"[③]。栽桑主要有两种方法：一是用桑葚种子来直播育苗，育苗的具体方法该书未提及，只说"耕地宜熟"，需要多施粪肥，即与陈旉所说的"预择肥壤土，锄而又粪，粪毕复锄"[④]相类似，然后移栽到田地里，移栽时"行须要宽，横比长多一半"，书中引用了一个不知何来源的土法，即移栽时在桑根旁埋上一个破旧的龟壳，这样可以使桑树不生虫，这或许是当时流传在民间的方法；另一种方法是将桑根浸在粪水里利用扦插法来进行培植，扦插时候要选择"芽稀者"，或许是为了减少水分蒸发的缘故，古农书中也都将扦插的枝条称作"萌条"，是与之相同的含义。除了上述两种栽桑方法外，还有通过压条法来繁殖桑树的办法，这种技术也较为常用，宋应星就曾说过"嘉、湖用枝条垂压"[⑤]，该技术的实施方法是在每年的正月或二月间，将桑树的枝条折到地上用土培植起来，次年生根后剪断即可，作者称用这种方法获取的

① 牛若麟，修，王焕如，纂.（崇祯）吴县志 [M]. 卷10·风俗. 刻本，1642（明崇祯十五年）：2a.

② 宋元间的农书《士农必用》首先将桑树品种分为"荆桑"和"鲁桑"两大类，该分类法得到后来农书的广泛征引，其实它们并不是桑树品种的名称，而是两类若干种桑树品种的总称，郑云飞曾撰文《"荆桑"和"鲁桑"名称由来小考》专门探讨过该问题。

③ 邝璠. 便民图纂 [M]. 卷3·蚕桑类. 扬州：广陵书社，2009：1a.

④ 陈旉. 陈旉农书校注 [M]. 万国鼎，校注. 北京：农业出版社，1965：53.

⑤ 宋应星. 天工开物译注 [M]. 潘吉星，译注. 上海：上海古籍出版社，2016：93.

桑树苗比撒桑葚子种植的要方便快捷得多，该步骤的要点是"用别地燥土压之"，《种树书》中也说"压桑条，湿土压者条烂，燥土压之易生根"①。桑树管理的要点是每年冬天要对其勤加修整，削去枯枝和杂乱的小枝条，以使得桑树来年长势更茂盛而生叶繁多。此外，因为"荆桑根固而心实，能久远。鲁桑根不固而心不实，不能久远"②，所以需要对桑树进行嫁接，用荆桑的桑株来接鲁桑的桑条，经过这种方式嫁接而成的桑树不但继承了荆桑桑根结实耐久的优点，还获得了鲁桑圆厚优质桑叶的良好效益，二者可相得益彰。

接下来是关于养蚕部分的篇章，作者开篇先援引《士农必用》中的话语概述了蚕在不同的生长阶段所对应的寒暖温凉之特性，并将它作为养蚕的指导性原则。养蚕的第一步是准备蚕室，"屋宜高广、洁净通风、向阳"，正门须悬挂草帘，另外要准备若干生火燃料，足够支撑到蚕二眠之时。接下来就是浴连，即用洗浴蚕纸的方法来处理蚕卵，此方法既可以淘汰劣种，又可以对蚕种消毒，是人工选择蚕种的重要手段，但该技术在明代并未普及，宋应星称"凡蚕用浴法，唯嘉、湖两郡"③。文中提及"腊月八日用桑柴灰或稻草灰淋汁，以蚕连浸之，雪水尤佳"，以碱性的草木灰和含重水少的纯净雪水来浴连，能够在消毒的同时促进蚕种的发育，比前代《农桑辑要》里收录的用长流水与井水来浴连的方法要先进得多④。书中记载的浴蚕时间为"腊月八日"，与宋应星记载的"逢腊月十二即浸浴"⑤在时间上也基本接近。谷雨前后俟蚕蚁出齐即可下蚁，下蚁时候要小心，避免人为伤害，书中给的法子是"候蚁出齐，切细叶掺净纸上，以蚕连覆之，则蚁闻香自下，有不下者，轻轻振下，不得以鹅翎扫拨"。在蚕种选择方面，要选择优良的蚕茧和蚕蛾，凡是"拳翅、秃眉、焦脚、焦尾、熏黄、赤肚、无毛、黑纹、黑身、黑头，先出末后生者"等劣质的蚕种，都应该迅速剔除掉。幼蚕时要将桑叶切成细条，之后

① 俞宗本. 种树书 [M]. 康成懿, 校注. 北京：农业出版社, 1962: 6.

② 邝璠. 便民图纂 [M]. 卷 3·蚕桑类. 扬州：广陵书社, 2009: 1b.

③ 宋应星. 天工开物译注 [M]. 潘吉星, 译注. 上海：上海古籍出版社, 2016: 88.

④ 石声汉, 校注. 农桑辑要校注 [M]. 西北农学院古农学研究室, 整理. 北京：中华书局, 2014: 127–128.

⑤ 宋应星. 天工开物译注 [M]. 潘吉星, 译注. 上海：上海古籍出版社, 2016: 88.

可以渐用整片桑叶来饲养。蚕对于桑叶的质量有着严格要求，不能食用带露水的叶子，不能食用"为风日所嫣干者"，也不能食用"浥臭者"，食用这三类桑叶都可能使蚕生病。蚕在不断进食桑叶的同时身体开始慢慢变色，等到变成纯黄的时候就停止喂食，蚕就开始进入了"头眠"阶段，进而"停眠"，继而"大眠"[①]，而且各个阶段的喂食次数都有严格规定，比如头眠之后，每昼夜喂六次，次日增加；停眠起后，每昼夜四次，次日增加；大眠起后，每昼夜三顿，次日加到七、八顿。在眠起处理上，要求尽量整齐划一，即所谓的"眠齐住食、起齐投食"，这样做可避免出现"眠起不齐，而饲之者亦不齐，又多损失"的现象发生。待到蚕成熟后，就要将其及时捉到箔上吐丝结茧，等到蚕结茧之后，即可进行择茧与缫丝等工序。养蚕篇章的最后附有摘自其他农书的对养蚕经验的理论性总结，如"白光向食，青光厚饲，皮皱为饥，黄光以渐加食"的"三光"经验，就是说明蚕每龄体色的变化，以及在变化的过程中对食物的需求。"三稀"指在下蚁、上箔、入簇时要稀，蚕在入簇时如若过密，就会"密则热。热则蚕茧难成，丝亦难缫"。"五广"则指养蚕时候人（劳力）、桑（饲料）、屋（蚕室）、箔（蚕箔）和簇（蚕簇）这五者皆要准备充足。此外，养蚕还有一系列的禁忌，如忌湿叶、忌热叶、忌西照日、忌当日迎风窗，蚕初生时忌屋内扫尘、忌煎煿鱼肉、忌蚕屋内哭泣叫唤……这些都是古代劳动人民在长期养蚕实践活动中积攒的珍贵经验。

《便民图纂》的撰者对"桑蚕类"中的某些条目给出了文献出处，如"十体"引自《务本新书》，"三光""三稀"与"五广"引自《蚕经》[②]，"八宜"来自《韩氏直说》，这些都是经过《农桑辑要》而转引过来的；"修桑""斫桑"

---

① 眠性是蚕在幼虫期蜕皮次数的一种特性，按照眠性一般将蚕分为三眠蚕与四眠蚕两种类型，从该书中所称呼的头眠、停眠（即二眠）和大眠（即三眠）这三个生长阶段可以看出书中讨论的是一种三眠蚕。

② 该书中所引《蚕经》并不是明代黄省曾所撰之《蚕经》，考《便民图纂》中据称引《蚕经》的条目皆出自于《农桑辑要》，又据缪启愉《元刻农桑辑要校释》第259页相关笺注云："《蚕经》，新旧《唐书·艺文志》有《蚕经》二种，北宋《崇文总目》等著录有《淮南王养蚕经》，今均已失传。此处所指，未详何书，或系早于《士农必用》的金代人所著。下文《三光》《三稀》《五广》三处也引到《蚕经》，作正文引。"可见此处之《蚕经》指明代之前的某本已佚蚕书。

等条目采自《农桑衣食撮要》，但撰者并没有在文中加以说明，从中可以看出元代农书中的蚕桑知识由于距其年代较近而被大量引用。虽然该部分绝大多数内容皆是引用他书，但并不是完全抄袭，撰者自己对其进行了加工与再创造，如"论桑种"条目前面的部分取自《农桑辑要》，后面的部分取自《种树书》，撰者将其中的知识进行了糅合。作为一本最初试图在吴县境内推广的劝农性文书，它明显带有吴地的农事经验传统，如在"晚蚕"条目中，撰者曰"自蚁至老，俱宜凉，吴中谓之冷蚕"，明确地将吴地作为其论述的中心地区，可以说是关于明代中期吴地蚕桑经验的一种真实写照。本章节还有一些不见于其他农书所载的内容，比如在移栽桑树之时，"根下埋败龟板一个，则茂而不蛀"，这里显然有来自民间的经验混杂其中，或许是撰者在写作时"访之老成"的结果。

三、果蔬、花卉的栽培技术

树艺类共分作两卷，卷上是"种诸果花木"，并附修、治、斫、伐果树的诸法。果树类有梅、桃、杏、李、杨梅、橘、梨、花红、栗、枣、柿、金橘、银杏、枇杷、樱桃、石榴、葡萄，花卉类有牡丹、芍药、木樨、海棠、山茶、栀子、瑞香、百合、罂粟、芙蓉、菊花、蜀葵、黄葵金凤、鸡冠、萱草、水仙、蔷薇、菖蒲；另有藕、菱、鸡头、荸荠、茨菰、西瓜等明人眼里的水果和椒、茶、棕榈、冬青、槐、杨柳、松杉、桧栝、榆、竹等经济性林木。此外，还附着一些种植果树、花卉常用的方法，即骗诸果树、修诸果树、嫁果树、治果木蠹虫、辟五果虫、止鸦鹊食果、采果实法、催花法、养花法、接花法、治麝香触花和斫竹伐木。卷下是"种诸色蔬菜"，包括姜、芋、萝卜、胡萝卜、油菜、藏菜、芥菜、乌菘菜、夏菘菜、菠菜、甜菜、白菜、苋菜、豆芽菜、生菜、苦荬、莴苣、莴笋、冬瓜、酱瓜、生瓜、丝瓜、葫芦、瓠、茭白、胡荽、葱、蒜、韭、刀豆、茄、天茄、甘露子、薄荷、紫苏与山药等各类蔬菜的种植方法。

我国是世界上果树种质资源最丰富的国家之一，我国先民对果树的驯化可能比栽培谷物的时间还要早。果树结的果实具有"熟则可食，干则可脯，丰歉皆可充饥"[1]的优点，所以常被古人称作"木奴"，在传统农业中占据重要的补充地位。吴县拥有发达的果树种植业，明代末年的县志里称该地"湖中诸山大椠以橘、柚等果品为生，多至千树，贫家亦无不种"[2]。梅是蔷薇科杏属植物，是我国非常古老的一种果树，其果实可做果脯、佐料及染料，用途甚广[3]。它有两种栽种方法：一是用种子来种植，即春天将梅核埋在施过肥料的土地里，等到长至两三尺高的时候再进行移栽；另一种种植方法是移栽大棵成株的梅树，在操作的时候要遵从"去其枝梢，大其根盘，沃以沟泥"的原则，据称这样移栽的成活率极高。桃也是用果核来育苗，但要注意桃核在泥土中的放置朝向，须"蒂子向上，尖头向下"，不然就会导致不长芽。李树则是取树上发起的小枝条来进行移栽，梨、花红（即林檎）、枣等果树也是如此。杨梅在种植前需要对种子进行处理，方法是"取粪池中浸过核"。橘树要在冬天正月间播种，所以"须搭棚以蔽霜雪，至春和撤去"。除了种植方法之外，该部分还记载大量关于果树嫁接的知识与技艺，一种方法是在同一种果树内部间进行嫁接，如栗树要于二、三月间"取别树生子大者，接之"，枣树也需要在二月时"以生子树贴接之"。书中对梨树的劈接技术描述的甚为详细：

> 俟干如酒钟大，于来春发芽时，取别树生梨嫩条如指大者，截作
> 七、八寸长，名曰梨贴。将原干削开两边，插入梨贴，以稻草紧缚，
> 不可动，月余自发芽，长大就生梨。[4]

撰者声称经过嫁接的梨树比通过梨核来繁殖的树苗结果要快得多，即所谓的"插者弥疾"[5]，可以使农人更迅速地获得收益。另一种嫁接方法是把某种果树的枝或芽嫁接到另一种果树的茎或根上，使它们接在一起的两部分长成一个完整的植株。例如，桃树可以通过嫁接杏树或李树培育出品质更优良的果

---

① 王祯. 农书译注 [M]. 缪启愉，缪桂龙，译注. 济南：齐鲁书社，2009：156.
② 牛若麟，修，王焕如，纂. （崇祯）吴县志 [M]. 卷10·风俗. 刻本，1642（明崇祯十五年）：2a.
③ 罗桂环. 中国栽培植物源流考 [M]. 广州：广东人民出版社，2018：220-232.
④ 邝璠. 便民图纂 [M]. 卷4·树艺类上. 扬州：广陵书社，2009：2a.
⑤ 王祯. 农书译注 [M]. 缪启愉，缪桂龙，译注. 济南：齐鲁书社，2009：270.

实，"接杏最大，接李红甘"；同样的还有柿树，"接及三次则全无核，接桃枝则成金桃"。此外，书中还记载了一种把枣树与葡萄进行嫁接的有趣技术，方法是于枣树上凿个窟窿，从枣树孔中将葡萄枝牵引穿过，待到葡萄枝条长到塞满窟窿，即可砍去葡萄的根，用枣树的根当作葡萄的砧木。这样做可使结出的葡萄"其实如枣"，可见当时民间果树嫁接技术应用之普遍与娴熟。此外，颇有意思的是关于虫害的防治，橘树和林檎如若生虫的话，要等到摘了果实后，凿开生虫的地方，用铁线将虫子勾出。梨树结果后，要用箬来包裹住果实，不然恐怕为象鼻虫所伤，这种做法类似于现在的水果套袋技术。在当时栽种果树是一种极其赚钱的治生门径，如吴县县志中记载"凡栽橘，可一树值千钱或两三千，甚者至万钱"[①]。作为面向市场销售的商品性农产品，农人不但要关注其具体种植技术，还要注意不同品种果树产果的口味与存放时间，如书中记载"橘之种不一，惟匾橘、蜜橘味佳，湘橘耐久"，便是其商品性显现之一例。

除果树外，本章还记载其他一些水生植物和用材树木的种植方法，江南水乡地区河湖众多，水生植物分布广泛，其中的莲藕、菱角、鸡头、荸荠和茨菰因具有较大的经济价值而为本书所记载。莲藕、茨和菱早在王祯的《农书》中就已被提及，但邝璠在王祯的基础上又提出很多全新的技术内容。他倡导种莲藕时要施肥，"或粪或豆饼壅之则盛"。鸡头的种植方法是"秋间熟时，收取老子，以蒲包包之，浸水中。三月间，撒浅水内，待叶浮水面，移栽深水。每科离五尺许。先以麻饼或豆饼拌匀河泥，种时，以芦插记根处，十余日后，每科用河泥三四碗壅之"。不同于王祯《农书》中对菱的"散在池中，自生"[②]的简单种植法，《便民图纂》采取催芽后种植的方法，然后使用竹制器具来将已发芽的菱苗插入泥中，还可以使用打通节的竹管来对其进行浇粪施肥，这种精细施肥与催芽育种的方法很明显受到了当地发达稻作农业的影响与启发。《便民图纂》还是我国历史上最早记载茨菰栽培技术的农书，方法是"腊

① 牛若麟, 修, 王焕如, 纂. (崇祯) 吴县志 [M]. 卷10·风俗. 刻本, 1642 (明崇祯十五年): 2a-2b.
② 王祯. 农书译注 [M]. 缪启愉, 缪桂龙, 译注. 济南: 齐鲁书社, 2009: 226.

月间，折取嫩芽，插于水田。来年四、五月，如插秧法种之，每科离尺四、五许。田最宜肥"。根据罗桂环的研究，现今南方地区栽培茨菰的方法大致还是如此，这也从侧面反映了其种植技术已颇为成熟①。此外，书中还载有茶、棕榈、冬青、槐树、杨柳、榆树、松柏和竹等经济性林木的种植方法，这部分知识基本上是引自《王祯农书》《种树书》等前代农书，撰者对其进行了筛选与删减，只把最基本的技术操作保留了下来，当然其中也有一些新增设的条目，如种植棕榈的方法为"二月间撒种，长尺许移栽成行，至四尺余始可剥，每年四季剥之，半年一剥亦可"，这是先前以论述北方农业为主的诸书里所不曾提及的，在此就不再详细叙述了。

明代中后期，随着市民经济的发展和市镇的蓬勃兴起，江南地区的花卉种植业开始异军突起，文人雅士多以莳花为乐趣，随着市民群体交际、节庆和休闲活动对花卉需求的增加，城市周边出现了许多专门从事园圃种植的农民②，这使得花卉种植成为了一门专门知识，大量的花卉种植类书籍如《学圃杂疏》《汝南圃史》《群芳谱》《花史》《花傭月令》之类迅速涌现，时人甚至觉得花卉类书籍"当与《农书》《种树书》并传"③。苏州一带是当时园艺业最为发达的地区，作为成书于此地区的农书，《便民图纂》中也包含着诸多花卉栽培的知识。本书详述牡丹、芍药、海棠、百合等多种花卉的栽培方法，主要涉及嫁接、杀虫和施肥等具体技术。首先是嫁接法，花卉嫁接技术在宋代文献中就已有记载，通过与优质品种的嫁接，可提升花卉的品质。例如，将单叶的山茶与千叶山茶嫁接，可以使得"其花盛，其树久"；以芍药根来接牡丹，则牡丹容易发；黄、白菊花披去一边皮，用麻皮扎合，那么开的花就会半黄半白；用苦楝树来嫁接梅花，梅花开花时颜色如墨一般，煞是好看。其次是如何防治虫害的侵袭，牡丹如果枝上叶如针孔，就是害虫的藏身处，花

---

① 罗桂环. 中国栽培植物源流考 [M]. 广州：广东人民出版社，2018：165.

② 邱仲麟. 花园子与花树店：明清江南的花卉种植与园艺市场 [J]. "中央研究院"历史语言研究所集刊，2007，78（3）476-492.

③ 陈继儒. 读《花史》题词 [M]// 王路，纂修；李斌，校点. 花史左编. 南京：江苏凤凰文艺出版社，2018.

工将其称作"气疮"，用花针①点硫磺末插入孔内，就会杀死害虫。菊花经常会被黄泥虫咬伤嫩芽，将被咬的嫩芽掐去三、两分，可防止其他部分被虫蛀。古人也将泥土里的蚯蚓视作一种害虫，他们认为用小便或洗衣服的灰水来浇花，就能杀死土中的蚯蚓。再次，种植花卉需要施用大量的肥料，如芍药需要用粪浇两三次；瑞香需要用挦猪汤、宰鸡鹅毛水、小便等浇灌，有时还需要用梳头的垢坭来壅根，因为"以头垢拥根，则叶绿"②；菊花要用挦鹅毛浸水或粪水来浇灌。此外，为了按期赏愉或售卖之需，书中还记载了催花法与养花法，催花法是用马粪这类热性肥料掺水来浇灌花卉，这样可使原本三四日之后才能盛开的花当日即可绽放；养花法是保持瓶插鲜花不枯萎的方法，将牡丹或芍药插在花瓶中前，事先将它们的断枝处用火烧后以蜡封存，那么将它浸在水中便可保持数日不枯萎，从而延长观赏的期限。

卷下是"种诸色蔬菜"，古人认为凡是草之可食者就叫作蔬菜。蔬菜是中国人食物的主要来源，它的功能是"平时可以助食，俭岁可以救饥"③，故而在我国古代有"菜不熟曰馑"④的说法，可见其重要性。该部分载有姜、芋、萝卜、胡萝卜、油菜、冬瓜、韭菜、茄子等三十余种蔬菜作物⑤的种植方法。蔬菜种植技术历来比大田作物要精细得多，王祯就曾说："凡种蔬菜，必先燥曝其子。地不厌良，薄即粪之；锄不厌频，旱即灌之。用力既多，收利必倍。"⑥笔者将挑选书中所载的几种重要蔬菜来简单分析其种植技术。油菜是一种具有良好耐寒性的作物，元代以降，江南地区的农人往往将其与水

---

① 花针是专门用来给花卉除虫的器具，宋代已有记载，其形制是"将针去尾，钉入竹箸头上用之"，明代《花史》中有其图像。见王路，纂修. 花史左编 [M]. 李斌，校点. 南京：江苏凤凰文艺出版社，2018：574.

② 王象晋. 群芳谱诠释（增补订正）[M]. 伊钦恒，诠释. 北京：农业出版社，1985：245.

③ 王祯. 农书译注 [M]. 缪启愉，缪桂龙，译注. 济南：齐鲁社，2009：156.

④ 朱熹. 四书章句集注 [M]. 北京：中华书局，1983：129.

⑤ 本书中所说的"蔬菜"一词并非是我们现代意义上所理解的蔬菜之含义，根据曾雄生的研究，我国古代蔬菜大致包括三类：第一类是介于粮食和蔬菜之间，营养成分主要为淀粉的薯芋类；第二类是含大量液汁并富含维生素和矿物质营养的瓜瓠、叶菜和菌类；第三类是含特殊芳香气味的韭、芥、蓼等，它们含有各种挥发油和生物碱。显然这个概念要超出今天所谓蔬菜的范围。参见曾雄生. 史学视野中的蔬菜与中国人的生活 [J]. 古今农业，2011，89（3）：51-52.

⑥ 王祯. 农书译注 [M]. 缪启愉，缪桂龙，译注. 济南：齐鲁书社，2009：60.

稻搭配复种,这使得它的种植范围得到了进一步扩大。吴县油菜种植甚广,邑人徐应雷曾有诗曰:"一溪流水镜光绿,四野菜花云锦香。"①《便民图纂》里提及油菜在八月下种,九月或十月份进行分栽、压土与施肥,冬天免于管理,待来春二月份再施肥即可,这和《沈氏农书》里十月至次年二月都有"浇菜"的农事安排甚为相似,但不同的是沈氏所描述的区域是浙江归安,该地气候稍暖可在冬季浇粪,而邝璠所描述的是江苏吴县的农事状况,该地区纬度略高而气候稍冷,所以邝璠警告读者"若水冻不可浇"。白菜在古时被称为菘,直到宋代才被叫作白菜,《便民图纂》"白菜"条目中记载了当地白菜的种植方法,"八月下种,九月治畦分栽,粪水频浇"。此外,书中还记载了其他两种白菜——乌菘菜和夏菘菜,乌菘菜即乌塌菜,这种白菜比普通小白菜更耐寒,能延长冬季蔬菜的供应期,所以在南方颇为常见;夏菘菜就是夏天种植的白菜,它于五月上旬撒种栽培,能够应对夏季蔬菜供应的淡季,即所谓的"园枯"期。冬瓜是一种常见的蔬菜,且具有诸多其他蔬菜所无法比拟的优点,王祯曾夸赞道:"蔬果中,瓜之谓种至夥也,独此瓜耐久,经霜乃熟,又可藏之弥年不坏。今人亦用为蜜煎,其犀用为果茶,则兼果蔬之用矣。"②《便民图纂》蔬菜部分也以它的种植方法记述的最为详尽。种植冬瓜前先要整地,用稻草灰和细泥做成行垄,二月份撒种后需要勤浇粪水,待到生芽,就将灰揭下后壅在根部,三月下旬移栽到地里,每穴栽种四棵秧苗。甜瓜在古代也被视作一种蔬果兼用的作物,"供果为果瓜,供菜为菜瓜"。王祯就将甜瓜列作《百谷谱·蓏属》中的首位,而黄瓜仅仅是附在甜瓜后面的一个补充性条目,但在《便民图纂》中,黄瓜被撰者抽出来成为单独条目,且位置在甜瓜之前,而甜瓜条目则被削减成一句话,其种植方法也被略而不谈,仅云"种法与冬瓜同",造成这种状况的原因是明代人多将甜瓜视作一种水果而并非蔬菜,与此同时黄瓜却在人们饮食中开始变得重要起来。此外,宋代以降,豆芽开始出现并被视作一种蔬菜,它的制作方法也列在这部分中,其方

---

① 牛若麟, 修, 王焕如, 纂. (崇祯) 吴县志 [M]. 卷29·物产. 刻本, 1642 (明崇祯十五年): 3b.
② 王祯. 农书译注 [M]. 缪启愉, 缪桂龙, 译注. 济南: 齐鲁书社, 2009: 203.

法为"拣绿豆，水浸二宿，候涨，以新水淘，控干。用芦席撒湿衬地，掺豆于上，以湿草荐覆之，其芽自长"。这比元代《居家必用事类全集》中的"扫净地，铺纸一重。匀撒豆，用盆器覆，一日洒水两次"的生芽法更加合理，可以上下两层同时加湿，以增加豆芽的生长速度，而也不必洒水如此频繁。本卷中有两个问题值得引起注意：一是《便民图纂》中约有一半多的蔬菜是通过育苗移栽的方法来培壅的，而之前农书中只有芥菜、茄子等寥寥数种蔬菜才会使用移栽法，这显示了蔬菜移栽技术在明代中期的江南地区已经得到了普及，是彼时江南土地利用率提高的一个侧面表现；二是姜这种调味性蔬菜的种植技术被撰者放在本卷卷首，书中不但详细讲述了其种植技术与遮阴方法，还首次提出窖藏法，即"九、十月宜掘深窖，以糠粃合埋暖处，免致冻损，以为来年之种"，这种技术或许为后来传入的美洲作物番薯的过冬储藏提供了启发。为何姜的种植技术不见载于前代农书《农桑辑要》与《王祯农书》的蔬菜篇章，而邝璠却将其列在《便民图纂》的卷首？原因是姜这种作物在当时的吴县及周边地区被广泛种植和使用。在本书其后的"占验""涓吉"等章节中，作者对适宜种姜的日期以及何时植姜能获得丰收等问题皆有所提及，而从卷十四涉及的脆姜、糟姜、醋姜等食物的制作过程也可以看出姜在该地民生日用中所占据的重要位置。

《便民图纂》中树艺类部分的内容绝大多数是撰者邝璠根据吴县的农业实地情况而撰写的，体现出该书很强的原创性。例如，对水生作物的种植方法与施肥技术以及对姜窖藏技术的描述即本篇最具原创性的章节，在整个中国古代农学史上也应占据重要之地位，且这些技术真实地反映了明代中后期江南太湖流域地区的农业发展水平。再如，作者提及的洞庭山用竹制器具来套住梨果防虫的方法、当时花卉的广泛种植以及棕榈的种植和其取皮技术等，都是彼时吴县农业技术的真实写照。作为一本传统性农书兼日用类书，撰者难免会援引先前的经典文献来为自己的写作服务，在此部分，作者主要引用了《农桑辑要》《农桑衣食撮要》《王祯农书》《种树书》等农书和《居家必用事类全集》《多能鄙事》等元明时期的日用类书，但该书并不仅仅是简单地对它们的直接抄袭与摘选，而是对其中的许多知识进行了重新编排与整理，在某些情况下还融入撰者的一些独特见解。以《种树书》为例，我们将《便民图纂》与《种树书》相似的条目试举两例：

例一，花卉

花木旺于春，旺于秋。凡接牡丹，须令人看视之。如一接活者，逐岁有花。若初接不活，削去再接，只当年有花。牡丹花上穴如针孔，乃虫所藏处，花工谓之气疮，以大针点硫黄末针之，虫乃死。或以百部草塞之。牡丹千叶者，蜀人号为京花，谓洛阳种也。单叶者，只号为川花，又曰山丹，又曰山花……牡丹、芍药，不可置木槲中，不耐久，须要避风处……立春若是子日，于茄根上接牡丹花，不出一月，即烂熳……牡丹着蕊如弹子大时，试捻，十朵中必有三两朵不实者去之，庶不夺他花力。凡种好花木，其旁须种葱韭之类，庶麝香触也。种花药处，栽数株蒜。遇麝香则不损……凡花皆宜春种，惟牡丹宜秋社前后种接。①

《种树书·花》

【麝香触花】凡花最忌麝香，瓜尤忌之，剩栽葱、韭之类则不损。又法：于上风头以艾和雄黄末焚，即如初。

【牡丹】其种不一，千叶者蜀人号为京花，谓洛阳种也；单叶者为川花，一名山丹。秋分前后十日或秋分日移，勿断其根上之须。栽后用粪频浇，勿令脚踏。枝上叶如针孔，乃虫所藏处，花工谓之气疮，以大针点硫黄末于内则虫死，或云以百部草塞之。接时须二三月间，如接花树法。

《便民图纂·卷四》

例二，果树

桃树接李枝，则红而甘……桃实自干不落者，名桃枭……桃、李、银杏，栽带子向上，箇箇生，向下者少……桃树过春，以刀疏斫之，则穰出而不蛀。桃实太繁则多坠，以刀横斫其干数下，乃止。社日，令人椿桃树下，则结实

---

① 俞宗本. 种树书 [M]. 康成懿，校注；辛树帜，校阅. 北京：农业出版社，1962：45-49.

牢……桃李蛀者，以煮猪头汁冷浇之，即不蛀……桃熟时，墙面暖处，宽深为坑，收湿牛粪纳坑中，收好桃核数十枚，尖头向上，坑中粪土盖厚一尺。深春芽生，和土移种之。[①]

《种树书·果》

【桃】于暖处为坑，春间以核埋之。蒂子向上，尖头向下，长二、三尺许，和土移种。其树接杏最大，接李红甘。

《便民图纂·卷四》

由以上两个案例的对比中可看出，两书关于牡丹种植方法、麝香对花卉的影响以及桃树种植方法这三部分内容极为相似，只是记载顺序稍显颠倒或叙述语言略有差异而已。但难得可贵的是，《便民图纂》并不是对《种树书》的直接抄袭，撰者将花卉和果树的知识分门别类，将各种知识摘出并归入同一种植物中，从杂乱的内容中提炼出某种知识，又在介绍每种知识时在前面冠以条目名称，这样不仅方便了读者按图索骥，而且其间还有新知识的产生，例如将桃树和杏树嫁接可以使得桃树结出的果实更大。

四、农业占候知识

中国自古以农立国，农业收成的丰歉关系到国家社稷的安定和黎民百姓的生死存亡，而在诸类自然灾害中，水旱状况对农业的影响又最为显著，故而人们很早就试图根据各种自然现象来预测未来的天气状况及其对农业丰歉的影响，以做到趋利避害，合理安排农事活动，这种预测天气的方法被称作农业占候。明代正处于气候学上所谓的小冰河期，气候趋冷且变化无常，根据邓拓的统计，有明一代共发生自然灾害1011次之多，其中最主要的就是水灾与旱灾，创造了前所未有之记录[②]。频仍发生的水旱灾害使得人们更加关注占候知识。作为一本成书于此时的地方性农书，《便民图纂》中也随处留

① 俞宗本. 种树书 [M]. 康成懿，校注；辛树帜，校阅. 北京：农业出版社，1962：55-58.

② 邓拓. 中国救荒史 [M]. 武汉：武汉大学出版社，2012：25.

着气候变化的印记，例如受气候变冷的影响，该书中所记述的早稻已非明初早稻的概念，仅是早熟的晚稻而已[1]。撰者邝璠亦在书中记载了大量的农业占候知识，这主要集中在卷六《杂占类》与卷七《月占类》两个章节中。

卷六为《杂占类》，主要讲述了如何通过天象、草木、虫鱼、鸟兽等物候信息来预测未来天气情况及其变化的方法，该卷包括论日、论月、论星、论风、论雨、论云、论雾、论霞、论虹、论雷、论电、论水[2]、论霜、论霹、论雪、论地、论山、论水、论草木、论鸟兽、论龙鱼、论杂虫、论三旬、论六甲、论鹤神、论喜神与论潮汛二十七个条目。例如，开篇的"论日"中就记载了五项与太阳相关的气象知识：一是出现日晕是要下雨的征兆；二是可根据日珥的方向来预测天气状况，南方有耳就预示是晴天，北方有耳就是将要下雨，如果南北两个方向都出现日耳，就预示风雨会在短时间内立刻停止；三是夏秋时节如果日落后有数条青白色的光出现，那么第二天的气温一定异常酷热；四是日落时如若有返照，那么明天将会是个晴天；五是日落时如有乌云与落日相接，次日必会有降雨，如若落日隐没在乌云的背后，那么到夜里云就会散去，再如若西天虽然有乌云，但落日附近却没有云的话，这二者都是晴天的征兆。这些占候知识都是古代劳动人民在长期农业实践中经验的积累，书中常有作者在观察后记下的"多验""甚验""屡试果验""累试有验"等概率性词汇，可见其准确率也是相当之高。以现代气象学视角来看，这些通过观测天象来占候的经验也大多具有一定科学性，如针对日落时如有乌云和落日相接就预示有降雨的这条占候，气象学家解释道："我国大部分地区上空盛行偏西气流，产生降雨的天气系统多自西向东移动，所以傍晚西方出现密蔽浓云，正是降雨云系移来的前驱，到半夜或明日就要转阴雨了。"[3]

卷七《月占类》是按照一年当中的十二个月份来分别进行农业占候的方法，有点类似于月令类题材的农书。该章共记载占候方法一百五十五种，其中正月五十一条、二月十一条、三月十四条、四月十条、五月十三条、六月十

---

① 葛全胜，等. 中国历朝气候变化 [M]. 北京：科学出版社，2010：501.

② 此处的"水"字疑为"冰"字之误。

③ 江苏省建湖县《田家五行》选释小组.《田家五行》选释 [M]. 北京：中华书局，1976：14.

条、七月八条、八月六条、九月六条、十月七条、十一月十一条、十二月八条，由此可看出占候日期基本集中在前半年，且以正月为最多，占全年总量的近三分之一。古人相信一年之中的某一天或某些特定日期具有特别的魔力，在当天进行占候就会特别灵验，人们最为重视的两个占候日期就是岁旦（即农历正月初一）和每个季节的甲子日，因为"甲子为干支之首，犹岁旦为节气之先，岁旦和平则一年亨利，甲子无云则两月多晴"。岁旦和立春日如果恰好是同一天，那么就会人民安定，如果当日天气晴朗就会岁丰民安，如果有日晕则主小熟（即夏季作物丰收），如果有雾就会有瘟疫且当年的桑叶便宜，有雪的话预示当年夏季干旱秋季多水，有大风雨的话会米价昂贵且蚕桑不兴，该天刮南风就会全年干旱且米价上升，刮西风就会桑叶和稻米的价格都会贵，刮北风则当年有洪涝之虞……立春日的风色、晴雨、雷电情况及其所预示的水旱灾害"大率与元日同"。上元日也是个重要的日期，吴地在当天历来有以粉米来做茧丝的习俗，预祝蚕事兴盛，或写吉语放置于内来"卜流年休咎"，南宋杨万里的诗句"小儿祝身取官早，小女只求蚕事好"[1]，便是这种风俗的真实写照。上元日当天若天气晴朗，那么接下来的整个春季都会干旱少雨，即所谓的"上元无雨多春旱"。类似的日期还有中秋节，若中秋节当日晴，来年即会"高田成熟，低田损伤"，如若当天有雨，那么来年就会"低田成熟，高田薄收"。

《便民图纂》中的杂占类知识多数属于短时的天气预测，即根据物候情况来判断即将到来的天气状况，以合理安排出行、会友、行商之类。例如，外面刮起疾风就预示着下雨，所以农谚说"东风急，备蓑笠"，提醒行人出行时不要被雨淋湿。这些短时间的预测具有很高的准确率，所以撰者在书中多次称它们"甚验"。月占类部分则以长时段的预测为主，根据笔者的研究，上半年的月占多主当年的水旱情况，而下半年的占卜则主来年之情况。譬如，四月份如若天气依旧寒冷，那么当年就主干旱，谚云"黄梅寒，井底干"；八月里的秋分当日如若是阴雨天，那么预示来年高田和低田俱会有好收成，当天若

---

① 杨万里. 杨万里诗文集（上）[M]. 南昌：江西人民出版社，2006：81.

是晴天来年就会有粮食歉收的风险。这些基于长时段的天气预测情况可能就不会那么准确，所以撰者在书中并没有关于它们灵验性与准确率的记载，但这种长时段的预测才是当时农民据以安排年度农事活动的根本。南宋的陈旉曾说过"今人占候，夏至小满至芒种节，则大水已过，然后以黄绿谷种之于湖田……黄绿谷自下种至收刈，不过六七十日，亦以避水溢之患也"[①]，从中可见天气占候在南宋时就已被运用于江南农业实践中。明代江南地区气候受小冰期影响复杂多变，为防水旱之虞，占候在农业实践中所起的作用更为显著，如"惟太仓、嘉定东偏，谓之东乡，土高不宜水稻，农家卜岁而后下种，潦则种禾，旱则种棉花、黄豆"[②]。该史料是明代江南农民将占候应用于农业实践的一则例证。

《便民图纂》中所载的占候知识并非是由邝璠原创的，其中的绝大多数来源于成书于元末明初的《田家五行》，该书据传为明代的娄元礼所编纂，是我国古代最重要的天气与气候经验之宝贵结晶，书中引用了大量吴地的谚语，可见它与《便民图纂》的成书地点极为相近，即都属于太湖流域地区。在《田家五行》中，撰者因为于六甲中得壬得辰等日多旱的这条占验总是不准确，所以开始思考占候之术施行的区域性与应验之地理范畴：

> 愚按六甲周流天下一定之理，四海之广，南北分野，水旱每有乘除，岂可拘而一概取之，因考丰年。已上二说，少有应验。不若以晴雨论之者多有准，盖风雷晴雨，百里不同，以其地占之应在其地，固可信也。如《礼记·月令篇》所载："孟春秋令，则云其民大疫。仲春秋令，季秋夏令，则云其国大水。孟夏冬令，则云后乃大水，败其城郭。孟秋春令，仲秋及仲冬夏令，则云其国乃旱。"此亦言气候寒暑不正之变，各国不同。故特云则其国之水旱疾疫，即此义也。[③]

① 陈旉. 陈旉农书校注 [M]. 万国鼎, 校注. 北京: 农业出版社, 1965: 25.

② 陈梦雷. 古今图书集成·职方典 [M]. 卷676·苏州府风俗考. 清雍正铜活字本, 1726（清雍正四年）: 2b.

③ 娄元礼. 田家五行 [M]// 顾廷龙主编,《续修四库全书》编纂委员会编. 续修四库全书975子部·农家类. 上海: 上海古籍出版社, 2002: 326.

娄氏认为，占候并不能脱离地理范围的限制泛泛而谈，它只能在占候或农谚知识产生的当地起到指导性作用。《便民图纂》正是在吴地任职的邝璠为当地百姓所编纂的劝农性手册，又因为《田家五行》是"可以辅农书而传"[①]的书籍，所以邝氏自然就觉得这些经验于当地民生有益，并将其大量摘抄或节录到他所撰写的农书中。邝氏将《田家五行》三卷中"中卷"与"下卷"里的占候内容删减改写成《便民图纂》的卷六"杂占类"，将"上卷"中的大部分知识汇入到《便民图纂》卷七"月占类"中，此外，还将"上卷"里记载的部分每月或其中的某天该干什么与吃什么等节日民俗的篇章放入《便民图纂》的卷八"祈禳类"中。经过邝氏对体例的重新梳理，占候知识显得更具条理化，主要的变动之处体现在三个方面。一是他删除了《田家五行》中撰者所讲的自身见闻和引用的谚语，从而使得其中占候知识的技术性更为凸显。二是撰者对文字表述进行了精炼，使《便民图纂》变得更为简明扼要，如他将《田家五行》中的"初八日，祠山张大帝诞辰，东南风，谓之上山旗，主水；西北风，谓之下山旗，主旱。相谓彼中值西北风则旱，人皆泣。盖其乡俱係山田，畏旱故也"[②]改成"八日，东南风主水，西北风主旱"，同时还将其中的谚语进行了简化，如将"田鸡叫得哑，低田好稻把，田鸡叫得响，田内好牵桨"这句农谚简化为"声哑水少，声响水大"。三是邝璠剔除了《田家五行》中灵验度不高的一些条目，如他在谈及利用杂虫的物候信息来进行占验时，就删除了原文中"蛬蜻，水虫也，沿至干地高处，言水亦到其处，不甚验"与"蚌浮，主有水，不验"[③]这两条占验条目，只留下据娄氏称有效的或准确性比较高的信息。

① 佚名. 田家五行序 [M]// 顾廷龙主编，《续修四库全书》编纂委员会编. 续修四库全书 975 子部·农家类. 上海：上海古籍出版社，2002：323.

② 娄元礼. 田家五行 [M]// 顾廷龙主编，《续修四库全书》编纂委员会编. 续修四库全书 975 子部·农家类. 上海：上海古籍出版社，2002：327.

③ 娄元礼. 田家五行 [M]// 顾廷龙主编，《续修四库全书》编纂委员会编. 续修四库全书 975 子部·农家类. 上海：上海古籍出版社，2002：343.

五、牧养知识

畜牧是人们肉食、禽蛋、皮毛甚至动力的来源，也是传统农业中除种植业之外最重要的生产部门，春节对联上常写的"五谷丰登、六畜兴旺"就是该观点的最直观体现。我国先民早在新石器时代就已经开始对六畜进行饲养，牲畜的饲养不但可以满足人民对于"养体"和"服劳"的需求，为农业生产提供肉食、动力与肥料支持，而且还是种植业之外农民获取物质财富的一种甚为有效之手段，早在春秋末年陶朱公就曾有过"子欲速富，当畜五牸"①的话语，可见其重要的经济地位。

《便民图纂》卷十三《牧养类》中记载了牛、马、羊、猪等家畜和鸡、鹅、鸭等家禽的相法、饲养技术与疾病防治措施，除此之外，对鱼、鹿、猿、鹤、鹦鹉、鸽子等动物的养殖和疾病防治方法也有详细之记载。该卷的主要内容是相牛法、相母牛法、治牛瘴、治牛噎、治牛疥癞、治牛烂肩、治牛漏蹄、治牛咳嗽、治牛尿血、治牛身生虫、治牛伤热、治牛尾焦、治牛触人、治牛腹胀、治牛卒疫、治牛患眼、治水牛患热、治水牛气胀、治水牛水泄、治水牛瘟疫、看马捷法、相马毛旋、养马法、治马诸病、治马诸疮、治马伤料、治马伤水、治马错水、治马患眼、治马颊骨胀、治马喉肿、治马舌硬、治马膈痛、治马伤脾、治马心热、治马肺毒、治马肝壅、治马卒热肚胀、治马肾搐、治马流沫、治马气喘、治马喹喘毛焦、治马尿血、治马结尿、治马结粪、治马伤蹄、治马发黄、治马急起卧、治马疥癣、治马梁脊破、治马中结、常喂马药、养羊法、栈羊法、治羊夹蹄、治羊疥癞、治羊中水、治羊败群、养猪法、肥猪法、治猪病、养犬法、治狗病、治狗卒死、治狗癞、相猫法、治猫病、相鹅鸭法、选鹅鸭种、栈鹅易肥法、养雌鸭法、养鸡法、栈鸡易肥法、养鸡不抱法、养生鸡法、治鸡病、治斗鸡法、养鱼法、治鱼病、治鹿病、治猿病、治鹤病、治鹦鹉病、治鸽病以及治百鸟病。

马与牛是我国古代最重要的两类牲畜，因为"牛资之以耕，马资之以战，

---

① 王祯. 农书译注 [M]. 缪启愉，缪桂龙，译注. 济南：齐鲁书社，2009：119.

尤有国有家者不可缓"①，所以二者历来受到人们的重视，以至于明代日用类书中记载畜牧的"牧养门"在某些类书中也被撰者称作"马经门"或"牛马经类"。但在明代之前农书和日用类书的牧养篇中，撰者们皆将马置于牛之前来讲述，《王祯农书》《农桑辑要》《事林广记》与《居家必用事类全集》莫不如此。虽然耕牛是民间农家最为依赖的牲畜，但马是古代战争时期的重要战略物资，相比之下就显得更为珍贵。王祯在撰写其《农书》时就意识到这点，但他还是遵从了以马为尊的旧例，写道："今农家以牛为本，虽以马为首，略叙于此。"②作为一本以劝课农桑为己任的农书，《便民图纂》将牛的位置排列在马的前面，开创了一种新的范式。邝氏在书中叙述了牛的相法、饲养法以及诸种常见疾病的治疗手段。该书首先讲述了我国古代源远流长的相畜法，即通过胫骨、后脚骨、毛发、牛角、尾巴等外形特征来辨别耕牛和母牛优劣的方法。然后该书分述耕牛的各种病症及其具体医治方法，譬如把皂角研末吹到牛的鼻子中，然后用鞋底拍打牛的尾椎骨即可治疗牛噎，若牛身上生虫，就用当归捣烂放在醋中浸泡一夜后涂在牛身上即可痊愈。接着是关于马的论述，古人认为马的外形是其内在器官和身体机能的外部表现，所以历来对相马术甚为重视。该部分先讲述相马的诸种方法，分为"看马捷法"与"相马毛旋"两大部分，主要以歌诀的形式分析拥有哪些外形特征的马匹是优良品种，如"头欲高峻；面欲瘦而少肉；耳欲得小；耳小则肝小，而识人意，短紧者性最快"等；其后就是饲养马匹的方法，这部分对养马的居所、饲料以及不同时节的饲养方法都有所涉及；最后撰者对马常见病症及其治疗方法一一做了详细说明，如用生萝卜切片来喂马可以治疗马伤料，用整株白凤仙花熬成膏涂抹在马的眼角即可治愈马的诸种病症，以墙壁上多年的石灰磨成粉末并用酒调二两灌马，便可以治疗马急起卧。马之后是养羊与医治其病症的方法，太湖地区自南宋以来就是湖羊的重要养殖地区，其养殖技术已颇为成熟。江南地区并没有多少牧场可以供牲畜放养，所以书中着重介绍圈养

---

① 陈元靓. 事林广记 [M]. 北京：中华书局，1998：230.

② 王祯. 农书译注 [M]. 缪启愉，缪桂龙，译注. 济南：齐鲁书社，2009：119.

养羊（即舍饲）的方法。羊属于火畜，生性厌恶潮湿，须在高燥的地方搭建羊棚并经常除粪秽来保持清洁。接着该书对如何将羊圈养在栏内催肥的"栈羊法"进行了介绍①。继而该书又对羊易患的夹蹄、疥癞、中水等诸类疾病以及名曰"败群"传染病的治疗方法进行说明，如医治羊中水的法子是"先以水洗眼及鼻中脓汗令净，次用盐一大撮就将沸汤研化，候冷，澄清汁，注鸡子清少许，灌鼻内，五日后渐愈"。颇为有趣的是这部分记载了用弼马瘟的猕猴来避羊瘟病的方法，其法曰："羊脓鼻及口颊生疮如干癣者，相染，遂致绝群。治法取长竿竖于栈所，竿头置一小板，系猕猴于竿，令可上下，又辟狐狸而益羊瘥病。"接着是养猪与治猪病的方法，养猪的主要目的是使其"肥腯"而食肉，所以书中着重记载了如何相猪和饲养肥猪。母猪应挑选短喙无柔毛者，嘴长牙就多，牙多就难养肥。还有一种可令猪增肥的方法是将二升麻子捣碎加一升盐一起煮，煮完后拌糠三升来做饲料，可"饲之立肥"。家畜篇的最后部分是关于狗猫的相法和医治方法。作为农家所饲养的猫狗，还是以看家护院和捕捉老鼠等劳役为最重要任务，如相猫的标准之一即"口中三坎者捉一季，五坎者捉两季，七坎者捉三季，九坎者捉四季"。医治猫狗的方法有：用水调平胃散可治疗狗病，若加上去壳巴豆则疗效更佳；用葵根塞在卒死的狗鼻中可将其救活；用香油擦拭狗的身体可以去蝇；用乌药磨水来喂猫可治猫病等。

家禽既是农家肉蛋产品的重要来源，又可换作经济收入以补贴家用，相对于大型牲畜而言，家禽具有饲料用料少、饲养周期短和花费成本低等诸多优势，所以民间的家禽饲养空前发展，已成为江南农区发展畜牧业的一种重要手段②。《便民图纂·制造类上》里记载的淹鹅鸭等物，醃鸭卵、挦鹅鸭、造鹅鲊等食品制作篇章从一个侧面能反映该地当时家禽饲养业的繁荣与兴盛。孵小鸡选择桑落时节所产的卵最佳；用油和面拈成指尖大小的面块儿每

---

① 撰者在该篇"栈羊法"中建议在秋天买数十成百的阉羊来饲养育肥，一般不是普通农家所能承受的，很可能是大肉店或者资产颇丰的地主所经营的羊栈。据此学者认为，这是描述了当时晋、陕等地的羊群催肥技术。具体参见邹介正等，编著. 中国古代畜牧兽医史 [M]. 北京：中国农业科技出版社，1994：114-115.

② 闵宗殿，主编. 中国农业通史·明清卷（第二版）[M]. 北京：中国农业出版社，2020：311.

天喂十几条，鸡就容易长肥；母鸡抱窝时就不生蛋，要防止抱窝就需要在它们产卵期将麻子拌入食物内，吃罢便不会抱窝。养鹅、鸭的方法与养鸡基本相同，首先要选择雌性良种，选择的标准是"其头欲小，口上龀有小珠，满五者生卵多，满三者为次"；此外，书中还介绍了多孵卵和育肥等技术措施，如养雌鸭的方法是"每年五月五日不得放棲，只干喂，不得与水，则日日生卵，不然或生或不生；土硫黄饲之易肥"。鱼是"饭稻羹鱼"江南地区人们的最重要食物之一，鱼被视作水畜，明代江南地区的淡水养殖业十分兴盛①。《便民图纂》引用《陶朱公养鱼经》来讲述了养鱼的方法，主要是养殖鲤鱼的法门，因为鲤鱼不会互食而自相残杀、容易生长且价格比较贵，然后又讲了治鱼病的方法，"凡鱼遭毒翻白，急疏去毒水，别引新水入池，多取芭蕉叶捣碎置新水来处，使吸之则鲜，或以溺浇池面亦佳"。此外，该章节还有医治鹿、猿、鹤、鹦鹉、鸽子等其他动物疾病的方法。

在古代欧洲各国，畜牧业被视作一种相对独立的产业，种植业（如三叶草的种植）在某种程度上是为畜牧业服务的；而在中国古代，畜牧业大多依附于种植业而存在，其主要目的是为农业发展提供畜力或肥料②。特别是宋代以降，随着人口的迅速增殖和农业的日趋开发，中原地区的放牧之地逐渐被农田取代，畜牧业慢慢趋于萎缩。到了明代中后期，在南方地区甚至连对农业最重要的耕牛之数量都变得稀少，根据宋应星的计算，"会计牛值与水草之资，窃盗死病之变，不若人力之便"，很多理性的小农觉得养牛耕田不划算，所以在吴郡甚至出现了"以锄代耜，不借牛力"的办法③。明代畜牧业的萎缩在江南地区表现得最为明显，史称"江南寸土无闲，一羊一牧，一豕一圈，喂牛马之家，鬻刍豆而饲焉"④。畜牧业的衰退导致畜牧知识的积累趋于停滞，所以本书中的原创性知识和技术也就不多。该章节中的内容绝大多数来自于前代日用类书《事林广记·辛集·卷七·兽医集验》《居家必用事类全集·丁

① 尹玲玲. 明清长江中下游渔业经济研究 [M]. 济南：齐鲁书社，2004：274.

② 曾雄生，陈沐，杜新豪. 中国农业与世界的对话 [M]. 贵阳：贵州民族出版社，2013：167.

③ 宋应星. 天工开物译注 [M]. 潘吉星，译注. 上海：上海古籍出版社，2016：12.

④ 徐光启. 农政全书校注（上）[M]. 石声汉，校注；石定扶，订补. 北京：中华书局，2020：218.

集·牧养》以及《多能鄙事·卷之七·牧养类》，它是以这三本先前的日用类书为基础攒集而成的，并无新知识，但在体例上做了一些创新。该书将牛的篇幅移到马的前面来讲述；将《居家必用事类全集》中的"牧养择日法"放在本书的"治吉类"章节中，在牧养部分只讲述纯技术与知识的内容；它打破《事林广记》中把"饲养"和"治病"分作两部分的传统做法，将同一种动物的饲养和治病方法合并到一处，以牲畜为纲进行总体叙述，可方便读者按图索骥进行查询；更为难得可贵的是，撰者用《农桑辑要》里的"孳畜"章里的内容对这三本日用类书中没有论述的诸多病症进行了补充，从而使得该书中载有先前三本日用类书所未载的一些内容，加速了农书和日用类书两者之间畜牧知识的融合。

由于畜牧业在明代以降的江南地区逐渐萎缩，所以明代中后期的日用类书与宋元时期的不同，很少刊载有关畜牧方面的章节，目前所见的明代中后期日用类书中仅有三部载有关于畜牧的章节，分别是明万历二十七年余氏双峰堂刻本《新刻天下四民便览三台万用正宗》中的卷三十七"牧养门"，万历四十二年潭邑书林对山熊氏刊本《新刻邺架新裁万宝全书》中的卷二十四"马经门"以及万历间刊本《新刊天下民家便用万锦全书》中的卷六"牛马经类"。值得注意的是，这三篇有关畜牧的专章皆是以大型牲畜为讲述对象，仅仅叙述牛、马和猪等三种动物的饲养方与疾病防治方法，鸡、鸭、鹅、狗、鱼等小型牲畜则因为经济价值小且饲养技术简单而被排除在外。随着江南地区的农田耕作方式从牛耕逐渐倒退到人耕，马政逐渐衰退以致于最终以银代赋而名存实亡 [1]，这些关于大型牲畜的知识在民间也越来越没有读者群体，所以也逐渐淡出了日用类书编纂者们的视野。

六、农务女红图

《便民图纂》以农耕图与女红图作为全书之开篇，日本内阁文库所藏的弘治抄本与国家图书馆的嘉靖甲辰本皆将其分作两卷，卷一为"农务之图"，

---

① 邹介正，等，编著. 中国古代畜牧兽医史 [M]. 北京：中国农业科技出版社，1994：26.

卷二为"女红之图",万历间的于永清刻本将二者合成一卷,统称"农务女红图"。"农务之图"共计十五幅①,分别为浸种、耕田、耖田、布种、下壅、插莳、攗田、耘田、车戽、收割、打稻、牵砻、舂碓、上仓和田家乐,描绘了该地主要粮食作物水稻生产自浸种至收获的整体过程以及嗣后的加工储藏环节;"女红之图"总共十六幅,即下蚕、喂蚕、蚕眠、采桑、大起、上簇、炙箔、窖茧、缫丝、蚕蛾、祀谢、络丝、经纬、织机、攀花与剪制,描绘了农家丝织业从养蚕、缫丝再到成衣的系列性程序。除此之外,邝璠在每幅耕织图像的上方皆题了一首七言竹枝词,试图对视觉图像进行补充性解说与进一步阐释,图文互证颇有宋代郑樵所谓的"左图右史"之意。邝璠提到该图是以南宋楼璹旧制《耕织图》为蓝本绘制的,可惜楼氏的原版图像早已佚失,元代程棨的摹绘本与根据明天顺年间宋宗鲁的版本翻刻的狩野永纳本耕织图分别藏于美国华盛顿佛列尔美术馆与日本早稻田大学图书馆,《便民图纂》中所附的耕织图像曾一度是国内能见到的与宋版《耕织图》有直接关系的最早资料,故而颇受学界瞩目。

邝璠在"农务女红图"的开篇撰写了一段名为"题农务女红之图"的文字,其中提到插入耕织图像的理由:"宋楼璹旧制《耕织图》,大抵与吴俗少异,其为诗又非愚夫愚妇之所易晓。因更易数事,系以吴歌,其事既易知,其言亦易入。用勤于民则从厥攸好,容有所感发而兴起焉者。人谓民性如水,顺而导之,则可有功,为吾民者,顾知上意响而克于自效也欤。"从其中可以读出一些信息,如该图是以南宋楼璹《耕织图》为原型来描摹的,因为《耕织图》的诞生地浙江于潜与邝璠所任职江苏吴县的农业风俗不尽相同,他便在楼璹原作的基础上"更易数事",将《耕织图》"耕部"中的二十一幅图像删减为十五幅,将"织部"中的二十四幅也删减为十六幅(表1–2)。从表1–2我们可以看到,"农务图"比"耕部"减少了耙耨、碌碡、拔秧、登场、簸扬和筛六处,增加了攗田和田家乐两处;"女红图"删除了"织部"中的浴蚕、分箔、捉绩、下簇、择茧五处技术环节。除图像的增删以外,邝璠还将某些农事技

---

① 弘治本中的"农务之图"为16幅,后来的嘉靖本和万历本均将"耙田"图删去,留下15幅。

术步骤进行了合并，如将一耘、二耘、三耘统称作耘田，将一眠、二眠与三眠合并为蚕眠，将经与纬归并成经纬。

邝璠实施这种修改的第一个缘由是随着时代的发展与农业技术自身的推陈出新，需要剔除一些过时的旧技术与增添一些新技术。例如，碌碡是整地完毕后通过碾压而使土壤变紧实的一种农具，它一般被施用于北方的旱田中，江南地区在唐宋时也将其施用在水田耕作中，陆龟蒙在《耒耜经》中就将其列作水田耕作中所使用的四种农具之一，称整治稻田"爬而后有礰礋焉；有碌碡焉"①，它所起的作用是"碾打田畴上块垡，易为破烂"②。迨至元明时期则鲜有记载碌碡在水田耕作中应用的资料，其时它的功能已完全为耖所替代，仅被用作场上的脱粒工具，即"碾捍场圃间麦禾，即脱秆穗"③，甚至在当时写给庶民百姓的日用类书中，撰者还要专门对其进行解释④。水稻在移栽完毕后，需要耘田除草，耘田有足耘和手耘两种方式。所谓的手耘是"不问草之有无，必遍以手排摝，务令稻根之傍，液液然而后已"⑤，即在薅草的同时，顺便完成中耕和培土的任务。南宋楼璹《耕织图》中的一耘、二耘和三耘图像皆是农夫在用手来耘田，而稍晚的时期，人们发明了一种耘田的新工具，称作耘荡，王祯说："耘荡，江浙之间新制也……耘田之际，农人执之，推盪禾垄间草泥，使之溷溺，则可精熟，既胜耙锄，又代手足。"⑥耘荡这种农具将耘田的劳动强度降低，颇受农人的欢迎。《便民图纂》中就将使用耘荡来耘田的耰田环节加入，图中描绘了三个农人手持耘荡在进行耘田作业。此外，邝璠将楼璹代表水田灌溉的图像名称由"灌溉"改成"车戽"，即强调翻车和戽斗才是江南稻田灌溉的两种最主要工具，特别是其中的戽斗更是长江

---

① 周昕，编著.《耒耜经》和陆龟蒙 [M]. 北京：农业出版社，1990：17.

② 王祯. 农书译注 [M]. 缪启愉，缪桂龙，译注. 济南：齐鲁书社，2009：440.

③ 王祯. 农书译注 [M]. 缪启愉，缪桂龙，译注. 济南：齐鲁书社，2009：440.

④ 在明万历年间刊刻的一本名为《新镌音注释义万物皆侪俻类纂》的日用类书中，撰者在"农具门"中列举了当时农业中常用的三十多种农具，碌碡是唯一一种解释其功能的农具，曰"圆木，名曰滚车，可以压草欄泥"，从侧面反映了时人对其功能不太熟悉。

⑤ 陈旉. 陈旉农书校注 [M]. 万国鼎，校注. 北京：农业出版社，1965：35.

⑥ 王祯. 农书译注 [M]. 缪启愉，缪桂龙，译注. 济南：齐鲁书社，2009：480.

中下游地区小农常用于稻田灌溉的核心器具[①]。元代程棨与日本仿刻宋宗鲁耕织图中的灌溉图主背景绘制的皆是四名农夫在利用脚踏翻车在给稻田浇水，而侧背景是一名农夫利用桔槔在给稻田灌溉。桔槔主要用于北方，在南方地区并不普遍，故而邝璠将桔槔部分砍掉，改为两人用戽斗来拉绳汲水。

从《耕织图》到《便民图纂》图像发生变化的第二个原因是前者的图像中描绘的某些农作技术过于简单，譬如拔秧、登场、簸扬、筛、下簇和择茧等技术在古代文献中都因过于简易而并未被农书的撰者严肃对待，它们不能被视作关键性技术步骤，如拔秧就是将水稻秧苗从秧田里拔出，洗净稻根上的泥土，并扎成小把而已，即所谓"既沐青满握，再栉根无泥"[②]，操作浅显易懂，老少妇孺皆可从事；再如，下簇即将结在簇上的蚕茧取下，仅须操作者"併手忙择"，无任何技巧可言。这些简易技术根本没必要被当作重要技术节点（农书中称其为"要"）而给予绘图强调，所以邝璠将它们统统删除。此外，一耘、二耘、三耘仅是为表明反复耘田是稻作生产中的重要工序，但它们的操作技术要领是基本相同的；养蚕中的一眠、二眠、三眠也是类似情况，其技术要领都是"食力旺时频上叶，却除隔宿换新鲜"，所以邝璠对它们进行了合并。与《耕织图》不同的是，"农务女红图"是一册农书的开篇章节，在后面的章节中还附有诸多文字对前面图像中的农事内容进行进一步阐释，其农务与女红技术可以从后面的卷三"耕获类"与卷四"蚕桑类"中进一步获取，撰者更加无需对不甚重要的技术步骤进行技术绘图。

表1–2　　　　　　　　《耕织图》与《便民图纂》条目之对应与比较

《耕织图》耕部	《便民图纂·农务之图》	《耕织图》织部	《便民图纂·女红之图》
浸种	浸种	浴蚕	
耕	耕田	下蚕	下蚕
耙耨	耙田（弘治本）	喂蚕	喂蚕

① 游修龄，曾雄生. 中国稻作文化史 [M]. 上海：上海人民出版社，2010：289–290.
② 楼璹. 耕织图诗附录 [M]. 北京：中华书局，1985：2.

（续表）

《耕织图》耕部	《便民图纂·农务之图》	《耕织图》织部	《便民图纂·女红之图》
秒	秒田	一眠	蚕眠
碌碡		二眠	
布秧	布种	三眠	
淤荫	下壅	分箔	
拔秧		采桑	采桑
	攛田	大起	大起
插秧	插莳	捉绩	
一耘		上簇	上簇
二耘	耘田	炙箔	炙箔
三耘		下簇	
灌溉	车戽	择茧	
收刈	收割	窖茧	窖茧
登场		缫丝	缫丝
持穗	打稻	蚕蛾	蚕蛾
簸扬		祀谢	祀谢
砻	牵砻↓	络丝	络丝
舂碓	舂碓↑	经	经纬
筛		纬	经纬
入仓	上仓	织	织机
	田家乐	攀花	攀花
		剪帛	剪制

根据邝璠的叙述，他对楼璹《耕织图》进行的第二处改动是"系以吴歌"，即将楼璹作品中晦涩难懂的五言八句古体诗改成朗朗上口、流行于民间社会的竹枝词。尽管现今我们已看不到楼璹《耕织图》的原版图像，但他为每幅图所题写的五言八句诗却被撰成单行本保留了下来，其孙楼洪在为《耕织图诗》撰写的跋中说："诗亦如缺绘以尽其状，诗歌以尽其情。一时朝野传颂几遍……即以宣示后宫。"[①] 这里出现了一个有趣的分野，即文人士大夫群体如

---

① 曾枣庄，主编. 宋代序跋全编（七）[M]. 济南：齐鲁书社，2015：4774.

楼洪和翰林学士虞集等人，他们对《耕织图》的主要关注点在五言诗上，楼洪为该诗题写了跋，虞集为它题了序，附诗才是他们关注的焦点。根据虞集的叙述，南宋郡县所治大门口的墙壁上用作劝农的《耕织图》则仅有耕织图像，并没有与之相配的诗文①，大概是因为这些图像的目标受众是庶民百姓，他们之中的很多人并不具备识字能力，仅能看得懂其中饶有趣味的图像部分。由此可见，楼璹所撰的这些诗歌虽然在南宋时传诵于朝野，但是它的读者群体还是局限在士大夫阶层的内部，社会上普通大众对它鲜有接触。

竹枝词是一种最初起源于巴渝的民歌，它来源且传唱于民间社会，有"志土风而详习尚"的特点，故而与地域文化紧密相连。明代文学家徐渭对其有高度评价：

> 乐府盖取民俗之谣，正与古国风一类。今之南北东西虽殊方，而妇女儿童、耕夫舟子、塞曲征吟、市歌巷引、若所谓竹枝词，无不皆然。此真天机自动，触物发声，以启其下段欲写之情，默会亦自有妙处，决不可以意义说者……②

随着明代地方志编纂的兴盛，士人的风土意识逐渐增强，以描写地方风土人情为主的地方竹枝词也开始日趋繁荣。在这种风气的影响下，邝璠尝试将《耕织图》中的五言诗改为吴地传唱的竹枝词，这些竹枝词语言通俗，因而"其言亦易入"，颇受百姓的喜爱。例如，布种竹枝词中写道："初发秧芽未长成，撒来田里要均平。还愁鸟雀飞来吃，密密将灰盖一层。"邝璠用押韵的词语形象地将撒种的操作方法和技术要领表述得清晰明了，可以使农民快速领会。下壅竹枝词里写道："稻禾全靠粪浇根，豆饼河泥下得匀。要利还须着本做，多收还是本多人。"这首词既是我国历史上第一次出现豆饼作为稻田追肥的文字记载，体现了当时江南农业技术的新发展，且撰者又在后两句中提醒辖下百姓要舍得资本投入以获取丰收，兼具技术传播和劝课农桑的双重功效。

---

① 王应麟. 困学纪闻 [M]. 上海：上海古籍出版社，2015：459.
② 刘宗彬，编. 徐渭小品 [M]. 南昌：江西人民出版社，2010：56.

"农务女红图"中插入的竹枝词是传统竹枝词从描述风土转向农事的开创之作，为清代农事竹枝词的繁荣奠定了基础①。

虽然早在成书于南宋时期的《事林广记》"农桑类"部分就已附有耕织图像，但它仅是一幅题为"耕获图"②的耕织图像，撰者将播种与收获、村舍与农田、男耕与女织置于同一副图像之中，目的仅是为增加可读性以便获得更大销量，并没有文字资料与之搭配或对其进行解说，之后元代刊刻的《居家必用事类全集》和明初或中期刊刻的《多能鄙事》中都没有耕织图。《便民图纂》是第一部依照农桑活动的每个技术步骤与环节来绘制耕织图像和撰写竹枝词的日用类书，开启了明代后期日用类书"农桑门"中插入耕织图像的滥觞。现存《便民图纂》的诸版本中，藏于日本内阁文库的是弘治刻本的一个手抄本，其图像可能是誊写者所摹绘的，其线条较为简单，画质简陋；嘉靖本图像雕刻不精，人物造型拙劣漫漶，景物图像简略粗糙；唯有万历于永清刻本中的图像刻工精良、笔法流畅且线条细腻，是现存最好的版本。该版在每页图的中间都写有刻工的名字，参与图像刻印的刻工分别是傅汝光、李援、傅文献、曾中、李桢、曾□程、余贞和罗锜，都是当时北方地区的优秀刻工。郑振铎对万历本中的"农务女红图"给予高度的评价，他认为万历本的插图精致工丽而仪态万方，甚至可以称得上是整个万历时代最好的木刻画之一③。

第四节 《便民图纂》中农学知识的传播与影响

胡道静先生曾在上海图书馆发现一本题作《分门琐碎录》的抄本，断定其为南宋初年人的著作，认为它代表了南宋初年及其以前一段时间的农业科

---

① 孙杰. 竹枝词发展史 [M]. 上海：上海人民出版社，2014：163.

② 耕获图这种题材的耕织图出现很早，在中、晚唐的敦煌壁画中就有出现（图见王红谊主编. 中国古代耕织图（上册）[M]. 北京：红旗出版社，2009：46-47），其中最著名的是现藏于故宫博物院的相传为北宋画家杨威创作的《耕获图》。

③ 郑振铎. 西谛书话 [M]. 北京：生活·读书·新知三联书店，1983：502.

学发展水平，并对其在农学史上的地位作出了如下评价：

> 中世纪的我国农书，失传了不少。总结农业技术的文献，从东魏的《齐民要术》一跳，便到了元代初年的《农桑辑要》。我从残存的《永乐大典》里辑出《种艺必用》后，多出南宋末年的一个浮标。一九六〇年，日本发现了我国失传已久的唐末韩鄂著的《四时纂要》，算又矗出了上段的一个墩子。现在得到这本南宋初年编录的《分门琐碎录》，就像在中段打起一个桩子，形成了这样的一条线：《齐民要术》—《四时纂要》—《分门琐碎录》—《种艺必用》—《农桑辑要》。以下可接：《东鲁王氏农书》—《农桑衣食撮要》—《种树书》—《农政全书》。如是，由中古到近世我国农学发展的过程，就有较为充足的、相衔接的文献可供探究了。①

在这段话中，胡先生将从中古北魏时期的《齐民要术》到明代末年的《农政全书》这些具有代表性的古农书以时间的先后顺序做成一个衔接的农学技术文本传承线路。虽然他曾在给中华书局影印本《事林广记》题写的前言中高度称赞日用类书的作用，认为"民间类书编得较好，切于日用的，一定流传广泛、翻刻频繁。而翻刻之时，为了适应当前的需要，一定会增加一些新鲜的、合乎要求的东西进去，删掉一些失去时效、不切实际的东西"②。但他在这里忽略了《便民图纂》这部文献在传统农书系统的传承中所起的作用。《便民图纂》中的农学知识除了来自宋、元和明代前期的《陈旉农书》《农桑辑要》《农桑衣食撮要》《王祯农书》《田家五行》和《种树书》等代表性农书之外，还有一个来自日用类书的传统，其知识的条目化和通俗化主要得益于《事林广记》《居家必用事类全集》和《多能鄙事》等民间日用类书。除此之外，撰者邝璠还将很多先前没被记载的新知识纳入其中，这一点最明显地体现在水生植物的栽培方面。以传统农书或日用类书的视角来看，该书都有诸多创新之处，

① 胡道静. 胡道静文集·农史论集、古农书辑录 [M]. 上海：上海人民出版社，2011：238.
② 陈元靓. 事林广记 [M]. 北京：中华书局，1998：560.

作为一本农书来讲，它的知识涵盖范围广，其引用的农学知识大都是宋元以来新增的知识，且撰者对这些知识进行了简化和分类，以条目为纲，将每条技术的操作方法讲述得清楚明晰且简要浅显。作为一本日用类书，该书更加关注技术的可操作性，而不像先前的日用类书多附有一些介绍植物名实考证、文人骚客题辞赋诗等空虚而繁琐的东西，在知识的务实性上得到了进一步提升；且之前的日用类书大多是试图涵盖全国范围内的总体农业情况，其记载的农学知识繁多而杂乱，而《便民图纂》作为一本成书于江南吴县的地域性文献，其中涉及的农业情况均属于江南地区的地方性知识，在内容上就会有的放矢得多。

《便民图纂》中的农业知识不仅具有承袭前代农书与日用类书两个传统的优点，它自身同时也指导了后世许多农书与日用类书的编纂，在农业史上具有十分重要的作用。《便民图纂》中关于耕获和树艺的知识被《树艺篇》和《汝南圃史》等农书引用，其中成书于明万历年间的《树艺篇》中明确标明来自《便民图纂》"耕获类"的知识就有开垦荒田法、耕田法、治秧田、壅田、浸稻种、插稻秧、揚稻、耘稻、收种、牵砻、舂米、藏米、收麦、大豆、小豆、绿豆、赤豆、蚕豆、豌豆、白扁豆、刀豆等二十余条；引自《便民图纂》"树艺类"的有梅、桃、杏、李、杨梅、橘、梨、花红、栗、银杏、枇杷等果树条目和乌菘菜、夏菘菜、油菜、芥菜、芋等蔬菜条目。明代万历年间周文华所撰的《汝南圃史》中的李、梨、枇杷、杨梅、柰、枣、栗等果树作物，荷、芰、茨、荸荠、茨菰等水生植物，以及海棠、栀子、芙蓉、蔷薇、水仙等观赏性花卉的种莳方法都明确注明是从《便民图纂》中摘抄出来的。除了耕获与树艺部分的知识之外，《便民图纂》中的农业占候知识也获得了广泛的传播，周文华的《汝南圃史》卷之一《占候》中就对其进行过间接性引用，其农业占候类知识也被明清时期的四本重要月令类农书《月令广义占候》《月令萃编》《月日纪古》和《时节气候抄》引用。值得注意的是，《便民图纂》对《农政全书》的编纂也产生了极为深远的影响，据殷子在其《〈农政全书〉数字化研究》一文中所做的统计："《农政全书》共引用四十七则，其中'树艺'三十则，'牧养'十四则，'耕获'三则；而没有说明出自何书，则转引自《便民图纂》共

七十八则，另外两则存疑，其中耕获、树艺、牧养等类，都是叙述农事的。"[1]
以"树艺类"为例，《农政全书》卷之二十七《树艺·蓏部》、卷之二十八《树艺·蔬部》、卷之二十九《树艺·果部上》和卷之三十《树艺·果部下》中引用《便民图纂》的条目有冬瓜、茄、芋、莲、菱、乌芋（即荸荠）、慈姑（茨菰）、菰、蒜、葱、韭、油菜、菠菜、苋、甜菜、桃、李、梅、杏、梨、栗、柰、林檎、安石榴、樱桃、葡萄、银杏、枇杷、橘和金橘三十余条。以其中的蓏部作物为例，《农政全书》中所有水生植物的种法全系引自《便民图纂》，而这正是《便民图纂》原创性最强的部分之一。邝璠对如何给水生作物施肥、使用何种器具、怎样进行移栽等问题皆进行了开创性的技术阐述。但可惜的是，徐光启抑或后来编纂《农政全书》的陈子龙误将来自《便民图纂》的知识写成引自《王祯农书·农桑通诀》或者没注明出处，从而使后世学者严重低估了《便民图纂》对《农政全书》成书产生的影响。《农政全书》里蔬菜和水果的种植方法也有很多来自于《便民图纂》，虽然徐光启或陈子龙在该处对半数以上直接转引《便民图纂》的条目都标明了出处，但也有些知识是间接转引的，有些前面仅加上"又曰"或直接不作任何说明，甚至有些条目也被误写作"王祯曰"。更为夸张的是，有些本来明明是《便民图纂》中的条目，被徐光启抄录后，继而被整理其手稿的门生们冠以"玄扈先生曰"的名目，从而被视为徐光启的原创贡献，如：

> 【蔺草】玄扈先生曰：小暑后，斫起以备织蔺。留老根在田，壅培发苗。至九月间锄起，掔去老根，将苗去梢分栽，如插稻法，用河泥与粪培壅。清明谷雨时，复用粪或豆饼壅之，即耘草。立梅后，不可壅。若灰壅之，则生虫退色。
>
> 《农政全书》卷之四十《种植·杂种下》

> 【种蔺草】小暑后，斫起晒干以备织蔺。留老根在田，壅培发苗。至九月间锄起，掔去老根，将苗去梢分栽，如插稻法，用河泥与粪培

---

① 殷子.《农政全书》数字化研究 [D]. 南京：南京农业大学，2007：21.

壅。清明谷雨时,复用粪或豆饼壅之,即耘草。立梅后,不可壅。若灰壅之,则生虫退色。

《便民图纂》卷二《耕获类》

《农政全书》中同样类似的词条还有【灯草】。这样,《便民图纂》中关于蔬菜育秧移栽等新知识直接或间接地被汇入《农政全书》中,对后世产生了更为广泛的影响。在牧养知识方面,徐光启也借鉴了《便民图纂》中的多处记载,在该部分中,他将《便民图纂》简称为《便民图》,引用了其中的看马捷法、相马毛旋歌诀、相母牛法、栈羊法,以及关于马、羊、狗、猫、鹅、鸭、鱼等牲畜和水产养殖或祛病的诸种论述。例如,其中的看马捷法就是"头欲高峻。面欲瘦而少肉。眼下无肉多咬人。胸堂欲阔。肋骨过十二条者良。三山骨欲平,则易肥。四蹄欲注实,则能负重。腹下两边生逆毛到膁者良。"[1]这条知识注明来自《便民图纂》,实则是邝璠抄自元刊日用类书《居家必用事类全集》中的【王良看马捷法】;而据称来自《便民图纂》的【相马毛旋歌诀】实则是载于南宋日用类书《事林广记》中的【相毛旋歌】。《农政全书》中的相母牛法云:"毛白乳红者多子,乳踈而黑者无子。生犊时,子卧面相向者吉,相背者生子踈。一夜下粪三堆者,一年生一子;一夜下粪一堆者,三年生一子。"[2]这种依据母牛的外形和行为来判断其生子多少的相法其实也是《便民图纂》从《居家必用事类全集》中引用的。以上的几个例子说明通过对《便民图纂》的引用,徐光启的《农政全书》间接吸收了很多不载于传统农书的知识,而将日用类书中的农业知识引入其中,而徐光启将《农政全书》关于牲畜养殖的章节称作"牧养",正是日用类书知识传统渗入农书的一个最直观体现[3]。最后,来看农业占候知识,笔者在前文中业已提及,《便民图纂》中的

---

① 徐光启. 农政全书校注(中)[M]. 石声汉,校注;石定枎,订补. 北京:中华书局,2020:1497.

② 徐光启. 农政全书校注(中)[M]. 石声汉,校注;石定枎,订补. 北京:中华书局,2020:1509.

③ 日用类书将其中畜牧养殖的章节称作"牧养""牧养门"或"牧养类",从现存第一本日用类书《事林广记》来看就如此,是日用类书的一个专有传统;而传统农书则不这么称呼,如《齐民要术》直接称为养羊、养猪等,《王祯农书》称为"畜养篇",《农桑辑要》叫作"孳畜",显然《农政全书》的称呼明显受到日用类书的影响。

农业占候知识系编者邝璠在元代以降流行于吴地的《田家五行》的基础上删减而成的。他删除了其中的许多无效信息，使农业占候知识变得更加简练与条理化，而《农政全书》卷之十一《农事·占候》部分的月占类知识是徐光启在《便民图纂》的基础上进一步精炼而成的产物。徐氏对其中的若干内容进行了重新整合，如【正月】先是将《田家五行》卷下"气候类"中的"春寒多雨水"摘出作为正月部分的总论，然后叙述了上元日等特定日期的占候方法。将占候知识纳入农书中，也是日用类书的一个显著创新。邝璠将《田家五行》中的知识整合在他的书中是占候进入农书的一次创新性尝试，而《农政全书》中的占候知识正是徐光启对此传统的继承。总之，《便民图纂》是徐光启在撰写其农学著作时翻阅和利用最多的当代农书，其中蕴含的经过邝璠创造的农学新识及新式写作体例都为徐光启所继承，它对《农政全书》的贡献几乎可与《齐民要术》《王祯农书》并驾齐驱。所以可以说《便民图纂》上接宋元两代的农书和日用类书，下启《农政全书》，在中国古代农学史上起到了承上启下的作用，理应在农学史中占据更为重要的地位。

除了在农学文本方面所起的重要作用之外，《便民图纂》本身作为一本肩负劝课农桑责任的农书，其流传和刻印过程中也直接促进了许多地区农业的发展与技术的进步。它在明代弘治至万历年间至少被翻刻过六次，分别是邝璠吴县刻本（1494—1501）、曾政江西信丰刻本（1502）、嘉靖丁亥云南吕经刻本（1527）、嘉靖甲辰浔州（广西）刻本（1544）、嘉靖壬子贵州刻本（1552）、万历二十一年于永清（宣府镇）刻本（1593）。在这六次刊刻过程中，邝璠为吴县县令，编写这本书的目的本就是"用劝于民"；江西刻本的刻印者曾政是信丰县令，其翻刻这本书的目的也是"欲绣诸梓以为民便"；云南左布政使吕经从欧阳铎那里得到了一本《便民图纂》，觉得"滇国之于此书，尤不可缺"[①]，随即刊刻并散发给民众；其后的广西浔州知府属吏王贞吉也因为该书"揭图繁词，分门指事，皆日用之不可缺者"，且广西"荒裔，僻壤坟典，且少而谓

---

① 邝璠，编. 便民图纂 [M]. 北京：文物出版社，2018：6.

有是书乎"，所以"刻而布之，家传而人诵之"[1]；再后来贵州布政李涵亦是"顾（按：《便民图纂》）传播未广，虽缙绅有不及见者，况边方乎，况边方之小民乎"[2]，所以在贵州藩府的协助下重刻了此书；最后于永清刻本的刻印者为山东青城人于永清，为万历癸未（1583）进士，曾任乐亭知县、东阳知县、湖广道按察御史、巡按宣大御史、福建道监察御史等官职。他在刊刻《便民图纂》时撰写了一则序言，其中提到：

> 上谷、云中，壤接三辅，宸汉控胡，巍然西北重镇，于今称绝塞焉……余兹付剞劂，俾云、谷间家置一帙，寓家令意于《氾胜》《齐民》之说……虽然，是便民者也，非民所能自便者也。长民者衣食县官，受若值而戮民事，不几以谷耻乎？其务宣厥心力，以惠绥抚循若人。期会必审，毋夺时；征发有度，毋尽力；约束有章，毋烦令。故曰：表地掩亩，刺草殖谷，农夫庶众之事也。利齐百姓，使民不偷，将率之事也。农夫庶众之事，《图纂》既缠缠详之矣。将率之事，长人者其勖诸！

从这段文字叙述中可以看出，他刊刻此书的目的是为了治下的百姓，根据乾隆年间《宣化县志》的记载，于永清在万历二十年至二十一年（1592—1593）任此地巡按[3]，而《便民图纂》也正是刊刻于此时。于氏当时的官职为巡按宣大御史，其中的宣大即宣府镇、大同镇的合称，是明代九边重镇的两处。宣府在古时被称为上谷，而大同则被称作云中，为了发展二地的农业生产以充实北方边疆，于永清就刊刻了《便民图纂》用来劝课农桑，并希望云、谷二地百姓能"家置一帙"。明代中后期，地方官刊印劝农手册对很多地区的农业发展都起到重要作用，如万历年间袁黄刊刻的《宝坻劝农书》就在当时的宝坻县产生了不小影响，对农业生产起到一定的积极作用，使得当地水稻

---

① 邝璠，编. 便民图纂 [M]. 北京：文物出版社，2018：409-410.

② 谢东山，删正；张道，编集. （嘉靖）贵州通志 第二册 [M]. 张祥光，林建曾，王尧礼，点校. 贵阳：贵州人民出版社，2017：715.

③ 陈坦 .（乾隆）宣化县志 [M]. 卷18·秩官志 . 刻本 .1736（乾隆元年）：8a.

种植业有了一定程度的发展^①。官员李涵在贵州刻印了《便民图纂》之后，担心该书籍还是不会遍及普通百姓那里去，所以"又摘其要约，贴于城市乡村之空壁间，俾人人知此良法"^②。除了地方官的刊刻和推广外，《便民图纂》还为明清时期许多地区的地方志书所转载，如其中的棉花种植技术为《上海县志》《川沙厅志》《常德府志》《桃源县志》等所转引，农业占候知识为《太仓州志》《苏州府志》《长洲县志》《元和县志》等太湖流域的地方志所转载，这种知识转引也在一定程度上促进了当地农业生产的发展与技术之进步。最为重要的是，通过被建阳书肆的翻刻^③，《便民图纂》中的耕织图像、农学知识及其编纂体例被该地之后出版的各种日用类书效仿和征引。其知识汇入日用类书的"农桑门""时令门""天文门"甚至于"牧养门"中，被书肆翻刻后售往江南地区及福建地区的各地，在客观上促进了明清时期南方地区农业技术的进步。这一点正是笔者之所以花费如此多笔墨来着重考证与分析这本书成书过程及其农学内容的最重要原因。

① 杜新豪，曾雄生.《宝坻劝农书》与明代后期江南农学知识的北传 [J]. 农业考古，2014，126（6）：282-285.

② 谢东山，删正；张道，编集.（嘉靖）贵州通志 第二册 [M]. 张祥光，林建曾，王尧礼，点校. 贵阳：贵州人民出版社，2017：715.

③ 高儒，周弘祖. 百川书志 古今书刻 [M]. 上海：上海古籍出版社，2005：365.

第二章

耕布便览：日用类书中的
农桑知识研究

明代中后期编纂日用类书的书商及其雇佣文人经常在书籍的封面或导言中标榜其读者对象为"天下四民"，四民之中，农居其一，故而农桑知识本来就是日用类书中重要的一环。根据书商的描述，这些从其他书籍中被汇聚起来的各类知识就像堆满书案的美玉，读者可以根据需要信手拈来、随时翻检与利用，具体到农业方面来说，农业生产者通过阅读日用类书中的相关农业知识，可以达到"农以之耕，知天时亦知地利"[①]的效果。日用类书中的农业知识主要体现在其"农桑门"中，根据笔者的粗略统计，在现今可见的明代中后期刊刻的日用类书中至少有15部载有"农桑门"章节，其中除万历三十五年（1607）潭阳熊氏种德堂所刊的《新刊翰苑广记补订四民捷用学海群玉》中的"农桑门"只存目录，原文已经佚失外，其他14部日用类书中都保存有"农桑门"的完整篇章[②]。它们按照刊刻时间的大致先后顺序分别为：嘉靖四十二年（1563）范惟一刊本《多能鄙事》卷七"农圃类"，万历二十五年（1597）书林闽建云斋所刊的《新锲全补天下四民利用便观五车拔锦》卷二十八"农桑门"，万历二十七年（1599）余氏双峰堂刻本《新刻天下四民便览三台万用正

---

① 武纬子，补订. 新刊翰苑广记补订四民捷用学海群玉 [M]. 潭阳熊冲宇种德堂版，1607（明万历三十五年）：序言.

② 在万历四十二年潭邑书林对山熊氏刊本《新刻邺架新裁万宝全书》中，编者将含有农桑知识的章节称作"耕布门"，顾名思义，耕即耕作，布为纺织，与"农桑门"具有相同含义.

宗》卷三十八"农桑门"，万历书林馀献可刊本《新锲燕台校正天下通行文林聚宝万卷星罗》卷五"农桑门"，万历三十五年（1607）龙阳子辑《鼎镂崇文阁汇纂士民捷用分类学府全编》卷九"农桑门"，万历三十八年（1610）积善堂杨钦斋刊本《新刻全补士民备览便用文林汇锦万书渊海》卷二十五"农桑门"，万历四十年（1612）书林刘氏安正堂重刊本《新板增补天下便用文林妙锦万宝全书》卷三十"农桑门"，明刊本《鼎锲龙头一览学海不求人》中未署卷数的"农桑门"①，万历四十二年（1614）潭邑书林对山熊氏刊本《新刻邺架新裁万宝全书》卷二十八"耕布门"，万历年间刊刻《新刻增补士民备览万珠聚囊不求人》卷十七"农桑门"，万历年间书林詹林我刊刻的《新刻四民便览万书萃锦》卷二十八"农桑门"，万历末崇祯初书林三槐堂王泰源刊本《新刻艾先生天禄阁汇编採精便览万宝全书》卷二十二"农桑门"，崇祯戊辰（1628）存仁堂陈怀轩刻本《新刻眉公陈先生编纂诸书俗採万卷搜奇全书》卷九"农桑门"以及崇祯十四年（1641）刊本《新刻人瑞堂订补全书备考》卷五"农桑门"。（卷中内容等目录信息详见表2-1）

表2-1　　　　　明代中后期刊刻日用类书中所载"农桑门"情况

书名	卷数与卷名	目录内容	版本
《多能鄙事》	卷七"农圃类"	作园篱法、种水果法、种药物法、种竹木花果法	嘉靖四十二年范惟一刊本
《新锲全补天下四民利用便观五车拔锦》	卷二十八"农桑门"	（上栏）农桑本务（下栏）农桑撮要	万历二十五年书林闽建云斋刊本
《新刻天下四民便览三台万用正宗》	卷三十八"农桑门"	农桑便览、农事源流、蚕缫捷要、付耕犁篇、付耙劳篇、种植类	万历二十七年余氏双峰堂刻本
《新锲燕台校正天下通行文林聚宝万卷星罗》	卷五"农桑门"	（上栏）农桑本务（下栏）农桑撮要	万历书林馀献可刊本
《新刊翰苑广记补订四民捷用学海群玉》	卷二十"农桑"②	（上栏）农桑本务（下栏）农桑撮要	万历三十五年潭阳熊氏种德堂刊本

① 该书较为特别，其关于花卉、竹木类的种植方法被放在一个专门的章节，题作"新刻汇选四民便用诸书摘锦万家璇玑"。

② 此书阙第十五至第二十卷，故而"农桑"仅存目录。

（续表）

书名	卷数与卷名	目录内容	版本
《鼎锓崇文阁汇纂士民捷用分类学府全编》	卷九"农桑门"	（上栏）农桑本务俱备 （下栏）农桑撮要详备	万历三十五年潭阳余文台刊本
《新刻全补士民备览便用文林汇锦万书渊海》	卷二十五"农桑门"	耕种图词、蚕室宜忌、蚕桑图词、修治果树、农桑总说、耕获要诀、桑蚕要诀、种植花果	万历三十八年积善堂杨钦斋刊本
《新板增补天下便用文林妙锦万宝全书》	卷三十"农桑门"	农桑撮要、耕种图词、蚕桑图词、耕织总赋、农桑本务、耕获之类、桑蚕之类、树艺之类	万历四十年书林刘氏安正堂重刊本。
《鼎锓龙头一览学海不求人》	"农桑门"①	（上栏）新刻耕织便宜摘要 （下栏）耕织图②	明刊本③
《新刻邺架新裁万宝全书》	卷二十八"耕布门"	农桑撮要、耕种图词、蚕桑图词、耕织总赋、树艺之类	万历四十二年潭邑书林对山熊氏刊本
《新刻增补士民备览万珠聚囊不求人》	卷十七"农桑门"	及时耕获、农家本务、农桑图说、蚕桑撮要	万历年间书林与畊堂朱仁斋梓行
《新刻四民便览万书萃锦》	卷二十八"农桑门"	（上栏）农桑耕获、养蚕种植 （下栏）耕种蚕室、修治果树	万历年间书林詹林我刊刻
《新刻艾先生天禄阁汇编采精便览万宝全书》	卷二十二"农桑门"	（上栏）栽种诸物法 （下栏）农桑撮要	万历末崇祯初书林三槐堂王泰源梓
《新刻眉公陈先生编纂诸书侩採万卷搜奇全书》	"农桑门"第九卷	（上栏）耕种要诀、农桑本务 （下栏）人民耕获、蚕桑指要	崇祯戊辰存仁堂陈怀轩梓
《新刻人瑞堂订补全书备考》	卷五"农桑门"	（上栏）劝农歌诀、劝桑歌诀 （下栏）名公绘图、农桑捷览	崇祯十四年刊本

---

① 该版本未见目录页，内中未署卷数，仅在该卷首页下栏标注"农桑门"三字，但根据东京大学东洋文化研究所所藏版本的电子版来看，"农桑门"似乎为该书的第八卷。

② 该书上、下栏内容不均衡，下栏的最后五页中放置了上栏容纳不了的部分养蚕知识。

③ 因为《新刻邺架新裁万宝全书》中注明引用了《鼎锓龙头一览学海不求人》中的内容，故而后者成书时间应早于前者。

现存最早的日用类书是南宋末年由陈元靓编纂的《事林广记》，书中就已经有关于农桑知识的专门章节，被称为"农桑类"，但惜乎原书已佚，目前仅能看到它的几个元代翻刻本，由于它们是在宋本基础上进行的递修，所以翻刻者根据元代新撰的《农桑辑要》《王祯农书》等农书对其中的多处内容进行了增补。该章首先是一段名为"农桑本务"的文字，从总体上叙述了农业生产的重要性；继而是三幅耕织图像；再接着介绍了各种重要农作物的栽培各论及养蚕缫丝知识。此外，该书在"农桑类"之后还有"花果类"与"竹木类"两章来介绍花卉、果树和经济林木的种植技术。元代还有另外一本日用类书《居家必用事类全集》，该书以天干为纲分为甲至癸十集，"农桑类"在"戊集"中，主要包括种艺、种药、种菜、果木、花草、竹木这六类内容，其中有关大田作物的吉日或忌日（即种艺吉凶）占了很大篇幅，该章主要叙述了各种大田作物、药草、蔬菜、瓜果、竹木等栽培植物的耕作与栽培技术，在蚕桑方面则记载了栽桑与养蚕的各种具体方法。值得注意的是，在该书"种艺类"的开篇之中，有阴刻"唐太和先生王旻山居录"这十个字，其后的内容包括山居总论、作园篱法、种药类、种蔬菜、果木类、花卉类等。据曾雄生考证这可能就是已经失传的唐代农书《山居要术》中的部分内容，因为韩鄂在《四时纂要》中注明是引自《山居要术》的文字恰好也出现在该章节内 [1]。除上述农业知识以外，该书"戊集"的"农桑类"中还包括"文房适用""灯火备用"以及如何辨别金银、玉器、象牙等奢贵物品的"宝货辨疑"篇等无关农业生产的部分 [2]。

明代有一本名曰《多能鄙事》的日用类书，现存版本为嘉靖四十二年（1563）范惟一刊本。该书虽托伪是由明初的刘基所撰，但学者们多认为不可信，卷首有嘉靖十九年（1540）青田县儒学训导程法撰写的序，可以肯定其成书于 1540 年之前。该书的卷七名为"农圃类"，其内容多系抄袭《居家必用事类全集》，根据学者的考证，该书前七卷共载八百余知识条目，其中就有五百多条采自《居家必用事类全集》 [3]。该卷的农学内容为作园篱法、种水果

---

① 曾雄生. 中国农学史（修订本）[M]. 福州：福建人民出版社，2012：281.

② 熊宗立. 居家必用事类全集（全十卷）[M]. 北京：书目文献出版社，1986：119-129.

③ 南江.《居家必用事类全集》及《多能鄙事》中的有关部分 [J]. 中国食品，1984（9）：25.

法、种药物法、种蔬菜法、种竹木花果法以及有关畜牧兽医相关的牧养类等。与《居家必用事类全集》相比，该书变化最大的部分体现在水果与蔬菜篇中，撰者在水果类中增加了有关莲藕、菱角、芡实等南方水生植物的种植方法。日本学者篠田统猜测可能是因为《居家必用事类全集》为北方人所撰（他认为刘基是《多能鄙事》之作者），而刘基出生于浙江东南部的青田县，因为两书撰者所处的地理位置不同，所以他们笔下记载的蔬果品种自然也就有所不同①。该处发现颇为有趣，即由于《多能鄙事》一书多为对《居家必用事类全集》的抄袭，所以书中叙述的知识与内容大多还是反映元代而非明代的社会情境，仅仅因为该书是辗转到南方地区刻印的，所以撰者或书商针对其中的蔬菜与水果篇做了些许调整，以满足当地读者的需求，但毫无疑问该书还是与明代后期由建阳书坊所刻的日用类书在知识结构上有很大差异，仅仅是宋元日用类书向晚明建阳坊刻日用类书过渡的一个中间版本。

由于日用类书这类题材的书籍大多是摘取其他文献中的资料经汇编而成，所以我们可以按图索骥，将其与现存的其他文献中的资料进行对比与互校，很可能会发现已散佚的部分文献。例如，上文提及的前人在《居家必用事类全集》中发现了唐代农书《山居要术》的部分残篇，填补了从《齐民要术》到《四时纂要》之间的农学文献空白，使得中国古农学形成了一条比较完整的链条②。在万历二十七年（1599）余象斗撰刻的《新刻天下四民便览三台万用正宗》的卷三十八"农桑门"中，撰者抄录了一大段前代文献，将其命名为"木刻耕夫织妇赞"：

> 叙曰：神农氏斫木为耜，揉木为耒，耒耨之利，以教天下。盖取诸益，黄帝垂衣裳而天下治，盖取诸乾坤。是知千乘之城，非粟无以守；民之七十，非帛无以暖。故后稷配天社之享，蚕室有后妃之制，则耕桑为当世之先务，何可废也。耕于历山者，所以显重华之德；迁于歧伯者，所以表太王之美。千亩不敢废三推之耕也，郊庙不容废织

① 篠田统. 中国食物史研究 [M]. 高桂林, 薛来运, 等, 译. 北京: 中国商业出版社, 1987: 165.
② 曾雄生. 中国农学史（修订本）[M]. 福州: 福建人民出版社, 2012: 287.

室之政也。凡此者，皆以开衣食之原，备祀礼之具。若夫列五鼎者，食厩马以红粟，不知稼穑之艰；庇万间者，被厦屋以纹绣，不念蚕织之苦，奚足语力本之道以成三代皇治之美哉？我皇家洪遇哲王勃兴，文德诞敷，武功昭著，风雨调而五谷登，教化行而兆民泰。圣皇听政之暇，端居穆清，阅宫中之暇，立当代之制，晶莹五色黄屋非帝尧之心，播植五谷躬耕是禹稷之事。所以身率藉田，化民成俗，农桑是考，乃命有司，刻木为耕夫耦人，又为织妇蚕女之像，置之于紫宸殿。大矣哉，圣人劝农务本之意欤。语不云乎：上有好者，下必有甚焉者。风行草偃，疾如建瓴。将见豳风复盛，同颖入蚕之瑞，可翘首以待也。臣近因召对，获蒙宣示，特命临观，拜首称贺，职预司言，敢扬君善。铜雀应候，将观南亩之嘉祥；苍龙载降，愿纪东郊之盛礼。跪述。

赞曰：

> 良匠度木，物无遁形，匠出心计，形逐意生。
>
> 力争造化，色夺丹青，像披绿襫，列于彤庭。
>
> 仙蚕扶桑，徒有虚名，寒耕暑耨，上感皇情。
>
> 帝语影转，迟迟欲行，宫帘风度，礼礼有声。
>
> 吾皇觌之，信可经营，且理是念，侈心不萌。
>
> 乾行日健，日昭为明，其道周息，其德弥馨。
>
> 神农帝舜，我后连衡，直书史策，敢告后昆。

从该段文字撰者的口吻中可以看出，该文似是一位臣子撰写的歌颂皇帝重视农桑的吹捧奉承之作，赞扬帝王把农业生产置于重要的位置，而且还命人在紫宸殿中雕刻农夫和蚕妇的雕像，以示对农事活动的重视。遍检历代史籍文献，只有一则记录显示周世宗柴荣留心农事，曾在显德五年（958）命人"刻木为耕夫、蚕妇，置之殿庭"[①]，这两尊木刻像也被后世学者视作耕织图的最早之雏形。与该段文字相类似的记载在喻本元、喻本亨兄弟所撰的《元亨疗马

---

① 司马光. 资治通鉴（下）[M]. 萧放，等，点注. 北京：中国友谊出版公司，1993：1659.

集》中所附的《牛经大全》里也出现过，但喻氏兄弟之书最早的版本刻于明万历三十六年（1608），且其中的《牛经大全》部分极有可能是清代才被后人增添进书里的，而《新刻天下四民便览三台万用正宗》则镂板于万历二十七年（1599），其中的"我皇家洪遇哲王勃兴"被《牛经大全》的撰者改作"我国家抚安疆土"[①]，二者相较似乎前者在口吻上更接近周世宗时某位臣子所撰写的原文，这是日用类书中农学知识史料价值的另一处体现。

　　现存明代中后期13部日用类书的"农桑门"中，出版商为了节约版面以缩减印刷成本，一般将每页纸张分作上下两栏，两栏内容相补与照应。除《新刻天下四民便览三台万用正宗》与《人瑞堂订补全书备考》这两本以外，其他的11本日用类书皆为上栏是题作"农桑本务""农桑便览"或"耕布便览"的类似之篇章，主要包括耕获、蚕桑、花果、蔬菜、竹木等各色栽培植物的种植与树艺方法，下栏则多是被命名为"农桑撮要"的部分[②]，主要包括农桑耕织图以及每幅图像的正下方所附的农业竹枝词。《新刻天下四民便览三台万用正宗》"农桑门"中的知识则是另一种排列组合模式，书商将其分为上、下两栏的目的似乎仅仅是为了节约印刷成本的考虑。两栏之间在内容上没有任何的联系，上栏主要是蚕桑知识以及果蔬、花卉等诸类作物的种艺技术，下栏主要是对大田作物栽培的各种具体技术环节之概括，按照目录来看其内容包括木刻耕夫织妇赞、农事源流、蚕事源流、蚕缲捷要、井田篇、牛耕篇、农器篇、耕犁篇、耙劳篇、种植类、百谷篇、开垦篇、锄治篇、粪壤篇、灌溉篇与收获篇。《人瑞堂订补全书备考》中的"农桑门"部分虽然在书前目录页中明确标注分为上下两栏，上栏是"劝农歌诀"与"劝桑歌诀"，下栏为"名公绘图"和"农桑捷览"，但实际上翻开该部分看不出明显的分栏痕迹，因为它不像该书中其他章节那样有一道明显的分栏线。该章节的实际上栏是农业竹枝词，下栏为耕织图像，所以该书整篇的"农桑门"仅相当于于其他含有"农桑

---

　　① 宋教松, 注释. 相法牛经大全注释 [M]. 长沙: 湖南科学技术出版社, 1993: 10.

　　② 该部分在前面的目录里也有别的名字，但内容皆为耕织图，比如在《新刻眉公陈先生编纂诸书备採万卷搜奇全书》一书中，目录页显示该书"农桑门"下栏的节次为"人民耕获"与"蚕桑指要"，但是打开"农桑门"章节会发现其下栏名称依旧为"农桑撮要"。

门"章节日用类书中的耕织图词部分（即下栏）而已，而其他农学知识则阙如。根据书商的编纂体例与知识的分类，我们可以将明代中后期日用类书"农桑门"中的知识大致分为以水田农业为中心的农作物耕获知识、植桑养蚕知识、果树与花卉知识、蔬菜种植知识以及农业耕织图词这五种类型，其中农业耕织图词部分由于篇幅较大，我们将在下一章中对其进行专门研究。在本章中，我们将聚焦于日用类书"农桑门"上栏中的文本知识，即其中署名为"农桑本务""农桑便览"或"耕布便览"的篇章，分析其中所蕴含的具体农学知识，厘清其知识来源并探究它们所产生的影响。

第一节　以水田农业为中心的农作物耕获知识

明代中后期日用类书中农桑知识的开篇与核心是以稻作为中心的作物耕获知识。宋代之前，以黄河流域为中心的北方地区之农业生产活动在整个农业体系中占据着绝对主导地位，历代农业典籍中论述的也主要是北方地区的农业知识与技术，以至于直到晚明宋应星在撰写《天工开物》时还因为"五谷"概念中没有水稻而耿耿于怀，将其归咎于"著书圣贤起自西北"[①]。虽然南宋陈旉撰写的《农书》中专辟三卷来讨论南方地区的水田农业，重点阐述水稻育秧移栽与田间管理技术，但该书在当时的影响颇为有限。伴随着宋元的易代，农书撰写又回到了南北结合但偏重于北方的传统中，这种地域偏好趋势在元代编纂的三部农书中即可看出，水稻在《农桑辑要》中被放置在粟与麦之后，且其中的水田耕作知识都是对先前文献《氾胜之书》《齐民要术》与《四民月令》相关章节的全盘抄袭；《农桑衣食撮要》里涉及水稻的只有"犁秧田""浸稻种""插稻秧""壅田"和"耘稻"寥寥五条，对于水稻的收获过程只字未谈，而书中关于旱地作物粟的收藏和保存则有详细的技术指导性说明；尽管王祯在其《农桑通诀》中对南北方的水田与旱田皆有叙述，他本人

---

①　宋应星. 天工开物译注 [M]. 潘吉星，译注. 上海：上海古籍出版社，2016：6.

也对水稻赞不绝口，认为其"谷之美种，江淮以南，直彻海外，皆宜此稼"[①]，但在撰写《百谷谱》时，他还是将水稻放置于粟的后面。早期日用类书的编纂也遵循了类似的传统，《事林广记》的撰者及其在元代的增补者们皆没有谈到水稻的种植，而书中关于大麦、小麦、豆等其他旱地作物皆有专门的条目来叙述其种植方法，在元代《居家必用事类全集》和它的明代衍生品《多能鄙事》中仍是如此。弘治年间邝璠编纂《便民图纂》时这种偏重旱地农业的写作方式得到了改变，邝氏根据彼时江南地区的农业实际状况将水稻置于作物体系的绝对核心，详述了从秧田整理到收获储藏的水稻生产全过程[②]。明代中后期日用类书的生产刊刻绝大多数在福建建阳，其销售区域集中在以江南地区为核心的南方地区，水稻生产在这些地区的农业生产中占据主导性地位，所以日用类书的撰者在编纂"农桑门"的过程中，也仿效了邝璠的写法，将水稻置于粮食作物的首位，着重阐述水稻生产的整个技术过程，嗣后才顾及叙述有关其他旱地作物的栽培技术。

唐宋以降，随着以稻麦复种为代表的多熟制度在南方地区的快速发展，为了解决农业生产的季节矛盾，绝大部分稻田都开始通过育秧移栽的方法来进行栽培，种植水稻的第一个关键技术步骤便是整治秧田[③]。秧苗的好坏对于水稻生产有着至关重要的影响，陈旉对此有深刻认识，他认为"凡种植，先治其根苗以善其本，本不善而末善者鲜矣"，"根苗既善，徙植得宜，终必结实丰阜。若初根苗不善，方且萎悴微弱，譬孩孺胎病，气血枯瘠，困苦不暇，虽日加拯救，仅延喘息，欲其充实，盖亦难矣"[④]。若要培育良好的水稻秧苗，就需要在两方面进行努力。一是要悉心整治秧田，在前一年水稻收获之后，就要对农田里的庄稼残桩与枯枝败叶进行彻底清理，之后耕过一遍。这样做的目的是"待水冻过则土酥，来春易平且不生草"。来春再进行一次耕治，同

① 王祯. 农书译注 [M]. 缪启愉，缪桂龙，译注. 济南：齐鲁书社，2009：165.

② 这一点可能是受到楼璹《耕织图》的影响，因为楼氏将水田生产和栽桑养蚕视作传统农业的两大支柱性组成部分，用大致相似的篇幅通过图像对这两部分的技术过程展开叙述，而邝氏的贡献就是在承袭楼氏耕织图的基础上，将水稻生产的过程通过条目式的文字表达出来。

③ 游修龄，曾雄生. 中国稻作文化史 [M]. 上海：上海人民出版社，2010：250.

④ 陈旉. 陈旉农书校注 [M]. 万国鼎，校注. 北京：农业出版社，1965：45.

时用粪肥来给秧田施加底肥。在明代中后期，底肥被视作农业中最重要的肥料，马一龙在《农说》中将其称作"滋化源"，认为施底肥可以给土地滋源固本，从根本上保证地力的肥壮[①]。袁黄也认为"垫底之粪在土下，根得之而愈深……故善稼者皆于耕时下粪，种后不复下也"[②]，在给秧田施肥时根据土地的性质可以灵活施加河泥、麻豆饼或灰粪等各种不同类型之肥料。二是要选择性状优良的稻种，具体方法为"常岁别收，选好穗纯色者，晒干，拣去莨稗，筛簸净，用稻草包裹，每包二斗五升或三斗，高悬屋梁，以防鼠耗，每亩计谷一斗，然种必多留，以备阙用"。该技术是对先前农书中旱地作物留种与稻种储存两种技术的融合。《齐民要术》在谈论粟、黍、穄、梁等旱地作物收种方法时候倡导要"常岁岁别收，选好穗纯色者"[③]，即通过穗选法来选取性状稳定的良种，但贾思勰认为将选好的种子直接"刈刈高悬之"即可，因为北方干燥，但在卑湿多雨的南方，则需要对留好的种子做更进一步的技术操作。王祯建议将稻种"晒干，蒋藏，置高爽处"[④]，而日用类书中用稻草包裹和高悬屋梁即对这种技术的传承。难能可贵的是，书中以定量的方式规定了每包种子的重量和每亩地需要的稻种数量，与先前农书中所提及的有所不同。春季需要将选好的稻种进行浸种催芽，浸种的时节是"早稻清明前，晚稻谷雨前"，将用稻草包裹好的稻种直接投放到河水[⑤]中，等到稻芽长两三分之时拆开包裹将种子抖落在秧田中，两三日后再撒上稻草灰来覆盖秧田，可令其迅速生根。待稻苗生长到一定程度以后，就要移栽到大田中，《天工开物》记载"秧生三十日即拔起分栽"[⑥]。按照日用类书的记载，插秧时间在芒

① 马一龙. 农说 [M]. 北京: 中华书局, 1985: 7.

② 袁黄. 宝坻劝农书 [M]// 郑守森, 等, 校注. 宝坻劝农书·渠阳水利·山居琐言. 北京: 中国农业出版社, 2000: 28.

③ 贾思勰, 原著. 齐民要术校释 (第二版) [M]. 缪启愉, 校释. 北京: 中国农业出版社, 1998: 54.

④ 王祯. 农书译注 [M]. 缪启愉, 缪桂龙, 译注. 济南: 齐鲁书社, 2009: 55.

⑤ 这里的"河"可能指水塘，因为根据鲁明善在《农桑衣食撮要》中的记载，水稻浸种时"不用长流水，难得生芽"。

⑥ 宋应星. 天工开物译注 [M]. 潘吉星, 译注. 上海: 上海古籍出版社, 2016: 8.

种前后，这与《沈氏农书》中的"芒种前后插莳为上"[①]的时间节点基本类似，而且根据地势情况要有不同的插秧时间，即"低田宜早，以防水涝；高田宜迟，以防冷蛙"。插秧时把五六科稻苗作为一丛插入大田中，"六秧为一行"，即《农桑衣食撮要》里记载的"舒手只插六丛，却那一遍；再插六丛，再那一遍"[②]。行要直以利于耘荡等后续农事活动的开展，插秧的深度要浅，这样可以使稻苗易发。水稻在生长的过程中经常会受到杂草的侵袭，所以除草是水稻栽培中经常开展的活动。除草主要有两种方式，一是借助于农人身体的手或足来清除杂草的方法，即陶渊明所谓的"或植杖而耘耔"（图2-1）和陈旉所谓的"不问草之有无，必遍以手排摝，务必令稻根之傍液液然而后已"[③]。宋元时期一种新的耘田工具——耘荡被发明出来并迅速被用在江浙地区的农田中[④]，民间开启了手足和耘荡相结合的复合型耘田模式。《便民图纂》中首

图2-1　《天工开物》中的稻田足耘法（明崇祯十年涂绍煃刊本）

① 张履祥，辑补. 补农书校释（增订本）[M]. 陈恒力，校释；王达，参校、增订. 北京：农业出版社，1983：28.
② 鲁明善. 农桑衣食撮要 [M]. 王毓瑚，校注. 北京：农业出版社，1962：82.
③ 陈旉. 陈旉农书校注 [M]. 万国鼎，校注. 北京：农业出版社，1965：35.
④ 王祯提及耘荡在元代江浙间的农田里使用，推广范围十分有限，如成书于安徽寿县的《农桑衣食撮要》中"耘稻"条里耘田的方法还是"将乱草用脚踏入泥中"。

先提及耘田要以耘荡耘一次，再用手耘一次的方法，邝璠将前者称作"揚稻"，后者称作"耘稻"。在许多明代中后期的日用类书中，撰者把用耘荡耘田称作"护秧"，顾名思义，指在秧苗移栽后第一次对其进行中耕管理，具体操作方式为"俟秧初发时，用护杷于稞行中揚去稗草则易耘，搜松稻根则易旺易长也"。第二次耘稻是配合施肥与烤田来一并进行的，即先在大田内施加灰粪或麻、豆饼屑之类的肥料，然后用手拔除田中的稗草，近秋的时候，将田里的水放干，谓之"稿稻"，《沈氏农书》对此解释为"惟此一干，则根派深远，苗秆苍老，结秀成实，水旱不能为旱也"[1]，烤田后再灌溉一次，谓之"还水"，然后就可静俟水稻成熟。明代江南地区的早稻一般在寒露前收获，晚稻要等到霜降之后，日用类书中"割稻之图"所配的竹枝词的第一句皆为"光阴似箭冬又逢"[2]，很可能描绘的是晚稻收割的场景，也暗示了可与众多作物进行搭茬的晚稻似乎是当时江南稻作地区最主要的稻作品种。水稻收获的方式主要是用镰刀从接近稻根的地方来收割，再经过一段时间的晾晒之后，即可对其进行脱粒。水稻一般使用连枷作为脱粒之工具，日用类书耕织图"打稻"竹枝词中写的是"连枷拍箱稻铺场，打落将来风里扬"，但上栏的文字记载却与之相异，即"登场用稻床打下谷，晒干飏净，以土筑砻牵下，簸去糠粃，筛壳令净待春"。春米时使用的工具为碓或臼，春米可以选择于冬季春抑或来年春季春，因为冬季闲暇且劳动力充裕，所以农民多选择在此时进行春米。《四时纂要》正月篇的"杂事"中就有春米，作者解释其原因为"此月人闲"[3]，《沈氏农书》"逐月事宜"也将该农事活动[4]放在农历十一月和十二月的日程中。与农书撰者们的考量不同，日用类书的撰者主要根据米的损耗与成米质量来比较冬春和春春的区别，即"残年内春臼者谓之冬春，其米圆净；若来春则米谷发芽，甚是亏损碎烂"。整个稻作技术体系的最后一个步骤

---

① 陈坦.（乾隆）宣化县志 [M]. 卷 18. 秩官志 . 刻本 .1736（乾隆元年）：8a.

② 酒井忠夫，监修. 万书渊海（二）中国日用类书集成 7[M]. 坂出祥伸，小川阳一，编. 东京：汲古书院，2001：233.

③ 韩鄂. 四时纂要校释 [M]. 缪启愉，校释. 北京：农业出版社，1981：40.

④ 该书将春米称作"打米"。参见张履祥，辑补. 补农书校释（增订本）[M]. 陈恒力，校释；王达，参校、增订. 北京：农业出版社，1983：22，24.

是将舂好的精米储存起来，方法是用稻草围成粮仓并覆以稻草，目的是要防止舂好的精米因水分蒸发而产生的发热现象，尤其是糯米更容易发热，所以撰者建议要将米仓踏实，因为"踏实则不蛀、屏热"。

　　除水稻之外，南方地区也会有一定面积旱地作物的种植，特别是随着以稻麦二熟为代表的轮作、多熟制度的进一步推广与普及，旱地作物在南方地区农业中的作用变得愈发重要。南宋时陈旉在其以讲述江南稻作技术为主的《农书》里独辟一章，取名为"六种之宜篇"，根据曾雄生的考证，其中的"六种"即"陆种"之意，是对南方农业生产中与水稻相对应的旱地作物之统称[①]。陈旉在该篇中系统论述了麻、粟、油麻、豆、麦等旱地作物的栽培技术，晚明沈氏与张履祥的农书中也都详细记载了小麦和麻等旱地作物的种植方法，可见宋明时期旱地作物在南方农业中占有一席之地。明代中后期日用类书"农桑门"中共有"种大豆""种小豆""种绿豆""种豌豆""种蚕豆""种豇豆""种赤豆""种扁豆""种豆麦"[②]"种大麦""种小麦""收麦"与"藏麦"等十余种旱地作物的种植条目。我们姑且将它们大致分成豆类和麦类两种作物类型来分别进行解说。虽然这部分旱地作物栽培知识大都是沿袭自《便民图纂》，但日用类书的撰者们将它们的排列顺序进行了调整，从中亦能看出彼时旱地作物在种植规模与地位上所发生的一些变化。其中最为显著的是豆类作物被日用类书的撰者编排在除水稻之外的最重要位置，首先可能是因为在这个时期豆饼已经被视作一种重要的优质肥料广泛应用在农业生产中，《便民图纂》中便有水稻下壅时"豆饼河泥下得匀"[③]的竹枝词；晚明成书的《陶朱公致富书》"壅田"条目中也有使用麻饼、豆饼来壅水稻大田的技术，具体为"河泥灰粪为上，麻豆饼次之，先匀入田内，然后插秧"[④]；徐光启调查了晚明时诸多地区的施肥技术，发现"浙人用棉花饼，每亩用百片，约二百余

---

① 曾雄生. 六道、首种、六种考 [J]. 自然科学史研究，1994，13（4）：363-365.
② 此处为笔误，查阅《便民图纂》中对类似的耕作技术描述，豆麦应该指荞麦。
③ 邝璠. 便民图纂 [M]. 石声汉，康成懿，校注. 北京：农业出版社，1959：6.
④ 佚名. 陶朱公致富书 [M]. 聚文堂藏板，南京农业大学农史室藏本：2a.

斤。三吴用豆饼，每亩用七十斤，少则至四十斤。棉花用三四十斤"①，还有松江地区"粪稻，东乡用豆饼，西乡用麻饼"②，这些资料都显示了豆饼被视作一种珍贵的肥料而应用于江南的农业实践中；其次是豆类作物根部的根瘤菌具有固氮作用，可以缓解明代中后期江南地区的土地因持续连作而损耗的部分肥力，而且它有时自身也被作为一种优质绿肥作物，张履祥记载"以梅豆壅田，力最长而不损苗，每亩三斗，出米必倍"③；再次是豆类作物可以与水稻进行连作，根据宋应星的记载，江南地区有种名为高脚黄的大豆，"六月刈早稻方再种，九十月收获"，"凡已刈稻田，夏秋种绿豆"④，所以亦颇受当地农民之重视。日用类书中记载大豆的种植方法是将田地锄成行垄相间，然后在垄上挖穴下种，三、四月份下种。该处还记载了一种名为梅豆的大豆，它比普通大豆早熟，二月下种，四月便可食用⑤。张履祥记载当地盛产梅豆，"每遇豆熟，商贾来至，官私赖焉"，其种植的诀窍是"一曰留种宜燥，不可湿气蒸及湿气入器。一曰挑泥宜密，稻秆泥。一曰垦地宜早，冬至前后垦者泥松而虫冻死。一曰撒灰宜多，一曰刬削宜勤"⑥。小豆因可作为制作酱的原料而受到重视，豌豆的新鲜豆荚因可采摘售卖所以也比较受农人的青睐，豇豆可一年两熟以便于充分利用田地。蚕豆"八月初种，地尤不可肥"，根据张履祥的记载，它于次年四月即可成熟⑦。这样它便可以与晚稻进行连作，形成"春花—稻"的复种制度，从而有效利用有限面积的土地。扁豆即所

① 朱维铮，李天纲. 徐光启全集（五）[M]. 上海：上海古籍出版社，2010：442.

② 朱维铮，李天纲. 徐光启全集（五）[M]. 上海：上海古籍出版社，2010：444.

③ 张履祥，辑补. 补农书校释（增订本）[M]. 陈恒力，校释；王达，参校、增订. 北京：农业出版社，1983：111.

④ 宋应星. 天工开物译注 [M]. 潘吉星，译注. 上海：上海古籍出版社，2016：32-33.

⑤ 农史学界关于梅豆为何物有两种观点，一种观点认为梅豆是原产于吴兴、桐乡的一种优良作物，清初已经绝种；另一种观点认为梅豆即今天所说的大豆或绿豆的一个变种。通过日用类书中对梅豆的解释我们可以看到梅豆很可能是民间对一种早熟大豆的称呼，梁其姿先生在与笔者的通信中，认为梅豆是一种江南大豆。

⑥ 张履祥，辑补. 补农书校释（增订本）[M]. 陈恒力，校释；王达，参校、增订. 北京：农业出版社，1983：110-111.

⑦ 张履祥，辑补. 补农书校释（增订本）[M]. 陈恒力，校释；王达，参校、增订. 北京：农业出版社，1983：158.

谓的白扁豆，在江南地区被广泛种植，因其藤蔓能沿着篱笆等物体搭架生长，可以有效利用空间，且能晒干储藏以备"蔬之乏竭"，所以也备受农家重视。张履祥旅行到归安时，见当地居民"于水滨遍插柳条，下种白扁豆，绕柳条而上。秋冬斩伐柳条，可为栲栳之用"①，二者共生形成了良好的生态与经济效益。麦类作物因在秋天播种能与水稻搭茬形成稻麦二熟，且因其具有"播种以后则耘、籽诸勤苦皆属稻，麦惟施耨而已"和"凡麦妨患，抵稻三分之一。播种以后，雪、霜、晴、潦皆非所计"②两个相较于水稻的优点而在明代江南农业中也占有一席之地。荞麦于立秋前撒种，之后以灰粪盖之，而且生长期很短，不足两个月即可收获，但它生性怕冷遇霜冻即死，所以需要趁早进行播种。大麦与小麦都需要在早稻收割后，"将田锄成行垄，令四畔沟洫通水"，因为江南水田低下，须排干稻田里的积水才能种植春花作物。沈氏的书中提到"垦麦棱，惟干田最好。如烂田，须棱背干燥，方可沈种"③，其中"麦棱"即为种麦的田垄之意。麦类作物种植条目后还附有"收麦"与"藏麦"两个条目，撰者告诫其读者在收麦时行动要迅速，因为南方地区麦收季节最怕碰到梅雨。麦在成熟时期最怕雨水，所谓"尺麦怕寸水"，一遇雨水则"倒茎沾泥，则麦粒尽烂于地面也"④，所以要"麦黄熟时，趁天晴着紧收刈"。储存小麦的方法是在三伏天将小麦晒得极为干燥后放入铺上稻草灰的缸内，装完小麦后要再盖上一层稻草灰，这样可以使麦粒保存长久且不生蛀虫。

此外，日用类书的"农桑门"中还载有一些油料作物、纤维作物和其他经济作物的种植方法。这部分有"种油麻""种黄麻""种苎麻""种棉花""种红花""种靛""种席草"与"种灯草"，共计八个条目。油麻即芝麻，它在汉代自丝绸之路从西域传入中原地区，在明代农业中已经具有很高地位，宋应星甚至认为"今胡麻味美而功高，即以冠百谷不为过"，尽数其诸种作用与优

① 张履祥，辑补. 补农书校释（增订本）[M]. 陈恒力，校释；王达，参校、增订. 北京：农业出版社，1983：129.

② 宋应星. 天工开物译注 [M]. 潘吉星，译注. 上海：上海古籍出版社，2016：23, 26.

③ 张履祥，辑补. 补农书校释（增订本）[M]. 陈恒力，校释；王达，参校、增订. 北京：农业出版社，1983：39.

④ 宋应星. 天工开物译注 [M]. 潘吉星，译注. 上海：上海古籍出版社，2016：26.

点，如"胡麻数龠充肠，移时不馁。粔饵、饧饧得粘其粒，味高而品贵。其为油也，发得之而泽，腹得之而膏，腥膻得之而芳，毒癞得之而解"①，并大力劝说农民广莳芝麻，认为多种该作物对农家好处甚多。日用类书中芝麻的种植方法是"宜肥地种，三月为上时，每亩用子二升"，同时撰者对其种植日期与品质和出油率的关系也有所认识，认为"上半月种则荚多，白者油多"。黄麻即大麻（*Cannabis santiva* L.），是古代一种重要的纤维兼食用作物，因为其籽粒可以食用，曾被古人列为五谷之一，南北朝时还有吃麻粥的记载，但在后世一般被视作一种纤维作物②。黄麻是春播作物，需要在头一年的冬天完成田地垦殖工作，开春时进行垄作种植，"布叶后以水粪浇灌，浇时须阴天，恐叶焦死"，七月间便可收子。收子的方法是"麻布包之，悬挂"，以作来岁之需。苎麻也是一种重要的衣着原料，因为它比棉花更适合天气炎热的南方地区百姓的穿着，所以在明代中后期的南方地区仍有一定规模的种植。苎麻的繁殖可分为有性繁殖和无性繁殖两类，日用类书中记载的是一种通过分根来进行繁殖的无性繁殖法。在正月时移根分栽苎麻，每年收割三次，即所谓的五月的"头苎"、七月的"二苎"与九月的"三苎"，待到第三次砍完之后，就要"其根当留，以灰粪壅之"。棉花作为重要的衣着原料在明代被广泛种植，时人丘濬记载曰："至我国朝，其种乃遍布于天下，地无南北皆宜之，人无贫富皆赖之，其利视丝枲盖百倍焉。"③当时江南地区有许多著名的棉花纺织基地，有文曰："织造尚松江，浆染尚芜湖。"④种植棉花需要将种子浸水拌灰粪来催芽，待生芽后便将其种植在已经施好基肥的田地里。栽培棉花的诀窍是稀疏种植，所以日用类书编纂者建议"每一尺作一穴，种五六粒，待苗出时，密者芟去，止留旺者"。即使如这般做法，还是受到后世的批评，徐光启就对此评价道："云一尺作一穴者，太密，此迩来稠种少收之滥觞也。"⑤

① 宋应星. 天工开物译注 [M]. 潘吉星，译注. 上海：上海古籍出版社，2016：30.

② 万国鼎. 五谷史话 [M]. 北京：中华书局，1961：15.

③ 徐光启. 农政全书校注（中）[M]. 石声汉，校注；石定扶，订补. 北京：中华书局，2020：1239.

④ 宋应星. 天工开物译注 [M]. 潘吉星，译注. 上海：上海古籍出版社，2016：117.

⑤ 徐光启. 农政全书校注（中）[M]. 石声汉，校注；石定扶，订补. 北京：中华书局，2020：1233.

此外，棉花是一种无限花序植物，在生长过程中需要通过掐尖来遏制其向高生长，以便其更多的养分集中于棉桃，即所谓的"动天心"或者打心。对此日用类书撰者建议"时常掐去苗尖，勿令长太高"。红花与蓝靛皆为古代重要的染料作物，明代江南发达的纺织业催生出染色技术的进步，特别是明代中后期随着脱胶与练白技术的发展，用练白的熟丝可以染出鲜艳的浅色，故而丝制染色也更加繁荣①。日用类书中提及红花在冬季播种来年春天收获，可与早稻接茬复种，这比宋应星在《天工开物》里提到的春播法要先进。据说，由于冬播红花生长期变长，在产量和质量上会更胜一筹。红花开花后要"侵晨采摘"，因为"若日高露旰，其花即结闭成实，不可采矣"②。靛即蓝靛，早在北魏贾思勰的《齐民要术》中就有了对靛栽培技术的详细叙述。种植蓝靛具有良好的经济效益，贾思勰称："种蓝十亩，敌谷田一顷。能自染青者，其利又倍矣。"③ 种靛需要施用大量的肥料：在播种时要用灰粪来覆盖；分叶后以粪水浇灌；移栽后须再浇水粪；夏季五六月间还要"将粪水泼叶上约五六次"，即对其开展叶面施肥。

第二节　植桑与养蚕知识

早在北宋时期，江南地区的两浙路已是当时全国蚕桑丝织业最为发达的地区。南宋时，随着北方人口的大量南移和市场经济的刺激，栽桑养蚕在江南地区更是日趋繁荣。元代以降，虽然棉花的传入与推广在江南地区业已形成一定的规模，但蚕织业还是具有举足轻重的地位。随着人口的增多、耕地的不足以及租税的苛重，江南地区的农民多借助蚕桑业来"以副养农""以织助耕"。例如，万历末年湖州地区"地宜蚕，新丝妙天下"④，明末沈氏提及

① 李伯重. 江南的早期工业化（1550—1850）（修订版）[M]. 北京：中国人民大学出版社，2010：46.
② 宋应星. 天工开物译注 [M]. 潘吉星，译注. 上海：上海古籍出版社，2016：133.
③ 贾思勰，原著. 齐民要术校释（第二版）[M]. 缪启愉，校释. 北京：中国农业出版社，1998：374.
④ 朱国祯. 涌幢小品 [M]. 卷 2·农蚕. 刻本，1622（明天启二年）：34a.

归安当地农户"家家织纴",桐乡张履祥也提及"若吾乡女工,则以纺织木棉与养蚕作绵为主"①。由此可见,养蚕缫丝是当地农民家庭内部的重要活动。明代中后期日用类书中的蚕桑知识多被撰写在日用类书上栏"蚕桑类"中,主要包括桑树栽培管理和养蚕缫丝两个方面。

桑叶是蚕的口粮,桑树种植为养蚕业提供了基本物质保障。桑树种类繁多,主要可以分为荆桑和鲁桑两种形式,据称它们的性状很不相同,荆桑桑葚多、叶片尖薄;鲁桑桑葚少,叶片圆厚。同时,用它们喂蚕获得的蚕茧也不同,用荆桑喂蚕"得茧薄而丝少";蚕食鲁桑则"得茧厚而丝多",可见相较之下鲁桑的品质更胜一筹。栽桑主要有桑葚种植、压条与嫁接等几种方式,其中桑葚种植法是最为古老的方法,《齐民要术》里就已提及"桑葚熟时,收黑桑葚。即日以水淘取子,曬燥,仍畦种"②的育种培植法。通过育种培植的桑树苗需要进行移栽,日用类书中没有提及到移栽时节及植株大小,根据陈旉的记载,第一年通过种子繁殖的桑树"于次年正月上旬,乃徙植"③。至于移栽的季节,多部日用类书里皆写作"八月、正月皆可",疑八月为腊月的误写,只有《新刻全补士民备览便用文林汇锦万书渊海》中写道:"腊月、正月皆可种",因为"谚云:腊月栽桑桑不知",而《农桑衣食撮要》里也将栽桑放在十二月,并说"其桑加倍荣旺,胜于春栽"④,可作一例佐证。修桑和斫桑可使桑树养成良好的树型,从而提高桑叶之质量。修桑的具体方法为"削去枯枝及低小乱枝修⑤,根旁掘开,用粪土培壅,八月正月皆宜,若不修理,则叶生迟而薄"。斫桑活动一般在夏季五月间进行,不可留觜角,斫桑后为了让桑树迅速恢复生长,必须及时补充肥料,即"夏至开掘根下,用粪或蚕沙培壅"。沈氏将修剪后的施肥称作"谢桑",并说:"谢桑尤是要紧工夫,切不

① 张履祥,辑补. 补农书校释(增订本)[M]. 陈恒力,校释;王达,参校、增订. 北京:农业出版社,1983:151.

② 贾思勰,原著. 齐民要术校释(第二版)[M]. 缪启愉,校释. 北京:中国农业出版社,1998:317.

③ 陈旉. 陈旉农书校注[M]. 万国鼎,校注. 北京:农业出版社,1965:54.

④ 鲁明善. 农桑衣食撮要[M]. 王毓瑚,校注. 北京:农业出版社,1962:130.

⑤ 此处"修"字应为"条"字之误,参见《便民图纂》"修桑"条目。

可因循。"① 日用类书因遵循和承袭前代文献，没有将明代出现的修剪桑树的最新技术纳入其中，其实彼时江南地区的桑树修剪技术已经甚为高超。根据沈氏的记载，当地桑园里的桑树每年修剪四次，而且对修剪的器具有严格的要求，"桑锯，须买木匠生铁锯；桑剪，须在石门镇买"②。农民通过对桑树长期的精心修剪与塑形，使得桑树的枝干高度有了明显的下降，改变了之前摘桑叶需要借助桑几、桑梯等工具的做法。宋应星对此有过记载："欲叶便剪摘，则树至七、八尺即斩截当顶，叶则可婆婆可扳伐，不必乘梯缘木也。"③这种斫桑方法极大地方便了桑园的管理。日用类书中的"采桑之图"由于受到南宋楼璹耕织图绘画的影响，还描绘了男子踩着桑梯摘取桑叶的情景，这是日用类书撰者囿于依赖经典文本而导致知识陈旧的一处证据。但与此同时文本"摘桑"条中的知识则显得稍微与时俱进一些，在论述摘桑时，作者云："若树高耸者，用梯扶上采之"，并叮嘱读者"采尽当修斫培养"。由于不同品种的桑树具有各自不同的品质，所以对它们进行嫁接是获得优良桑树的一种有效途径。虽然荆桑所产的桑叶质量不好，但是因为它具有"根固而心实，能久远"的优点，所以桑农经常将荆桑作为砧木，而以鲁桑的枝条为接穗来进行嫁接，二者结合就能获得"久远而茂盛"的优良桑树。嫁接桑树有多种方法，成书于金元时期的农书《士农必用》就记载了插接、劈接、靥接和批接四种嫁接的方法。日用类书中记载的桑树嫁接时间是在春分前十日或前五日，更精准的确定嫁接时间的方法是"取其条眼衬青为时尤好，此不以地方远近皆可准也"，因为"接换之妙，惟在时之和融，收之审密，封系之固，拥包之厚"。合适的时机是嫁接成功的前提，而所谓的"条眼衬青"指桑树冬芽脱苞、树液开始流动之时，选择在此刻嫁接最为适宜④。

养蚕是江南农家重要的农事活动之一，亦是小农家庭生计的主要来源。

---

① 张履祥, 辑补. 补农书校释 (增订本) [M]. 陈恒力, 校释; 王达, 参校、增订. 北京: 农业出版社, 1983: 57.

② 张履祥, 辑补. 补农书校释 (增订本) [M]. 陈恒力, 校释; 王达, 参校、增订. 北京: 农业出版社, 1983: 49.

③ 宋应星. 天工开物译注 [M]. 潘吉星, 译注. 上海: 上海古籍出版社, 2016: 93.

④ 曾雄生. 中国农学史 (修订本) [M]. 福州: 福建人民出版社, 2012: 349.

南宋时湖州地区即有"富室育蚕有至数百箔"[①]的情景，陈旉笔下的湖中安吉亦是"彼中人唯藉蚕办生事。十口之家，养蚕十箔"[②]。元代江南地区的养蚕业虽然有短暂的回落，但迨至明代中期，植桑养蚕又恢复到之前的水平甚至还有所提升，如苏州府的桑树数量在洪武年间仅剩151 700株，弘治年间已增加到240 903株[③]，且明代中后期随着其他地区蚕桑业的衰落，以湖州、嘉兴为代表的蚕桑业反而得到更进一步的繁荣[④]。日用类书中的养蚕知识篇章可以分为两类：一是对从收蚕种到择茧、缫丝等一系列技术过程的分步骤叙述，这部分主要是受到《耕织图》中"织部"耕织图像与技术步骤的影响；二是参考和记录先前文献中对养蚕经验的系统性总结。这些经验散见于宋、金、元时代的各类农书中，经过元代大司农司《农桑辑要》的编纂而得到综合，是对古代养蚕知识的一种理论化尝试。养蚕的第一步是收蚕种，选择优质雄蛾与雌蛾的茧子，在出蛾后淘汰掉一些拳翅、秃眉等劣质的个体，只留下完全肥好的来进行繁殖，然后用厚纸来承接蚕卵。这种厚纸据宋应星的记载叫作"桑皮厚纸"，可以循环利用[⑤]。嗣后养蚕人对蚕纸上的蚕卵进行第二次筛选，"若生子如环及成堆者皆不可用"，剩下完好的蚕卵才被收起悬挂于阴凉处，以待来年之用。在腊月八日当天要用洗浴的方法来对蚕种进行消毒处理，浴蚕的物质是桑柴灰或稻草灰，草木灰属于碱性，用此种方法处理可以对蚕种进行消毒比金元时代用井水来浴蚕的方法更为先进。宋应星云"凡蚕用浴法，唯嘉、湖二郡"[⑥]，可见书中提及的浴连方法是少数江南地区的独特技术，颇为高超。修筑蚕室宜高旷、洁净和具有良好的通风条件，因为蚕生性喜暖恶湿，所以需要保持蚕室干爽，适时生火并悬挂门帘来保持室内的温度。等到蚕蚁出齐后，将桑叶切碎放在纸上并用蚕帘来覆盖着，这样蚕蚁就会自动爬

① 谈钥. 嘉泰吴兴志 [M]// 宋志英选编. 宋元方志经济资料丛刊 2. 北京：国家图书馆出版社, 2015: 265.

② 陈旉. 陈旉农书校注 [M]. 万国鼎, 校注. 北京：农业出版社, 1965: 55.

③ 转引自闵宗殿, 主编. 中国农业通史（明清卷）[M]. 北京：中国农业出版社, 2016: 273.

④ 中国农业科学院、南京农业大学中国农业遗产研究室太湖地区农业史研究课题组, 编著. 太湖地区农业史稿 [M]. 北京：农业出版社, 1990: 182.

⑤ 宋应星. 天工开物译注 [M]. 潘吉星, 译注. 上海：上海古籍出版社, 2016: 87.

⑥ 宋应星. 天工开物译注 [M]. 潘吉星, 译注. 上海：上海古籍出版社, 2016: 88.

到蚕帘上。喂蚕时要避免用带露水的湿叶、风干的焉叶以及浥臭的腐坏叶，食用这些桑叶会令蚕生病。这些养蚕技术基本与沈氏书中的要求相类似。下蚁后的第三天就要进行分蚁，即将蚕放在箔中以桑叶来喂养，等到蚕的身体变黄时便不再喂叶。此时便进入蚕的头眠期，蚕一共经过三眠就可成熟，这时蚕农就要将蚕捉到箔上，俗称"上簇"，即"薄布薪于箔上，撒蚕讫，又薄以薪覆之，布蚕宜稀"。这里没有提及上簇时的火烘法，但宋应星提及晚明江南的嘉湖地区在蚕上簇之时会在地上摆放炭火来吸引蚕吐丝，原因是"蚕恋火意，即时造茧，不复缘走"①。结好的蚕茧要迅速取下并放置在阴凉之处摊开，以防止出蛾，然后根据蚕茧的质量将其进行分类处理，"宜丝宜绵者各安置一处"。最后的技术环节是缲丝，即将蚕丝从蚕茧中抽出，操作方法是蚕农将蚕茧浸于热锅中，用手来进行抽丝活动，具体的诀窍就是"细、圆、匀、紧"。

我国古代蚕农在长期生产实践中积累了丰富的养蚕经验，这些经验性知识大概在金元时期被《士农必用》等农书的撰写者加以记载或概括而形成文字，通过文字这种载体在整个社会得到更进一步的传播。养蚕的十字经验是其中的典型代表，所谓"十字"指"十体""三光""八宜""三稀""五广"这十个字。"十体"引自成书于元初的《务本新书》，即"寒、热，饥、饱，稀、密，眠、起，紧、慢"。体字即体会、体验之意，指从养蚕人的经验出发对这五对矛盾关系之间度的把握，以"紧慢"为例，《农桑辑要》撰者解释道："谓饲时紧慢也。"②此即对喂蚕紧慢关系的判断，因为"饲顿数多则易老，少则迟老"，所以需要把握二者之间的度。"三光"出自《蚕经》，即"白光向食，青光厚饲，皮皱为饥，黄光以渐生食"。这是养蚕人通过观察蚕体的颜色变化来决定其饲养措施的一种方法，即在蚕体发白时要少喂桑叶，蚕体变青时要加大喂食力度，蚕体变黄则表示它们即将进入眠期，这时要适当减少饲料的投放。"八宜"来自于《韩氏直说》，即"方眠时宜暗，眠起后宜明，蚕小并向眠宜暖、宜暗，蚕大起时宜明、宜凉，向食时宜有风、宜加叶紧饲，新起时怕

① 宋应星. 天工开物译注 [M]. 潘吉星，译注. 上海：上海古籍出版社，2016: 96.
② 石声汉，校注. 农桑辑要校注 [M]. 西北农学院古农学研究室，整理. 北京：中华书局，2014: 145.

风、宜薄叶慢饲，蚕之所宜，不可不知"。这是对蚕在不同生长阶段饲养环境与饲养条件的总体概括。"三稀"和"五广"皆来自于《蚕经》，"三稀"指"下蚁、上箔、入簇"，即在将蚕放入蚕连、蚕箔和蚕簇三个容器时都要将蚕稀放，如簇蚕时"密则热，则蚕难成，丝亦难缫"；"五广"即"一人、二桑、三屋、四箔、五簇"，强调养蚕时人手、食料和各种设备要齐全与充裕，欲要成其事，先要利其器。除了经典的十字经验之外，日用类书中涉及养蚕经验总结的部分还有"论蚕性"与"杂忌"两个条目。"论蚕性"是对十字经验"十体"中的寒热二字进行的进一步解读，分析了蚕在各个生长阶段对气温的不同需求，"蚕之性子，在连宜极寒，成败宜极暖，停眠起宜温，大眠后宜凉，临老宜渐暖，入簇则宜极暖"。"杂忌"条则主要讲述了养蚕过程中的诸类禁忌事项，如"忌孝子、产妇不洁净人入蚕室，忌近臭秽，忌酒醋、五辛、膻鱼、麝香等物"等。沈氏在他的农书中对此也有类似的表述，认为蚕室"忌生人者，或带酒男子，或经行妇人"，并较为合理地解释了其原因，认为"浊气冲之，立能致变，岂神为祟乎？"[①]

第三节　花卉、果树与蔬菜的栽培知识

日用类书"农桑门"上栏中的第三类知识是各种花卉与水果的种艺方法，这部分被日用类书的撰者冠名为"种花果类"，主要包括梅、桃、杏、李、杨梅、橘、梨、花红、栗、桑葚、柿、金橘、银杏、枇杷、樱桃、石榴、葡萄、藕、菱、鸡头、荸荠、茨菰、西瓜、牡丹、芍药、木犀、海棠、山茶、栀子、瑞香、百合、罂粟、芙蓉、菊、蜀葵、金凤、鸡冠、萱草、水仙、蔷薇、菖蒲、椒、茶、棕榈、冬青、槐、杨柳、榆、松杉桧栢、竹，骟诸果树、修诸果树、治果木蠹虫、辟五果虫、止鸦食果、采果实法、摧花法、养花法、接花法、治麝香触花等条目。该部分农业知识大概可以划分成四类，一是各类果木的种植方法，

① 张履祥，辑补. 补农书校释（增订本）[M]. 陈恒力，校释；王达，参校、增订. 北京：农业出版社，1983：79.

包括上文中从梅到西瓜的部分，其中藕、菱、鸡头、荸荠、茨菰等水生植物的种植方法附在水果部分可能令许多读者觉得甚为奇怪，但在明代人的观念里，这些水生作物的果实也被叫作水果，很可能指水里生长出的果子之意，如《多能鄙事》农桑章节中"种水果法"篇下的二级条目即"种藕"与"种菱茭"①。西瓜在元初的《农桑辑要》中被划归到"瓜菜"类，在王祯的分类体系中也被视作"蓏属"，但作为一种甘甜多汁的水果，它与其他种类水果的关系显然要比与蔬菜的关系更为密切，所以也被日用类书撰者放入关于果的篇章中，大约在同时期周文华所撰的《汝南圃史》中，西瓜也被放入"水果部"，可见在明代中后期，西瓜已经不再被人们视作蔬菜而是水果的一种。二是各种花卉的栽培技艺与方法，包括上文中从牡丹到菖蒲的部分。三是诸种经济型林木的种植技术，包括目录中从椒到竹的部分；四是对诸类花果种植过程中一些通论性或关键性技术的单篇阐述。毕竟在明代中后期，随着商品经济的发展与城居人口的增长，人们对新鲜果蔬和花卉的需求量也随之增加，栽植这些园艺作物获利要远远大于种植大田作物。在这种情况下园艺产业得到迅速发展，冲破了自给自足或仅仅被视作"上以助百谷之缺，下以补诸物之遗"②的传统藩篱，成为当时农业中一个独立出来的且具有显著商品经济特征的门类。

　　果树在中国古代被称作"木奴"，人们认为"木奴千，无凶年"，是可以充饥和救荒的重要物资之一。江南地区的自然条件适合于各类品种果树的栽培，自古以来该地区果树种植就颇为知名。明代以来随着商品经济的进一步繁荣，这一地区的果树种植业在宋元的基础上又呈现出崭新的面貌。在元代农书《农桑辑要》和《王祯农书》中，梅与杏都被置于同一条目中讲述，对于梅的种植方法，两书也仅仅援引前代贾思勰的观点，称其"栽种，与桃李同"③，可见梅的地位较为低下。这部分是因为上述农书的论述重点偏重于北方地区。在我国南方地区，梅历来就是一种重要的调味品与水果，在太湖流域的

---

① 中国社会科学院历史研究所文化室. 明代通俗日用类书集刊（第三册）[M]. 重庆：西南师范大学出版社，2011：490.

② 王祯. 农书译注 [M]. 缪启愉，缪桂龙，译注. 济南：齐鲁书社，2009：156.

③ 石声汉，校注. 农桑辑要校注 [M]. 西北农学院古农学研究室，整理. 北京：中华书局，2014：191.

新石器时期遗址——崧泽遗址中人们就发现了梅核①。梅子可以被加工成乌梅、蜜饯等各色零食，深受人们喜爱。湖州的名产安吉乌梅，在明代中期就已颇有名气，所以日用类书的撰者皆将梅排在果树中的首位。梅的种植有果核繁育与大树移栽两种方法，果核育苗需"埋粪地"，如果将桃树作为砧木来嫁接梅，那么会使得结的梅子更加脆。明代的桃子种类繁多，有金桃、银桃、水蜜桃、灰桃、襄桃、杨桃、十月桃、胭脂桃等诸类品种，且因它的"桃仁、桃花、桃枭、桃叶、桃毛、桃蠹、桃胶皆入药"，所以颇受农人的重视②。桃树要以果核来培植，待树苗长到两三尺的时候带着泥土进行移栽，可用杏树或李树为砧木进行嫁接，以获得更优质的果实。杨梅是我国东南地区的特产果树，尤其以两浙地区所产的品质为最佳。王象晋在《群芳谱》中称"会稽产者为天下冠。吴中杨梅种类甚多"③，周文华也认为"洞庭所产尤多"，除摘食鲜果之外，还可以"宜醶以行远，其他蜜渍、矕收、火熏、糖浸，皆有法"④。杨梅大都在三月间用嫁接法来繁殖，所用的砧木皆为本砧，因而要在去年腊月时"开沟于根旁高处，离四五尺许，以灰粪壅之"。枇杷是我国南方重要的特产果树之一，明代洞庭东西山等地是当时枇杷的著名产区。枇杷的繁育方式与桃树一样需要以果核来培植，其苗在来年春天移栽，于三月间可进行嫁接。日用类书中并没有提及枇杷嫁接所用的砧木，极有可能是本砧。橘子为我国主要栽培果树之一，宋代韩彦直撰写的《橘录》是世界上第一部柑橘类专著。橘树在明代的江南地区分布甚广，周文华说："今橘柑出南中，闽、粤、吴、楚。在在有之，具载《图经》《谱录》。其种极多，兹不能尽述。"⑤橘树怕冷，冬季需搭棚来为其遮蔽风雪。橘树每年于摘果后需要及时浇粪来补充肥力，但绝不能用猪粪来施肥。橘树最易生虫，古人对其多有认识，如唐代杜甫与陆龟蒙等对橘的病虫害都有描述⑥，若看到枝干里有蛀屑流出，就要

① 程杰. 花卉瓜果蔬菜文史考论 [M]. 北京：商务印书馆，2018：411.
② 周文华. 汝南圃史 [M]. 赵广升，点校. 南京：凤凰出版社，2017：33–35.
③ 王象晋. 群芳谱诠释（增补订正）[M]. 伊钦恒，诠释. 北京：农业出版社，1985：102.
④ 周文华. 汝南圃史 [M]. 赵广升，点校. 南京：凤凰出版社，2017：45.
⑤ 周文华. 汝南圃史 [M]. 赵广升，点校. 南京：凤凰出版社，2017：58.
⑥ 曾雄生. 橘诗和橘史：北宋陈舜俞《山中咏橘长咏》研读 [J]. 九州学林，2012：157–159.

用铁钩将蛀虫钩出。最后来说一下西瓜，西瓜原产于非洲，最先传入我国的北方地区，大约在两宋时期又由北方传到南方，因其甘美多汁而颇受民间欢迎。元初农书《农桑辑要》的撰者将西瓜条目标注为新添，其种植方法仅写作"种同瓜法"[①]。明代南方已培育出诸种西瓜，仅据《姑苏志》之记载，就有"出吴县荐福山者曰荐福瓜，出昆山杨庄者曰杨庄瓜，圆明村者为圆明瓜"[②]等多个品种，其栽莳技术也比前代有了进一步的提高，具体为：清明时在肥沃的土地上掘坑来穴种，每坑内放四枚种子，待芽出后进行移栽，开花后掐去其余蔓上的花，只留一个，则瓜就会长得很大。因为果树具有极其重要的经济价值，所以果农对其也甚为重视与用心，他们在长期的种植经验中逐渐摸索总结出一些通用的技术，如《农桑辑要》里就有"诸果"和"接诸果"篇，讲述了历代农书中有关果树蠹虫的防治与果树的嫁接技术。在《农桑衣食撮要》中，撰者鲁明善以知识条目的形式讲解了"嫁树""移栽诸色果木树""骗诸色果木树""修诸色果木树""签诸色果木"以及"接诸般果木"等诸种通用性的果树种植技术。由于该书中的果树知识实用性强且具条理化，所以被日用类书的撰者们援引和摘录，他们在日用类书中引用了骗树、修树与嫁树部分的知识，并对其有所发展。如关于嫁树的方法，《农桑衣食撮要》中仅记载元月五更时用刀斧来敲打树身可以使果树结实的方法，而日用类书的撰者在该条目里进行补充道："十二月晦日夜同。若嫁李树，以石头安树丫中。"此外，日用类书的编纂者还在他们的书中新增添了"止鸦食果"与"采果实法"两条知识。

随着市场经济的逐渐繁荣以及文人雅士群体的壮大，花卉业在明代中后期有了较大程度的发展，形成了许多专业化之生产区域。文震亨在《长物志》中提到当地"第繁花杂木，宜以亩计"[③]，玫瑰"吴中有以亩计者，花时获利甚夥"[④]，茉莉开花之时，"千艘俱集虎丘，故花市初夏最盛"[⑤]，可见当时

① 石声汉，校注. 农桑辑要校注 [M]. 西北农学院古农学研究室，整理. 北京：中华书局，2014：171.

② 周文华. 汝南圃史 [M]. 赵广升，点校. 南京：凤凰出版社，2017：76.

③ 文震亨. 长物志 [M]. 李霞，王刚，编著. 南京：江苏凤凰文艺出版社，2015：42.

④ 文震亨. 长物志 [M]. 李霞，王刚，编著. 南京：江苏凤凰文艺出版社，2015：64.

⑤ 文震亨. 长物志 [M]. 李霞，王刚，编著. 南京：江苏凤凰文艺出版社，2015：82.

花卉产业之盛况。除了上述园圃之家种植花卉进行售卖外，当时的富贵人家也多广莳花草，如"吴中菊盛时，好事者家必取数百本，五色相间，高下次列，以供赏玩"①，这些因素共同造就了江南地区花卉种植业的空前盛况。牡丹被视作花中之王，宋代欧阳修在《洛阳牡丹记》中就记载有姚黄、魏花等著名的牡丹品种，还提及当时有一批专门为牡丹嫁接的工人，他们在嫁接牡丹时甚至开出"姚黄一接头直钱五千"的高昂价格。明时的牡丹种植之风虽略逊于宋代，但亦有一定的空间，据杨君谦在《吴邑志》中记载，当地"牡丹，人家亭馆多种，率粉红色，号玉楼春，接壤皆是"②。牡丹须在春分前后十日或春分日当天来进行移栽，栽后须用粪水频繁浇灌来进行施肥，若发现其茎上有虫孔，则须用大针点硫黄粉末来去除虫害。海棠亦是江南地区的一种重要花卉，宋时就已有种植记载，史称"出江南者，复称之曰南海棠，大抵相类，而花差小，色尤深耳"③。根据文震亨的描述，明代中后期的海棠已有西府海棠、贴④梗海棠、垂丝海棠与秋海棠等多个品种。日用类书中普遍提倡采用压条法来繁殖海棠，具体技术为"春间，攀其枝着地，土压之，自生根，二年凿断，二月移栽"，但周文华认为压条法并不是明代后期海棠繁殖的主要方式，时人大多还是采用分株繁殖法来培植⑤。菊花作为一种知名的观赏兼药用类植物而历来受到人们的关注。明代中后期的菊花种植业亦颇为兴盛，其流行度可以从当时菊花的诸类品种中侧面体现出来，如黄省曾《菊谱》中记载有菊花品种220多个，王象晋的《群芳谱》中记载更是多达270余种⑥。菊花种植技术亦颇为高超，高濂在《遵生八笺》中总结出种菊八法⑦。彼时富裕之家时常雇佣专门的花工和园丁来种植菊花，如在谈及菊的种植技术时，文震亨轻蔑地写道："此皆园丁所宜知，又非吾辈事也。"⑧菊花在当时社会受到重

① 文震亨. 长物志 [M]. 李霞，王刚，编著. 南京：江苏凤凰文艺出版社，2015：103.
② 周文华. 汝南圃史 [M]. 赵广升，点校. 南京：凤凰出版社，2017：88.
③ 陈思. 海棠谱 [M]. 北京：中华书局，1985：1–2.
④ 日用类书中将"贴"写作"铁"字.
⑤ 周文华. 汝南圃史 [M]. 赵广升，点校. 南京：凤凰出版社，2017：98.
⑥ 王象晋. 群芳谱诠释（增补订正）[M]. 伊钦恒，诠释. 北京：农业出版社，1985：262–275.
⑦ 彭世奖. 中国作物栽培简史 [M]. 北京：中国农业出版社，2012：263.
⑧ 文震亨. 长物志 [M]. 李霞，王刚，编著. 南京：江苏凤凰文艺出版社，2015：103.

视的另一个原因是它的药用价值，张履祥对其十分推崇，认为"甘菊性甘温，久服最有益"，建议农家"每地棱头种一、二枝，可以减茶叶之半"，并提及"若种之成亩，其利视种豆自倍。吾里不种棉花，亦有以此为业者"①。日用类书中菊花的种植方法主要包括清明前用分株法来分植，勤施加粪水来培壅，防止黄泥虫等害虫伤其嫩芽，以及剔除多余的腋芽和花蕾以保证花朵的大小等。百合作为一种药用植物而在历代农书、本草中皆有记载，张履祥就提及可以在桑园行间对其进行种植，并谈到该物在杭州附近的圹栖、临平等地种植甚多②。日用类书中百合的种艺技术与先前《四时纂要》《农桑辑要》等农书中记载的方法相差无几，基本是先分根以瓣的形式将其种植在田畦中，种植后要用鸡粪来进行施肥，与大蒜的种植方法甚为相似。当时的花农在售卖花卉时特别注意控制花卉的生长周期，因为在某些特定节日或祭祀时才需要用到大量鲜花，在此时销售获利较高，所以经营园圃之家要懂得如何通过人工干预来控制花开的时间。日用类书中记载的催花法是该类技术的典型代表，具体方法是用马粪浸水来浇灌花卉，因为马粪属于热性肥料，所以它能使得"当三四日开者，次日尽开"。将花卉折枝后放入瓷瓶中观赏的插花技艺在明代中后期的江南地区十分流行，当时社会上有《瓶史》《瓶花史》等多部著作来专门讨论瓶中花卉的保存技术。日用类书中所载的"养花法"即关于这一问题的叙述，撰者云将牡丹、芍药等花卉"先烧枝断处，镕蜡封之"，嗣后插入瓶中，便可延长观赏时间，保持花朵数日不萎。

　　除了花卉以外，日用类书"农桑门"中还记载了有关椒、茶、棕榈、冬青、槐、杨柳、榆、松、杉、桧、栢、竹等诸种林木的种植知识。书中出现的这些林木按其性质可大致分为经济型与用材型两大类。椒树是我国古代一种重要的经济林木，花椒是辣椒传入之前民间饮食调味的最重要原料之一③。历代

　　① 张履祥, 辑补. 补农书校释（增订本）[M]. 陈恒力, 校释; 王达, 参校、增订. 北京: 农业出版社, 1983: 122.

　　② 张履祥, 辑补. 补农书校释（增订本）[M]. 陈恒力, 校释; 王达, 参校、增订. 北京: 农业出版社, 1983: 124.

　　③ 根据前人的相关研究，辣椒大约在 15 世纪后期经过陆路和海路传入中国，最早被记录在明代高濂的《遵生八笺》中。本章中的日用类书有几部成书早于《遵生八笺》，此时辣椒尚未传入中国或者仅仅在某些地区被当作观赏性植物来种植，所以花椒在彼时的调味品中仍然占有最主要的地位。

农书对花椒的种植方法都有记载，但记载的详略程度可从一定程度上反映其地位的变化，《农桑辑要》的撰者将其划归到不甚重要的"药草"部，而在明代中后期，花椒被视作一种重要的调味品，周文华在其书中就曾提及"五六月摘青椒，入盐梅及酱瓜内，最有风味"①，所以日用类书的撰者在书中将椒树与茶树等经济林木并列，以凸显它的重要经济价值。花椒树通常以籽粒育种的方式来进行繁殖，移栽时要"用瓦屑、麻饼、粪灰欹斜种之"，三年之后即可结实。用材树木的种植也于民生日用颇为重要，即使在寸土无间的江南地区，人们也千方百计在房前屋后等空隙之地种植一些树木，以备建房、嫁妆以及售卖之需。张履祥记载的当地情况可反映这一现象，其文曰："吾里无山，土亦罕旷，然能于隙地水滨种植良材百株，三十年后，可得百金以外。"②囿于篇幅，此处不拟对日用类书中各种用材林木的种植方法与技术进行逐一解读。

日用类书"农桑门"中的第四类知识是关于各类蔬菜作物的种植方法。这部分被撰者冠以"种诸色蔬菜"之名，由于该部分篇幅较小且多是对前代文献的直接摘引，故笔者不拟赘述，仅辟一小节作简要之介绍。蔬菜历来是中国人的主要食物来源之一，在很早就有"菜不熟曰馑"的说法。明代中后期随着城镇化的迅速发展，江南某些地区的蔬菜种植已突破了自给自足的范围，出现了专门生产蔬菜以供城市居民之需的种菜业，如苏州府的吴江在弘治年间已是"居民皆业圃种蔬，远近取给，每晨钟初静，黄童白叟累累然数百担入城变易，皆土产也"③。日用类书中关于蔬菜种植部分的知识皆是编纂者们从《便民图纂》中抽取的。邝璠在《便民图纂》的"种诸色蔬菜"篇内共记载了 36 种蔬菜作物的种植方法，日用类书的编纂者皆从中选取一些切合庶民日用的部分抄入自己的书中，如《新锲全补天下四民利用便观五车拔锦》的撰者摘抄了其中一半种类蔬菜的种艺技术，而《新刻邺架新裁万宝全

① 周文华. 汝南圃史 [M]. 赵广升, 点校. 南京: 凤凰出版社, 2017: 169.

② 张履祥, 辑补. 补农书校释（增订本）[M]. 陈恒力, 校释；王达, 参校、增订. 北京: 农业出版社, 1983: 125.

③ 莫旦纂. （弘治）吴江志 [M]. 卷 2·市镇. 刊本, 1488（明弘治元年）: 12b.

书》中仅收录了7种常见蔬菜之栽培方法。从他们对不同蔬菜栽培知识摘抄的取舍之间我们可以在一定程度上窥见明代中后期栽培蔬菜种类在江南地区的消长之变化。第一是某些药用植物被从蔬菜类中淘汰出去，譬如紫苏、薄荷与山药；第二是莴苣、莴笋、王瓜、酱瓜、生瓜、葱、韭、蒜等蔬菜也被剔除出去，可能是因为这些蔬菜要么变得不再重要，要么是它们以在北方种植为主 [①]；第三是时人对"蔬菜"一词的概念有了更合理的认知，毕竟在中国古代"菜"字的含义是"草之可食者"，所以日用类书的撰者将豆芽这种以豆类作物为原材料而生产的食品排除出去。白菜是江南地区的主要蔬菜种类之一，因其具有耐寒特征而被古人比照松树将其称为"菘"，明代中后期江南地区有许多种类白菜的种植，如乌菘菜、夏菘菜与白菜。乌菘菜与白菜二者的区别在于植株大小不同，嘉靖《太平县志》里提到"菘，大曰白菜，小曰菘菜" [②]，此二类蔬菜皆于八月下种育苗，九月治畦分栽。夏菘菜根据其命名推测应该是一种于夏天生长的小白菜，它于五月上旬撒子播种，用粪水频频浇灌，密则芟之，不需要移栽。萝卜也是江南地区重要的蔬菜作物之一，张履祥将它从其他蔬菜中单独挑出，独辟一节专述它的种植方法。他认为萝卜"以供家用，固为便易，即卖亦得厚利"，他还将本地产的萝卜和太湖地区所产的在价格上相互比较，可见萝卜在当地是一种经济作物 [③]。萝卜这种蔬菜的优点是可以随时种植且生长期很短，"三月下种，四月可食；五月下种，六月可食；七月下种，八月可食"。萝卜的种植要点是土地要肥沃、浇水要频繁以及种植要稀疏。姜和茄子是南方两种主要的蔬菜，吃法甚多，在日常生活中不可或缺。姜"早采，剥白，醋食极鲜。或酱食，可接新。老姜和羹，能解腥气" [④]，茄子也是"作羹，或烧煮充素馔，或醃，或醋，或酱，或糟，或取小

① 以大蒜为例，罗桂环的研究认为北方民众喜食大蒜，而南方居民则认为它是热性食物而不愿多吃。参见罗桂环. 中国栽培植物源流考 [M]. 广东：广州人民出版社，2018：132.

② 曾才汉修. （嘉靖）太平县志 [M]. 叶良佩纂. 卷3·食货志. 明嘉靖刻本，1540（明嘉靖十九年）：5b.

③ 张履祥，辑补. 补农书校释（增订本）[M]. 陈恒力，校释；王达，参校，增订. 北京：农业出版社，1983：121.

④ 周文华. 汝南圃史 [M]. 赵广升，点校. 南京：凤凰出版社，2017：175.

者浸芥辣，食俱佳"①。另外，由于姜能够长时间保存，适宜于长途贩运售往他处，所以是一种优良的经济类作物。在明代中后期的江南地区流传着这样一句谚语——"养羊种姜，子利相当"②，可见其收入颇为丰厚。茄子的栽培方法是于二月份下种，三月间进行移栽，种植时要注意稀种并需时常施肥。姜在三月份种植，种后以蚕沙、腐草或灰粪来进行覆盖，夏天天热时要搭棚以遮蔽烈日，冬天要将其裹上糠秕放在地窖中来存种。芋是起源于我国南方地区的一种菜粮兼作的作物，含有较多淀粉，在荒年可以用来充饥救荒。明代黄省曾撰写《种芋法》一书详细记载芋的名称由来、食用宜忌与种植方法等。该作物需水较多，所以在幼苗发三、四叶后要择近水的肥沃土地来移栽，在管理时需要用河泥、灰粪或烂草等肥料来培壅。

第四节　"辑要""撮要"与明代中后期农学概念之转变

邝璠在吴县担任县令时，为了治下的劝课农桑事宜，在参考先前各类农书与日用类书的基础上，结合当地的农业生产实践，编纂了一本名曰《便民图纂》的农书。该书是以南方稻作水田农业体系为中心，且在植桑养蚕、果树种植、花卉栽培、蔬菜培壅以及饮食民俗等方面皆具有鲜明的江南特色。作为刊印于建阳与金陵且以江南地区为主要销售市场的日用类书来说，《便民图纂》中的农业知识为它们提供了极佳的范本，所以日用类书的编纂者们在编写"农桑门"时都会认真参考《便民图纂》中"耕获类""蚕桑类"和"树艺类"部分的农业知识，挑选出他们认为实用且畅销的一些知识放入"农桑门"中，但在谈及"农桑门"章节的知识来源时，编纂者们却对《便民图纂》只字不提，而是声称他们的农学知识来自于另一本农书：

① 周文华. 汝南圃史 [M]. 赵广升, 点校. 南京：凤凰出版社, 2017：170.
② 周文华. 汝南圃史 [M]. 赵广升, 点校. 南京：凤凰出版社, 2017：175.

古者井田之制，一夫受田百亩，以二亩半为宅，树墙下以桑，是以男耕女桑而衣食富足。孟子曰："五亩之宅，树之以桑，五十者可以衣帛矣；百亩之田，勿夺其时，八口之家可以无饥矣。"……大元诏立大司农司，不治他事，而专以劝课农桑为务，又虑夫田里之人未知播植之宜、蚕桑之节，于是颁行一书，名曰《农桑辑要》，使天下之民读其书而得其术，则用力寡而获利倍，诚斯民衣食之源也，今掇其要中之至要者列于左。^①

这种说法可被视作书商的一种销售伎俩，因为日用类书的编纂者多是籍籍无名的落第文人或下层士人，他们为了宣称自己所编纂书中知识的正统性或权威性，经常以托伪的形式声称其书为名人所撰。如《多能鄙事》被包装成明初的刘基所撰，晚明诸多本日用类书如《致富奇书》《新刻眉公陈先生编纂诸书俦採万卷搜奇全书》等皆被托伪到文学家陈继儒的名下，便是这种风气的一个体现。《农桑辑要》由元代初年专门负责劝课农桑的中央机构大司农司主持编写，并由孟祺、张文谦、畅师文等人编纂或修订。元朝廷曾"颁《农桑辑要》之书于民，俾民崇本抑末"^②，因而《农桑辑要》在民间社会影响甚大，在明代也被多次翻刻，《便民图纂》则相形见绌，仅为一名普通的县令所撰。从另一方面来说，"农桑总说""农桑本务"的这类开篇或传递的说法也是日用类书这类书籍本身的一个特色，《事林广记》的元刻本中就撰有该段言论。由于《农桑辑要》是元代日用类书编纂者能看到的最新版的权威性农书，载录了不少"新添"的农作物栽培知识，所以日用类书中的农学知识也大多来自于该书。时过境迁，虽然元代日用类书中"农桑类"中的具体农业知识因过于陈旧而无法被完全照抄到明代中后期新纂的日用类书中，但是这段置于开头彰显其知识权威性的话语被撰者们照搬了下来。

再退一步来说，即使元代刊刻的标榜着其知识来自《农桑辑要》的日用

---

① 这段文字为《鼎锓龙头一览学海不求人》"农桑门"上栏的开端文字，名曰"农桑总说"，在《天下便用文林妙锦万宝全书》中"农桑门"的开篇，也有类似一段文字，题曰"农桑本务"。

② 宋濂，等，撰. 元史 [M]. 北京：中华书局，1976：2354.

类书，其农学知识的实际来源也甚为庞杂。它们记载的某些知识来自于前代的日用类书，某些知识来自于《王祯农书》，某些关于种植吉凶的知识还可能来自于民间，而《农桑辑要》中的知识虽然也有一部分被抄入日用类书，但与具体的农学知识相比，它的编纂体例与方法对日用类书影响更大。虽然中国古代是男耕女织的社会，人们也很早就将稼穑与蚕桑视作传统农业的两个核心组成部分，如《汉书·艺文志》里就提及"农家者流"的主要任务是"播百谷，劝耕桑，以足衣食"①，但直到宋元时期人们才将"农桑"二字来广泛代指农业生产并第一次将其用于书名或篇章名中，所以宋代的《分门琐碎录》中出现了关于"农桑"为名的篇章，元代甚至出现了名为《农桑辑要》《农桑衣食撮要》的农书，而日用类书中的"农桑类"或"农桑门"的名称或许就是与此潮流相关。《农桑辑要》的特点之一即其知识的条理化，它是在编纂者"遍求古今所有农家之书，批阅参考，删其繁重，撷其切要"②的基础上编纂而成。四库馆臣称它"大致以《齐民要术》为蓝本，芟除其浮文琐事，而杂采他书以附益之，详而不芜，简而有要，于农家之中最为善本"③。《农桑衣食撮要》则在《农桑辑要》的基础上又做了两处重要的改变：一是在《农桑辑要》的基础上更进一步，删除农学知识的引用之文献来源，直接叙述其技术要点；二是以月令体裁为纲，仅选取与农家生活息息相关的部分，使"黄童白叟，日用不知，一览瞭然也"④。《农桑衣食撮要》仅关注农业知识部分，即所谓的"要"，对历代农书中长篇累牍的农本、典训等非农业知识的部分则阙而不录，这点对明代中后期日用类书的编纂具有深远的影响。宋元时期日用类书中农桑篇章的主要读者是读书的士人，这一点从相关书籍的编排目录中即可看出，如《居家必用事类全集》中的戊集明明名曰"农桑类"，却附以"文房适用""宝货辨疑"等读书人或士人阶层所关注的东西。这种情况也体现在

① 班固. 汉书 [M]. 颜师古, 注. 北京: 中华书局, 1962: 1743.

② 石声汉, 校注. 农桑辑要校注 [M]. 西北农学院古农学研究室, 整理.《农桑辑要》原序. 北京: 中华书局, 2014: 1.

③ 司农司. 四库全书·农家类·农桑辑要 [M]. 北京: 中国书店, 2018: 21.

④ 鲁明善. 农桑衣食撮要 [M]. 王毓瑚, 校注. 北京: 农业出版社, 1962: 17.

其知识的书写上，如在元刊《新编纂图增类群书类要事林广记》的"花果类"中，撰者在论及牡丹时就长篇引用欧阳修《洛阳牡丹记》中的相关内容，在论述芍药时就抄录刘攽的《芍药谱》，其诗学特性完全胜于农学。而明代中后期的日用类书中提及牡丹和芍药时仅仅记载其种植方法，这种简洁化的转变明显受到元代两部农桑书籍的影响，也体现了农学知识的转变以及背后目标读者的改变，即日用类书的受众从以"多识"为主要目标的博物性士人[①] 转变为农桑知识的关注者甚至是直接从业者。

　　虽然之前鲜有学者关注到"农桑门"中的农学知识，仅有的关注也只是对其中所载的农业类竹枝词进行简单解读，但一些关注日用类书中其他门类知识的学者在研究中也会提及农业知识。例如，学者王正华在研究晚明日用类书中"书画门"时就注意到晚明日用类书中的农学知识与前代日用类书中记载的有所不同，她据此认为这是当时日用类书中农业知识萎缩的一个标志：

> 晚明日用类书在"正统知识"上颇见削减，尤其是与儒教、幼蒙或农业有关的部分……传统的农业知识只剩农桑部分，删去花果、竹木、兽畜等，可见《事林广记》关照的是农业生活的整体，而晚明日用类书仅取基本，在所包括的知识范围中存其一格。[②]

其实这种依据知识篇幅之多少得出的直观看法是片面的，它忽略了南宋到明代中后期这段时期内"农业"一词在概念上所发生的变化。在中国古代特别是明代以前，"农业"或"农学"一词概念的外延相对比较狭窄，《汉书·食货志》里对农的定义是"辟土殖谷曰农"[③]，即从事谷物栽培才能被称作农；贾思勰在谈到《齐民要术》的写作范围时也曾提及该书"起自耕农，终于醯醢，资生之业，靡不毕书，号曰《齐民要术》。……舍本逐末，贤哲所非；日

---

① 元刊《新编纂图增类群书类要事林广记》的牌记中提到目标读者是"博物洽闻之士"。

② 王正华. 生活、知识与文化商品：晚明福建版"日用类书"与其书画门 [J]. "中央研究院"近代史研究所集刊, 2003, 41.

③ 班固. 汉书 [M]. 颜师古, 注. 北京：中华书局, 1962: 1118.

富岁贫，饥寒之渐，故商贾之事，阙而不录。花草之流，可以悦目，徒有春花，而无秋实，匹诸浮伪，盖不足存”①。虽然根据曾雄生、葛小寒等学者的研究，唐宋时期的“农学”一词的定义比前代有所扩大，在“播植种艺”的基础上逐渐将园艺、谱录、时令类书籍纳入进来②，但彼时很多士人如欧阳修还固执地认为“农家者流，衣食之本原也”，而农学著作仅被他们视作“树艺之学”③。在当时的历史情境之下，农业还是被狭义地视作种植农作物的行业，其他如果树栽培、花卉种植、畜牧兽医等门类都被压缩甚至直接被排除在外，所以宋代温革所撰的《分门琐碎录》一书虽被学者归为农书类，但其中的农业知识被撰者放置于农桑、种艺、禽兽、虫鱼、牧养、饮食等诸类不同之篇章中，而成书于南宋的《事林广记》中涉及农业的篇章也有“农桑类”“花果类”“竹木类”与“牧养类”四个部分。明代中后期，随着市民经济的蓬勃发展和农业商品化趋势的进一步加强，“农业”一词的概念有了很大的变化，先前被视作“徒有春花，而无秋实”的花卉种植都已形成了专门的行业，其获利也远超于种植粮食作物，所以这些在先前不被视作农业的部分都被自然划入到“农桑门”中。先前宋元日用类书中的“农桑类”在明代中后期日用类书中被称为“耕获类”与“蚕桑类”，“花果类”和“竹木类”被放入“树艺类”中，而“牧养类”在某些情况下被单列出来称作“牧养门”。从总体上来看，相较于宋元时期的日用类书，明代中后期日用类书中的农学知识非但没有萎缩，反而在内容上变得更为丰富，且知识更具条理化与技术性，或许在一定范围内真正能起到书商所谓的“农以之耕，知天时亦知地利”④之理想效果。

① 贾思勰，原著. 齐民要术校释（第二版）[M]. 缪启愉，校释. 北京：中国农业出版社，1998：19.

② 参见曾雄生. 中国农学史（修订本）[M]. 福州：福建人民出版社，2012：14-16；葛小寒. 南宋官私书目所见农学观念 [J]. 科学技术哲学研究，2017，34（3）：96-100.

③ 欧阳修. 欧阳修全集 [M]. 北京：中华书局，2001：1893.

④ 武纬子，补订. 新刊翰苑广记补订四民捷用学海群玉 [M]. 潭阳熊冲宇种德堂版，1607（明万历三十五年）：序言.

第三章

彰施日常：日用类书中的耕织图像研究

中国历史除了保存下浩若烟海的文字典籍外，还有难以计数的图像资料，从最初的各种洞穴岩画到碑刻、画像石、画像砖、壁画、古籍插图直至晚近时期的广告画、外销画与连环画，它们无不从另一个角度讲述或补充着历史的故事。在中国古代，图像一向被士人视作与文字等同的重要资料，唐代画家张彦远就认为图画能"成教化，助人伦，穷神变，测幽微，与六籍同功"，但另一方面，他又认为图像与文字记载相比还有其独特的优势，"记传所以叙其事，不能载其容；赋颂有以咏其美，不能备其象"，而图像却可以取得二者兼之的效果①。南宋学者郑樵对图像与文字的关系有更为经典的表述，他认为图像和文字同等重要，二者不可偏废，"图，经也；书，纬也，一经一纬，相错而成文。图，植物也；书，动物也，一动一植，相须而成变化"。如果只阅读文字而看不到图像，那么只能"闻其声不见其形"；如果只看到图像而看不到文字，那么就会"见其人不闻其语"。所以他建议学者在为学之时，须"置图于左，置书于右"，将图像与文字互相印证、互相搭配，才能更迅速理解所学之知识②。明初政治家、文学家宋濂也认为文字与图像都有着重要的作用，其中书的作用是"记载"，而画的作用是"彰施"，即文字的功能是将事情记

---

① 张彦远. 历代名画记 [M]. 周晓薇，校点. 沈阳：辽宁教育出版社，2001：1-2.
② 郑樵. 通志二十略 [M]. 北京：中华书局，1995：1825.

录下来，而绘画与图像的功能则是将事物鲜明地表现出来，这两者"其初一致也"①。

因为图像具有上述独特的重要性，所以历史学家很早就将其视作一种重要的史料来源，尤其是艺术史领域的学者更将其作为最重要的视觉研究资料，"以图证史"成为历史学的主要研究方法之一。例如，巫鸿就利用各类图像载体对中国古代艺术史做出了一系列开创性研究，把图像与物质文化、性别空间等联系了起来②；英国艺术史家柯律格（Craig Clunas）利用图像尤其是瓷器和漆器上的图像来解读明代的视觉文化③，他还通过对中国历史上画中画的解读，来探讨绘画作品与观看者之间的复杂关系④；加拿大历史学家卜正民通过明代画家绘制的一系列雪景图来解读当时处于小冰期笼罩之下逐渐变冷的气候及其对明王朝命运产生的影响⑤。科技史家在图像方面也着力颇多，如中国科学院自然科学史研究所在编纂属于中国人自己的科技史书系《中国科学技术史》之时，就专门设计撰写了一卷《图录卷》。该卷以历史时期的技术性图像为主体，同时附以极简的说明性文字，共将图像分为农学与生物学、医药学、天文学、数学、地学、物理学、化学、建筑、桥梁、纺织、矿冶、车辆、造船与航海、水利、造纸与印刷、度量衡、陶瓷与漆器、军事技术以及西学东渐19个门类，汇集了文物、古籍插图、漆器、瓷器、仿制品等物件上的大量插图，全面介绍了中国历史上的代表性科学技术及其大致的发展轮廓⑥。白馥兰等国外学者主编了一本名为《中国技术知识生产中的图像和文字：经与纬》的论文集，共收18篇论文，仔细讨论了图像在传统医学、农学、地图学、数学等学科方面对技术知识传播所起的作用，并对图像史研究的欧洲中心主

① 宋濂. 宋濂全集 第二册 [M]. 杭州：浙江古籍出版社，2012：683.

② 巫鸿. 武侯祠：中国古代画像艺术的思想性 [M]. 北京：生活·读书·新知三联书店，2015；巫鸿. 重屏：中国绘画中的媒材与再现 [M]. 上海：上海人民出版社，2017；巫鸿. 中国古代绘画中的女性空间 [M]. 北京：生活·读书·新知三联书店，2019.

③ 柯律格. 明代的图像与视觉性（第二版）[M]. 黄晓娟，译. 北京：北京大学出版社，2016.

④ 柯律格. 谁在看中国画 [M]. 梁霄，译. 桂林：广西师范大学出版社，2020.

⑤ 卜正民. 挣扎的帝国：元与明 [M]. 潘玮琳，译. 北京：中信出版社，2016：51-55.

⑥ 金秋鹏，主编. 中国科学技术史（图录卷）[M]. 北京：科学出版社，2008.

义提出质疑与挑战①。具体到农业史方向来说，图像史研究也颇为兴盛，相关研究成果主要可分为两类，一是利用画像石、画像砖、墓葬壁画、历代耕织图以及农业古籍中的插图来"以图证史"，重点是考证、甄别或解读某些文献所不载的或业已失传的农业技术。例如，周昕对中国古代农具史的研究就多赖于壁画和古籍中的相关插图②，他认为之前的史学研究往往只注重对文字的点校，而很少注意到对图谱的研究与考证，所以他广泛收集农业古籍、壁画、石刻、碑刻、工艺美术品中的农具图像，并依据图像资料对推镰、捃刀、辊轴、耒耜、秧马等传统农具进行勘误、界定与鉴别③。曾雄生根据《天工开物》中的耘田插图对传统农业中用脚来耘田的足耘法进行了详尽阐述，并以此对陶渊明《归去来兮辞》中的"或执杖而耘籽"句进行了解读④。史晓雷以《王祯农书》中的《农器图谱》为中心，对宋元时期的传统农具进行了详尽的考证与研究，并根据古代绘画、壁画、外销画中的图像来分析和解读历史时期的各式农具及其详细之技术构造⑤。在此类研究中，图像依然处于从属地位，它仅仅是文字记载的佐证，是农史研究的"边角料"或者"陪衬"，正如史氏一篇文章的标题所显示的那样，其研究图像的主要目的是"图像证史"⑥。第二类是对农业图像本身的研究，这部分研究的主体是历代所绘制与刊刻的耕织图，中国农业博物馆的王潮生在耕织图方面用力甚多。他认为"要进一步开展农

---

① Francesca Bray, Vera Dorofeeva-Lichtmann, Georges Metailie (eds.), Graphics and Text in the Production of Technical Knowledge in China: The Warp and the Weft [M]. Brill, 2007.

② 周昕. 农具史话 [M]. 北京：农业出版社，1980；周昕. 中国农具发展史 [M]. 济南：山东科学技术出版社，2005；周昕. 中国农具通史 [M]. 济南：山东科学技术出版社，2010.

③ 周昕. 中国农具史纲及图谱 [M]. 北京：中国建材工业出版社，1998：200-223.

④ 曾雄生.《天工开物》中水稻生产技术的调查研究 [J]. 农业考古，1987(3)：339-340；又见曾雄生. 中国农学史（修订本）[M]. 福州：福建人民出版社，2012：488-489.

⑤ 史晓雷. 王祯《农器图谱》新探 [D]. 北京：中国科学院研究生院，2010；史晓雷. 对山西屯留宋村金代墓葬壁画所绘农具的分析 [J]. 文物世界，2011，102(1)；史晓雷. 从古代绘画看我国的水磨技术 [J]. 中国国家博物馆馆刊，2011(6)；史晓雷. 山西太原居贤观明代壁画中的风扇车 [J]. 文物世界，2015，128(3)；邴姣姣，史晓雷. 维多利亚阿伯特博物院藏清代外销画《制丝图》研究 [J]. 广西民族大学学报（自然科学版），2016，22(1)；史晓雷. 东京国立博物馆藏我国两幅牛转翻车图研究 [J]. 农业考古，2016，148(6).

⑥ 史晓雷. 图像证史：运河上已消失的"翻坝"技术 [J]. 长沙理工大学学报（社会科学版），2012，27(4).

史研究，除充分利用文献典籍之外，还应当重视利用实物和图像，因为它们是我国历史上留真的不可或缺的重要资料"①，他收集了上迄战国的采桑纹铜壶、下至清代中的各种耕织图像，将其汇集成册出版，名曰《中国古代耕织图》。日本学界有十余位学者也在从事关于耕织图的研究，从早期的周藤吉之、田野元之助到后来的渡部武等②。渡部武是其中的佼佼者，早在1987年来华访学时，他就在江西社科院历史研究所等单位做了题为《历史研究中绘画资料的应用》的学术报告，结合自己对汉代画像资料中物质生活资料的研究，呼吁中国同行们在历史研究中应重视图像资料的价值③。此后，渡部武对宋代楼璹的耕织图及其后来的仿照品在中国及日本的流传过程做了详细追踪④，并详述了耕织图传到日本后对日本文化所产生的影响⑤。韩若兰（Roslyn L. Hammers）从艺术史的角度对耕织图进行了专业解读，详细梳理了宋元时期楼璹耕织图的诸种流传版本及其演变过程，并从耕织图中解读了统治者、官僚与农民之间的互利关系，继而又对清代皇帝们对耕织图的投资与赞助进行论述，认为其目的主要是巩固政治，宣扬统治的合法性⑥。近年来，王加华发表了一系列重要论文，从诞生背景、地域观念、时空表达、象征意义与图像功能等多个方面探讨耕织图的产生、发展、变化之过程及其存在的局限性⑦。

① 王潮生，主编. 中国古代耕织图 [M]. 北京：中国农业出版社，1995：229.

② 游修龄.《中国古代耕织图》序 [M]// 王潮生，主编. 中国古代耕织图. 北京：中国农业出版社，1995：2.

③ 渡部武. 历史研究中绘画资料的应用 [J]. 刘小燕，译. 农业考古，1987（2）.

④ 渡部武.《耕织图》流传考 [J]. 曹幸穗，译. 农业考古，1989（1）；渡部武.“探幽缩图"中的"耕织图"与高野山遍照尊院所藏"织图"：关于中国农书"耕织图"的流传及其影响（补遗之一）[J]. 吴十洲，译. 农业考古，1991（3）.

⑤ 渡部武.《耕织图》对日本文化的影响 [J]. 陈炳义，译. 中国科技史料，1993，14（2）.

⑥ Roslyn Lee Hammers. Pictures of Tilling and Weaving: Art, Labor, and Technology in Song and Yuan China[M]. Hong Kong: Hong Kong University Press, 2011. Roslyn Lee Hammers, The Imperial Patronage of Labor Genre Paintings in Eighteenth-Century China[M]. New York: Routledge, 2021.

⑦ 王加华. 技术传播的"幻象"：中国古代《耕织图》功能再探析 [J]. 中国社会经济史研究，2016（2）；王加华. 显与隐：中国古代耕织图的时空表达 [J]. 民族艺术，2016，131（4）；王加华. 观念、时势与个人心性：南宋楼璹《耕织图》的"诞生"[J]. 中原文化研究，2018，6（1）；王加华. 谁是正统：中国古代耕织图政治象征意义探析 [J]. 民俗研究，2018（1）；王加华. 教化与象征：中国古代耕织图意义探释 [J]. 文史哲，2018（3）；王加华. 处处是江南：中国古代耕织图中的地域意识与观念 [J]. 中国历史地理论丛，2019，34（3）.

虽然前人关于耕织图像已有诸多研究，亦取得了诸多进展，但限于时代背景及关注焦点的不同，前辈学者的研究有两点值得商榷与反思之处：一是他们的研究方法大多是遵循着"图像证史"的原则，试图从农事图像中找出更多的证据来证明文字所记载的某种农具或农业技术正确与否。在他们的研究中，图像大多被视作文字资料的"佐证"，成为历史研究的"插图"或"陪衬"，而且这种方法也有着先天的缺陷，图像具有多义性和模糊性，有时还具有相对保守性，这些特点决定它不能像文字一样随着时间的流动而快速变化。例如，南宋楼璹绘制的耕织图在元、明、清三代被统治者或官吏们多次重绘，但它们之间往往相互沿袭而少有变化，并不能反映农业技术随着时间的推移而发生变化的特征，仅仅是一副"停滞"的技术描绘画①。二是前辈学者研究的耕织图像多是流传于上层统治阶级或士大夫阶层内部的图像，如宋代楼璹的耕织图就曾被皇帝"宣示后宫"，成为王公子弟了解稼穑艰苦、体恤黎明百姓之教材，很少有学者将研究触角涉及到在民间社会流传的耕织图像。游修龄在给王潮生《中国古代耕织图》做序时就敏锐地注意到这一点，他写道：

> 耕织图作为一种文化现象，同民间流行的如刻印佛像、菩萨、小说（如《水浒》《金瓶梅》的插图），儿童学习用的《日记故事》（上图下文）的相互影响关系如何。因为自南宋楼璹《耕织图》以后，元、明、清继之，除了朝廷颁布的，还发展为民间自发的，如《便民图纂》的编纂缘起即鉴于楼璹的《耕织图》……看过农务女红图的人都会发现它的普及通俗性是超过楼璹《耕织图》和后来清朝康、雍、乾三朝颁发的《耕织图》的，因而在民间所起的影响也必然更大。耕织图到清代还发展为民间的年画，如天津杨柳青和苏州都有耕织图年画，这又从农业技术推广转化为如同戏曲、神话、风俗一样的文化现象。②

---

① 王加华. 技术传播的"幻象"：中国古代《耕织图》功能再探析 [J]. 中国社会经济史研究, 2016(2): 10−17.

② 游修龄.《中国古代耕织图》序 [M]// 王潮生, 主编. 中国古代耕织图. 北京: 中国农业出版社, 1995: 1.

其实游先生在列举楼璹《耕织图》的民间化过程之时遗漏掉了明代中后期这一时段。明代中后期，伴随着市民经济的繁荣和百姓识字率的提高，商业印刷业蓬勃兴盛起来，大量出版通俗性出版物的书肆林立，形成了当时书籍出版的一种风景。为了使得出版物的内容更加通俗以适应庶民百姓的需要，书商往往将图像加入其刊印的书籍中，以期获得更多读者的青睐，从而售出更多数量的图书，实现其销售利润。具体到农业方面来说，当时在书籍市场上流行的日用类书"农桑门"中就刻有诸多以农事为主题的图像，涉及水稻种植、养蚕缫丝以及种植果木等各类丰富的农事活动，虽偶有学人对此略有关注或注意，但惜至今无人对此做过专门性研究。日用类书中的这些农事图像是在南宋楼璹《耕织图》和明代中期邝璠《便民图纂·农务女红图》的基础上承袭而来的，是二者在明代中后期庶民社会中的普及性版本，研究这批图像对于了解当时民间的农业生产技术及其推广与普及过程皆有十分重要的意义。本章拟对明代中后期日用类书"农桑门"中所包含的耕织图像进行专门研究，厘清这些图像的文献与现实来源，解读其中蕴含的农事信息特别是农业生产技术，并对这些农事图像的功用及其读者群体进行一些初步的揣测和探讨。

第一节　明代以前中国农学文献中的插图

虽然至迟在战国时期的雕刻中已经出现以农事、耕织为题材的画像石与画像砖，秦汉时期的绘画中也出现了以耕织为题材的作品，至魏晋南北朝时这种情况变得更为普遍，在北宋宝元年间的宫廷里，宋仁宗也曾命人"图农家耕织于延春阁"[①]，以示其重视农桑稼穑和体察黎民百姓之艰辛，但这些事例中反映的都只是单独出现的耕织图像，并没有与之匹配的文字来对其进行解读，仅仅可对图中的信息进行纯粹观赏和初步的视觉性解读。迨至南宋这种情况才开始发生变化，当时的著名学者郑樵建议学者在为学时要"左图

---

① 王应麟. 困学纪闻 [M]. 上海：上海古籍出版社，2015：459.

右史"，图像与文字互相印证才能相得益彰[①]，在这种风气的影响下，耕织图与文字才有了结合的契机。当时任于潜县令的楼璹根据当地的农业生产实践，绘制了耕织图45幅，其中"耕部"主要描绘了水稻生产自浸种至入仓的21幅图画，"织部"临摹了养蚕缫丝工作自浴蚕到剪帛的24幅图像。楼图与以往耕织图像最大的区别之处是撰者为每幅图配诗一首，即"事为一图，系以五言诗一章，章八句，农桑之务，曲尽情状"[②]。这本《耕织图》在1153年（或1154年）被呈递给皇帝，根据楼璹孙子楼洪的记载，该图册引起朝野的巨大反响，"一时朝野传颂几遍，寻因荐入召对，进呈御览，大加嘉奖，即以宣示后宫"[③]。与此同时，楼璹所绘的耕织图像在民间亦得到了广泛传播，史称当时"郡县所治大门东西壁皆画《耕织图》，使民得而观之"[④]。这里出现了一个有趣的现象，即文人士大夫群体如楼璹之孙楼洪和大学士虞集等人在给《耕织图》题写序跋之时，他们的主要关注点在五言诗上，楼洪为该诗题写了跋，虞集为其题写了序，即《耕织图》中的文字载体才是他们关注的重点。而据虞集的叙述，宋代郡县所治大门口的墙壁上仅仅画的是耕织图像，并没有与之相配的诗文，大概因为这些图像是让庶民百姓欣赏的，他们之中的很多人不具备识字的能力，仅能看懂其中饶有趣味的图像部分。

元代农学家王祯在编纂《农书》时继承了楼璹这种图文结合来讲解农业技术的方法，在撰写完关于农业生产总论的《农桑通诀》与在写关于农作物、果、蔬、竹、木等作物栽培技术各论之前，他别出心裁地设计了中国古代记载农业生产工具最为详细的图录——《农器图谱》。该图录约占其《农书》全部篇幅的五分之四，附有插图200多幅。撰者将前代或当时农业生产中使用的农具分为田制、耒耜、钁臿、钱镈、铚艾、杷朳、蓑笠、蓧蒉、杵臼、仓廪、鼎釜、舟车、灌溉、利用、粱麦、蚕缫、蚕桑、织纴、纩絮、麻苎等20个门类加以介绍并——绘图展示。该图谱几乎搜罗了撰者在多年宦游南北

① 郑樵. 通志二十略 [M]. 北京：中华书局，1995：1825.

② 楼钥. 跋扬州伯父《耕织图》[M]// 曾枣庄，主编. 宋代序跋全编. 济南：齐鲁书社，2015：4573.

③ 楼洪.《耕织图诗》跋 [M]// 曾枣庄，主编. 宋代序跋全编. 济南：齐鲁书社，2015：4774.

④ 虞集. 题楼攻媿耕织图诗序 [M]// 王应麟. 困学纪闻. 上海：上海古籍出版社，2015：459.

的过程中所见到的一切农业生产工具。王祯借鉴了楼璹图文结合的做法，在每幅农器图像的旁边都注有详细的文字说明，介绍该农具的概念、来源、功用以及具体操作方法，但他在图文的搭配形式与契合程度上显然要比前代的楼氏更为专业。白馥兰对此评价道：

> 对于大多数结构复杂的器具，包括纺织设备和磨，文与图的互补程度足以使之成为具有可操作性的设计图，正确无误的说明足以让经验丰富的木匠依此制作一个可用的物件，它们是"技术原理的图解式表征"。①

与楼璹相似的地方是，王祯在很多农具的解说词后会附上诗歌。这些诗歌有些来自于前代名人的创作，如王安石、苏东坡、梅尧臣等，而更多首则是由王祯本人所撰写。例如，在介绍江浙一带新创制的耘田农具—耘荡之时，王祯对该农具的工作效率极为满意，认为其能"既胜耙锄，又代手足"②，所以"兹特图录，庶爱民者播为普法"③，并且还附上"愿将制度付国工，遍赐吾农资稼穑"的诗句，盼望这种先进农具能尽快推广到大元帝国的其他地区④。但《农器图谱》中所附的诗歌大多因过于注重文学辞藻和受诗歌题材的限制而忽视了相关农具所涉及的具体技术细节，且书中有些诗歌的篇幅甚至超过了正文中的技术解说词，所以徐光启在阅读该部分时讥笑王祯"诗学胜于农学"。

尽管存在着诸如绘图错误、构造展示不清晰与不便于仿制等方面的缺点与不足，但不可否认的是，王祯的《农器图谱》取得了巨大的成功。《四库全书》编纂者评价它"所载桔水诸器，尤切民用，而叙述古雅，引据博瞻，每图之末，附以铭赞诗赋，亦词采蔚然，盖《齐民要术》之亚也"⑤；徐光启在其

---

① 白馥兰. 技术、性别、历史：重新审视帝制中国的大转型 [M]. 吴秀杰，白岚玲，译. 南京：江苏人民出版社，2017：277.

② 王祯. 农书译注 [M]. 缪启愉，缪桂龙，译注. 济南：齐鲁书社，2009：480.

③ 王祯. 农书译注 [M]. 缪启愉，缪桂龙，译注. 济南：齐鲁书社，2009：481.

④ 王祯. 农书译注 [M]. 缪启愉，缪桂龙，译注. 济南：齐鲁书社，2009：482.

⑤ 永瑢，等. 四库全书简明目录 [M]. 上海：上海古籍出版社，1985：376.

《农政全书》中的卷二十一至卷二十四中分四卷篇章来介绍各种农业机械与器具，其中的农具图像完全抄袭自《农器图谱》；清代乾隆年间由南书房和武英殿的翰林们编纂的综合性大型农书《授时通考》里也临摹了几乎全部王祯书中所绘的农器图像。尤其值得注意的一点是，明代社会上颇具影响的类书《三才图会》中涉及耕织部分的图像也原封不动地抄袭了《农器图谱》中的内容。借由《三才图会》的巨大影响力，"（王祯的）这些图画进入到通行的传播渠道，成为日常用品如犁、锄和织机的符号化表征"[①]。

第二节　明代中期之前日用类书中的耕织图像

现存最早的日用类书是成书于南宋的《事林广记》，该书作者为福建崇安人陈元靓，陈氏同时还是另一部岁时节日类资料《岁时广记》的编纂者。彼时随着印刷业的兴盛，福建建阳等地区已是书肆林立，其中科举类用书的编纂甚为风行，史称"建阳书肆，方日辑月刊，时异而岁不同，以冀速售"[②]。在这种风气的带动下，福建的印书业甚为发达，时人称"福建本几遍天下"[③]，与此同时，其刊印的质量低下的麻沙本也为世人所诟病。类书中附载插图是《事林广记》的一个创举，其插图形式多样，有地图、谱表与人物插图等。《事林广记》原书已佚，现存诸版本皆为元明时期翻刻，以元至顺年间西园精舍刊本为例，书中涉及农业的章节有"农桑类""花果类"和"竹木类"，其中仅有"农桑类"中载有三幅插图，分别为井田图、耕获图和蚕织图，或许是因为其书名为《新编纂图增类群书类要事林广记》的缘故，该版本的《事林广记》比之前的版本增加了两幅图像。这三幅图中的井田图确凿为元刊本所增，它是根据成书于1300年前后的《王祯农书·农器图谱·田制门》中的"井田图"改绘而成，除了将其中的公田涂墨色以示与四周的私田相区

---

① 白馥兰. 技术、性别、历史：重新审视帝制中国的大转型 [M]. 吴秀杰, 白岚玲, 译. 南京：江苏人民出版社, 2017: 281.

② 岳珂. 愧郯录 [M]. 北京：中华书局, 2016: 123.

③ 叶梦得. 石林燕语 [M]. 上海：上海古籍出版社, 2012: 70.

别之外，撰者还在该示意图的下方绘制了一幅农民在井田中耕作的景象。另外的两幅耕获图与蚕织图则颇为有趣，它们不是从事单一农事活动的静止图像，而是动态图像，如耕获图描绘了农民从撒种到收获入仓的一系列农事活动的集合图，蚕织图是从采桑、养蚕直到缫丝的一系列的技术集合图像。这两幅图是对之前两种耕织图传统的融合：一是南宋之前的耕获图传统，现藏故宫博物院的北宋杨威所作的"耕获图"就是其中杰出的代表之一，该图的特点是将从耕种到收获的一系列热闹农事场面呈现在同一幅图像之中，彰显着技术的步骤性与连续性相结合的特点；第二个传统是楼璹为代表的绘制耕织图传统，即通过图式来描述每一阶段的农事活动。《事林广记》中的耕获图显然是将楼璹《耕织图·耕部》中的布秧、收刈、入仓三幅图融合在一张图中，又加上一副农民拿着锄头平整田地的图来代表播种之前的田地整理工作。而该书中的蚕织图则是将楼璹《耕织图·织部》中的采桑、分箔和织布三幅图像融为一体。与楼璹《耕织图》不同的一点是，楼图中正在采桑的是踩着桑梯和爬树摘取桑叶的男子，而蚕织图中采桑的主角则是个踩着桑几的女子，这是因为中国古代的桑树以乔木桑为主，植株较高，需要借助一定的辅助工具如桑梯、桑几才能顺利摘取[1]。值得注意的是，《事林广记》的插图与文字部分互相独立，它们之间并没有互补的关系，增添这三幅图的原因可能也仅仅是撰者为了适应当时庶民市场的视觉性需求，通过增加书籍的趣味性来吸引更大范围的读者群体，从而获取更大的出版利润。

元代的图书出版业亦颇兴盛，甚至有学者认为"元时书坊所刻之书，较之宋刻尤夥。盖世愈近则传本多，利愈厚则业者众，理固然也"[2]。由于元代前期政府不行科举制，所以在宋代书肆最为走俏的儒家经典类的书籍反而没有了市场，导致当时图书市场上"无经史大部及诸子善本，惟医术及帖括经义浅陋之书传刻最多"[3]。这就为日用类书等通俗实用类别书籍的出版提供了良好的契机，如南宋时编纂的《事林广记》在元代被迅速纂图、新编并大量

① 陈桂权.《耕织图》中的"男子采桑"[J]. 文史知识，2013（9）：81-84.

② 叶德辉. 书林清话 [M]. 北京：华文出版社，2012：106.

③ 叶德辉. 书林清话 [M]. 北京：华文出版社，2012：114.

出售,该书现存的元刊本就有三种。元代还刊行过另一本颇有影响力但未署撰者姓名的通俗性日用类书,名曰《居家必用事类全集》。该书依据中国传统历法中的天干将全书分作十集,其中有关农业的内容主要集中在戊集,主要介绍了各种农桑生产的技术,具体包括种艺、种药、种菜、果木、花草、竹木等六项内容,但该书中并没附有任何耕织图像。明代前中期出现过一本托伪为刘基所撰的《多能鄙事》,该书因"凡饮食、器用、方药、农圃、牧养、阴阳占卜之法无不备载,颇适于用"[①],故而深受民众的欢迎。《多能鄙事》共分12卷,其中卷七为"农圃类",主要内容为种水果法、种竹木花果法、种药法;另有讲述畜牧兽医知识的牧养类,主要记载养马、养牛、养羊、养猪、养鸡、养犬和养鱼的方法与技术。但可惜的是,该书大量抄袭《居家必用事类全集》,在农圃部分也没有任何耕织图像,日用类书中插入耕织图的传统似乎面临着即将断层的危机,这种情况直到明代弘治年间才在邝璠手中得到改变。

笔者在本书第一章中业已提及,明代弘治年间邝璠在吴县担任县令时为了治下的劝课农桑事宜,撰写了一本名为《便民图纂》的书籍。该书以农耕图与女红图作为开篇,弘治本与嘉靖本皆作两卷,卷一为"农务之图",卷二为"女红之图",万历于永清刊本将二者汇成一卷,称为"农务女红图"。"农务之图"共计15幅[②],分别为浸种、耕田、耖田、布种、下壅、插莳、擂田、耘田、车戽、收割、打稻、牵砻、舂碓、上仓和田家乐,描绘了水稻从浸种到收获再到入仓廪的整个生产和加工储藏过程;"女红之图"共为16幅,即下蚕、喂蚕、蚕眠、採桑、大起、上簇、炙箔、窖茧、缫丝、蚕蛾、祀谢、络丝、经纬、织机、攀花与剪制,描绘了从养蚕、缫丝再到织成衣服的全部过程。邝璠在"农务女红图"前撰写了一段名曰"题农务女红之图"的话:"宋楼璹旧制《耕织图》,大抵与吴俗少异,其为诗又非愚夫愚妇之所易晓。因更易数事,系以吴歌,其事既易知,其言亦易入。用勤于民则从厥攸好,容有所感发而兴起焉者。"从中我们可以看出该图是以南宋楼璹的《耕织图》为蓝本并

---

① 永瑢,等. 四库全书总目 [M]. 北京: 中华书局, 1965: 1113.
② 弘治本中的"农务之图"为16幅,后来的嘉靖本和万历本将"耙田"图删去,留下15幅。

在其基础上所绘制的图像。邝氏首先对楼氏耕织图中绘制的与当地农业实际不一致的地方进行了修改，如剔除了在当时水田农业实践中已不常用到的碌碡，增加了宋元以来发明的用于中耕除草的耘荡；邝氏在"攩田篇"中附有一首竹枝词，曰"草在田中没要留，稻根须用攩扒搜。攩过两遭耘又到，农夫气力最难偷"，正是对这种流行于江浙间重要农具的直观描述。其次，因为楼璹所撰的五言诗诘屈聱牙、晦涩难懂，所以邝氏将其改成通俗易懂的当地民歌。一方面邝氏把楼氏诗的以官员为中心改为了以农民为中心，这样就更容易获得农民的共鸣，以取得更好的劝农效果。例如，在"耕"诗中，楼璹写道："东皋一犁雨，布谷初催耕。绿野暗春晓，乌犍苦肩赪。我衔劝农字，杖策东郊行。永怀历山下，法事关圣情。"[①]该诗的主角是手持劝农文书的劝农官，而邝璠则不然，他为"耕田"图配的竹枝词是如此下笔的："翻耕须是力勤劳，才听鸡啼便出郊。耙得了时还要耖，工程限定在明朝。"该诗体现了农民的视角，将农民对农活的积极性刻画得跃然纸上。另一方面，邝璠的诗词将展现技术的操作性视作一个重要因素，而楼璹的诗词大部分是为艺术创作而作，如在"浸种"环节，楼诗曰："溪头夜雨足，门外春水生。筠篮浸浅碧，嘉谷抽新萌。西畴将有事，耒耜随晨兴。只鸡祭句芒，再拜祈秋成。"[②]该诗的重点是对具体村落景物的描写，而邝诗则写道："三月清明浸种天，去年包裹到今年。日浸夜收常看管，只等芽长撒下田。"该诗词清晰地突出了农民浸稻种应掌握的若干技术要点：①留种的稻种要以稻草包裹着来储藏；②浸种的具体时间是在清明节前后；③浸种时要日浸夜收；④伺稻谷发芽到特定长度后就要将其迅速播种到秧田中。概而言之，邝璠对耕织图像的改进有三方面的贡献：一是对楼璹《耕织图》中描绘的农业技术进行了一定程度上的更新换代，使得耕织图像更加符合当时的农业生产实际；二是对耕织图像与文本诗词进行了整合，使二者成为一个有机的整体，能够起到"左图右史"的呼应与对照之效；三是将楼氏晦涩的五言诗改成民间朗朗上口的竹枝词，对其

① 楼璹. 耕织图诗 附录 [M]. 北京：中华书局，1985：1.
② 楼璹. 耕织图诗 附录 [M]. 北京：中华书局，1985：1.

后耕织图像的进一步庶民化和通俗化起到了一定的积极作用。

第三节　明代中后期日用类书中的耕织图像

大约自明代正德、嘉靖年间开始，商业出版活动在社会上愈发兴盛了起来，民间刻书数量大幅度超过官方的刻书量，随着庶民生活的日渐富庶以及识字人口的逐渐增长，各种市井通俗小说和家庭生活日用手册更是大量印刷出版，在民间的各阶层间得以广泛流通。在当时的通俗小说与日常读物中，插入插图已经成为书肆一种常见的销售策略，很多书商都会通过各种形式将图像列入到书籍的封面、目录、卷首、卷尾甚至书名之中，以吸引读者的注意。第一种是把图像作为书籍之点缀，如"纂图""绘像"，表明该书中是有图像的。随着印刷技术的日益进步，后期又出现了"绣像"本，顾名思义，这是形容书中的插图类似于刺绣工艺一样，标榜其图像质量之高超。第二种是有连续图像的书籍，即按照书中所示的内容，每页都是图文对照的样式，类似于现代的连环画，这种形式的书籍被称作"全像"。郑振铎对嘉靖年间书籍中的木版插图评价甚高，认为"世宗践祚，版画作者，乃复振颓风，争自磨濯。以燕京、金陵、建安三地为中心，所刊图籍，流传遍天下。而以建安诸书肆为尤勇健精进……若熊氏、余氏所编刊之通俗演义，童蒙读物，无不运以精心，而出以纯熟之手技。图中之人物动作，宫室景色，虽未脱宋元影响，而已较为繁杂多岐"①。当时不单是在通俗小说、戏曲剧本和童蒙读物中添加插图变得极为流行，连编纂给士人阅读的《三才图会》中也存有各式各样的插图。毫无疑问，当时已经进入了一个图像阅读的视觉化时代。柯律格在其研究中将明代这一时段书籍的特征归结为"图画的充盈"②，其实，这也是当时世界范围内书籍插图兴盛的一个缩影，当时的欧洲的图书市场也呈现类似的情景：

---

① 郑振铎. 中国版画史图录 1[M]. 自序. 北京：中国书店，2012：4.
② 柯律格. 明代的图像与视觉性（第二版）[M]. 黄晓娟，译. 北京：北京大学出版社，2016：28.

它们（按：指15和16世纪印刷图像技术的出现）实现了一大飞跃，让普通民众可以看到大量的图像。的确，中世纪流通的图像总量之小是难以想象的，因为我们现在所熟悉的那些带有插图的文稿，无论是保存在博物馆里的，还是复制的，过去一般都由私人收藏，可供大众观看的只有教堂里的祭坛装饰画、雕刻和壁画。[①]

日用类书作为当时图书市场上最受欢迎的书籍种类之一，书商自然不遗余力地以增加其中插图的方式来获取噱头。他们在"天文门"中加入天虚图、太极图、分野图、日月交会图、七政之图以及预测吉凶的各式天文祥异图；在"诸夷门"中增添关于诸夷人种以及山海异物的各类图像；在"四礼门"中置入冠礼、婚礼以及葬礼时衣冠穿戴标准等图像；在"书画门"里加入诸家撰法、毛笔书法以及各式梅谱等图像。与此同时，在涉及稼穑耕织的"农桑门"部分，书商们也插入了各式各样的耕织图像。

耕织图在明代中后期刊刻的日用类书中皆被放入有关农业知识的"农桑门"章节中[②]。管见所及，明代中后期至少有15部日用类书含有"农桑门"章节，除了范惟一刊本《多能鄙事》不含图像以及万历三十五年潭阳熊氏种德堂所刊的《新刊翰苑广记补订四民捷用学海群玉》中"农桑门"只存目录而原文已经佚失外，其他13部书中都含有耕织图。它们按照刊刻时间先后分别为：明万历二十五年（1597）书林闽建云斋所刊的《新锲全补天下四民利用便观五车拔锦》卷二十八"农桑门"中的32幅耕织图，明万历二十七年（1599）余氏双峰堂刻本《新刻天下四民便览三台万用正宗》卷三十八"农桑门"中的18幅耕织图，明万历书林徐谼可刊本《新锲燕台校正天下通行文林聚宝万卷星罗》卷五"农桑门"中的耕织图32幅，明万历三十五年（1607）龙阳子辑《鼎锓崇文阁汇纂士民捷用分类学府全编》卷九"农桑门"中的33幅耕织图，明万历三十八年（1610）积善堂杨钦斋刊本《新刻全补士民备览便用文林汇锦

① 彼得·伯克. 图像证史（第二版）[M]. 杨豫，译. 北京：北京大学出版社，2018：16.

② 管见所及，明代至少有两本日用类书中有关农业知识的章节不叫作"农桑门"，在明嘉靖四十二年（1563）范惟一刊刻的《多能鄙事》里称作"农圃类"，在明万历四十二年（1614）潭邑书林对山熊氏刊本《新刻郉架新裁万宝全书》中称作"耕布门"。

万书渊海》卷二十五"农桑门"中的耕织图 15 幅，明万历四十年（1612）书林刘氏安正堂重刊本《新板增补天下便用文林妙锦万宝全书》卷三十"农桑门"中 34 幅耕织图，明刊本《鼎锲龙头一览学海不求人》中不署卷数的"农桑门"中的 36 幅耕织图，明万历四十二年（1614）潭邑书林对山熊氏刊本《新刻邺架新裁万宝全书》卷二十八"耕布门"中的 33 幅耕织图，明万历年间刊刻《新刻增补士民备览万珠聚囊不求人》卷十七"农桑门"中的耕织图 17 幅，万历年间书林詹林我刊刻的《新刻四民便览万书萃锦》卷二十八"农桑门"中的耕织图 23 幅，万历末崇祯初书林三槐堂王泰源梓《新刻艾先生天禄阁汇编採精便览万宝全书》卷二十二"农桑门"中的耕织图 28 幅，明崇祯元年（1628）刊本《新刻眉公陈先生编纂诸书俻採万卷搜奇全书》卷九"农桑门"中的耕织图 28 幅以及明崇祯十四年（1641）刊本《新刻人瑞堂订补全书备考》卷五"农桑门"中的耕织图 25 幅①。这些依附于"农桑门"中的耕织图或在目录中没有自己的名字，或被划入下栏的"农桑撮要"中，抑或有时被独立出来称作"耕种图词""蚕桑图词""农桑耕织图式""农桑图说"或"名公绘图"等，形式不一②。

虽然明代中后期日用类书的编纂者和书商总喜欢称自己所刊刻或售卖的书籍是原创的，在书名中经常使用"新刻""新撰""新刊"等字眼来标榜其内容之新颖性，但其实这类图书大多是采自先前的其他书籍或文献典籍，将其相似的内容拼凑在一起，仅附以少量的新增原创性知识。这 13 部日用类书"农桑门"中的耕织图按照来源和内容的不同可以分为三类。第一类是余象斗编纂的《新刻天下四民便览三台万用正宗》中的耕织图，该章节共有 18 幅耕织图，分别是天子籍田之图、蚕事起本之图、蚕神享祀之图、祭赛郊社之图、井田之图、采桑养蚕之图、教民牛耕之图、制造农器之图、耕田开垦之图、耙田耖田之图、种植果木之图、浸种撒谷之图、锄垦园地之图、拔秧

---

① 此外，在一本名为《鼎镌十二方家参订万事不求人博考全编》（建阳书林师俭堂萧少渠刻本）明代万历年间的日用类书中，该书卷四题曰"生育耕织算法"，但正文仅有两幅简单的耕织图像，分别名曰"耕田种地"与"蚕梭纺织"，图像并无甚新意。

② 此处统计的耕织图之数量不包括某些日用类书在"农桑门"开篇所绘制的卷前插图。

插田之图、锄治耘苗之图、粪壤肥田之图、灌溉禾苗之图以及收割稻禾之图。前5幅图是论述农事起源、蚕桑起源、社稷等远古时期农业的历史时所附的图像，从文字内容上来看明显承袭自前代的《王祯农书》，而其图像也大多根据王祯《农器图谱》"田制门"和"蚕缫门"中的相关图像改绘而成。后13幅图像是仿照楼璹《耕织图》的方式以农事活动的技术步骤来绘制的，但撰者也增加了一些全新的内容，如有关制造农器、种植果木与锄垦园地的3幅图像系首次出现。该书的耕织图像重点绘制了水稻生产从耕田到浸种再到中耕、灌溉直到收获的过程，而对于楼璹《耕织图》中与水稻生产并重的蚕桑缫丝等内容，则只用了一幅图像来概括。该书所附耕织图像的另一个特点是有几处在一张图像中同时表现前后相连的两种农事活动。例如，"采桑养蚕之图"中画了两个场景，一是一人踩着桑几在采摘桑叶，二是另一人拿着桑叶正在饲蚕。同样一图二景的还有"浸种撒谷之图"和"拔秧插田之图"，这显然是受到先前日用类书《事林广记》中耕织图版式的影响。该书耕织图中人物的服饰穿着彰显着典型的明代特征，特别是男子佩戴的冠帽更具有显著性，这与其他本日用类书的耕织图像中人物服饰模糊难辨形成鲜明的对比。第二类是《新刻四民便览万书萃锦》《新刻艾先生天禄阁汇编采精便览万宝全书》等11部日用类书中的耕织图像，这些书籍中耕织图的共同点是它们皆根据邝璠的《农务女红图》改编而来。在这些日用类书"农桑门"下栏耕织图像的开篇，撰者都会模仿邝氏的"题农务女红之图"进行一段解说，如《新锲全补天下四民利用便观五车拔锦》的撰者写道：

> 国以农桑为本，民以衣食为先，君子以之资身而莅国政，庶民以之养亲而畜妻子，王道之始孰大于是。所以宋楼璹制耕织之图，歌竹枝之词，使民从厥攸好，有所感发而兴起焉者。盖谓民性如水，顺而道（导）之，则可有功。为吾民，顾知上意向而克于自效也欤。

在另一本名为《新板全补天下便用文林妙锦万宝全书》的日用类书中，编纂者撰写了一则与上文稍有不同的"题农务女红之图"，其文曰：

　　盖国以农桑为本，民以食为先，君子以之资身而莅国政，民田以之养亲而畜妻子，王道之始孰大于是。所以上古人君教民稼穑，树艺五谷、分田制里、别井條芦、春雨耕泽、播厥百谷，是必有教也。至于宋楼璹制耕织之图，歌竹枝之词，大抵与吴俗少异。其词又非愚夫愚妇所易知者也，莫若更其诗词，合乎土俗，绘其形迹，则从厥攸好，容有所感发而兴起焉者。人谓民性如水，顺而导之，则可有功焉。为吾民者，顾知上意向而克于自效也欤。

　　虽然二者在内容上略有不同，但可以看出它们皆是大段照搬了邝璠书中的原文，特别是其中的"与吴俗少异"与行文中浓重的地方官劝农口吻，正是其抄袭邝氏在任吴县县令时所作《便民图纂》的确凿证据。囿于日用类书编纂者们的自身文化水准，他们在抄袭此段文字的过程中犯了一个错误，即他们把与耕织图相配的农事竹枝词的首创殊荣归到楼璹的头上。实际上楼氏所撰的是五言诗，因其晦涩难懂，直到明代弘治年间邝璠才将其改成朗朗上口的竹枝词。这批日用类书中的耕织图基本上是对邝璠"农务女红图"原封不动的抄袭，只是在有些书里是全部照搬，有些是选择性照搬了其中的某些部分。当然这批日用类书的耕织图里也有些许的新增内容，如"作埂之图"是来教农民如何修筑水田的田埂，这是邝璠的文献里所没有记载的。这批耕织图虽然是以"农务女红图"为蓝本设计的，但由于他们借鉴的是弘治年间的《便民图纂》刻本 [1]，所以其图像质量比较低劣，人物线条粗陋且数量较少，另外图像中的风景图也极其简陋，这点可以从蚕织部分的室内布景中明显看出。日用类书中耕织图的第三类是《鼎镌龙头一览学海不求人》中的耕织图，虽然它在本质上也是对"农务女红图"的一种模仿，但之所以将其独辟一类的原因是它的某些特质和它对邝图改编的彻底性。首先是该书撰者将邝氏图像名称全部重新命名，如将浸种改为谷雨浸种，将耕田改为陇头犁牛，将秒田

---

　　[1] 证据是这批耕织图里的犁田之图（即耕田图）和翻耕之图（即耙田图）是两幅图，且其中的竹枝词也和弘治本的正好——对应，而嘉靖本和万历本皆将二图合为一图，且将前一首竹枝词的前两句和后一首竹枝词的后两句合成一首新的竹枝词，详细请参见本书第一章关于《便民图纂》的研究。

改为荡平田地，将下壅改为粪壅秧地，将下蚕改作茧蚕落纸，将饲蚕改为采叶喂蚕……这样从图像的名称中就能获知某些农事活动的技术要领，如耖田即是盪平田地，下壅或者淤荫则指给秧苗施肥而非大田施肥。其次是它增添了一些邝图中所没有的图像，如在耕田之前插入了"农锄耕田图"与"荒田开垦图"，图中人物的衣着服饰也与邝图大不相似，男子多戴冠帽。最为重要的是，撰者将邝璠所配的竹枝词全部换掉，重新为每幅图像撰写了全新的竹枝词。例如，"农人拔秧田图"中的竹枝词说道："拔起秧兮洗却泥，梳梳洗洗好推移。交攻两束为一束，丢向田中不抛离。"该诗词将农人拔秧活动的技术细节刻画得清晰明了，具有很强的技术传播功能，其他各处的竹枝词亦是如此。总体来说，此书耕部中的竹枝词写得具有一定水准，与邝氏的诗词相比在农学知识上胜出很多，相比之下，织部的竹枝词相比之下则略显乏善可陈。它们虽与邝氏的词不同，但表达的意思是基本一致的，可以看出该竹枝词的撰者或许对水稻种植活动有一定的经验而对蚕桑缫丝知识却知之甚少，这或许是体现了男性士人对以女性为主体的蚕织活动之无知、轻视抑或傲慢。

这些日用类书的耕织图中不但蕴含着丰富的农事信息，而且还能反映出明代中后期农事活动的某些真实场景。由于当时日用类书的读者对象一般是庶民大众，所以其中记载了一些传统农书所未载的日常农业技术，如绝大多数日用类书在浸种图与耕田图之间插入了一幅作埂之图，即教农民如何制作

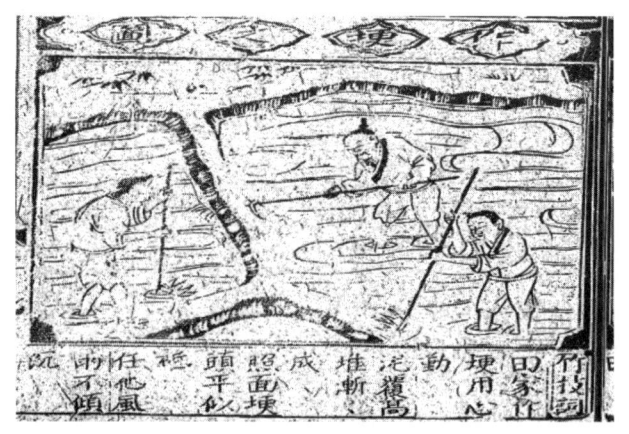

图3-1 《新锲全补天下四民利用便观五车拔锦》中的制作田埂图

水田的田埂。田埂是自家田地和邻家田地的分界线，又是保证水稻生长用水的坚固屏障，其重要性不言而喻。现在学界一般认为，文献中对田埂的重视是从明代末年的涟川沈氏开始的。沈氏在其约成书于崇祯末年①的《农书》中建议，田塍要每年修建一次，"不惟便于挑泥、挑壅、挑稻"，而且可以除掉田塍周围的虫卵，"亦杀虫护苗之一法"②。张履祥也认为要趁着农闲时期的晴天来抓紧修整田塍，以防止"地虞坍塌，田患漏泄，积久滋弊，恒至疆界失其旧所"③。清人郑之乔在其《农桑易知录》里亦提到过田埂的作用与其详细制作方法：

> 田有塍岸，所以清疆界也，彼侵此削，公家之路竟为同井之争场。是宜入春于将耕时，先用柴刀砍除两边野草，使不得与五谷相侵；而后挖田中之泥土，填补增高两傍比旧时加倍。其路傍无碍处，并植以豆菜棉花小收余利。此田埂既修，一以杜蛇穿鼠穴，不致田水漏泄；一以免牛羊踩躏，而行人不致跋涉，利人所以利己，一举可为两得。④

但其实早在沈氏之前的日用类书中撰者就绘图并附以竹枝词来解说如何修筑水田的田埂。在《鼎锲龙头一览学海不求人》中，撰者言："农家作埂胜筑城，泥覆高堆渐加成。照面埂头平如砥，任他风雨不倾沉。"在明代中后期其他几部日用类书中也有类似的表述，只是它们将第一句诗词换成"田家作埂用心勤"，从中可见修建田埂的技术要点是用泥堆砌加高，埂头要平整如砥，这样才能保证它不会倾塌而漏泄农田中的水。

　　某些日用类书的撰者在浸种与耕田之间插入的图像则是另外一幅，名曰

---

　　① 张履祥在为沈氏《农书》所写的跋中认为，"按此书，大约出于涟川沈氏，而成于崇祯之末年"。参见张履祥，辑补. 补农书校释（增订本）[M]. 陈恒力，校释；王达，参校、增订. 北京：农业出版社，1983：97.

　　② 张履祥，辑补. 补农书校释（增订本）[M]. 陈恒力，校释；王达，参校、增订. 北京：农业出版社，1983：74.

　　③ 张履祥，辑补. 补农书校释（增订本）[M]. 陈恒力，校释；王达，参校、增订. 北京：农业出版社，1983：145.

　　④ 郑之乔. 农桑易知录 [M]. 卷1·农务事宜. 刻本，1760（清乾隆二十五年）：8.

耕田之图，在这些类书中类似"农务女红图"里的农人扶犁牛耕的图像则被称作犁田之图，而这些书里所谓的耕田之图则是两个或三个农夫拿着一种类似锄头（有些地方又被画作四齿类似钉耙状）的工具在翻垦田地，书中称这种耕作方式为"锄耕"。例如，在《鼎锲龙头一览学海不求人》中这幅图被题作"农锄耕田图"，竹枝词中也有"锄柄蓑衣挂向前"的诗句，这一个细微的差别实质上反映了当时农业生产状况所发生的某些改变。明代以来，南方地区由

图3-2　《鼎锲龙头一览学海不求人》中的农锄耕田图

于人口的迅速增长对粮食强烈需求，原先被用来放牧的空地和旷野皆被人们开垦为农田，导致畜牧业的萎缩和牛力的匮乏。当时南方稻作区的很多农民已经养不起牛来耕田，宋应星在《天工开物》中就记载了江南农民因无力养牛而"以锄代耜，不借牛力"的现象：

> 吴郡力田者以锄代耜，不借牛力。愚见贫农之家，会计牛值与水草之资、窃盗死病之变，不若人力亦便。假如有牛者供办十亩。无牛用锄而勤者半之，既已无牛，则秋获之后田中无复刍牧之患，而菽、麦、麻、蔬诸种纷纷可种。以再获偿半荒之亩，似亦相当也。[1]

---

① 宋应星. 天工开物译注 [M]. 潘吉星，译注. 上海：上海古籍出版社，2016：12.

其实宋应星笔下的"锄"是中国古代一种名为铁搭的农具，王祯对此农具做过说明："四齿或六齿，其齿锐而微钩，似耙非耙，劚土如搭，是名铁搭……南方农家，或乏牛耕，举此劚地，以代耕垦。"[①]因为牛耕的缺乏，所以小农之家只好以铁搭来代替牛耕，以人力来代替牛力。这种情况在明代中后期的江南十分常见，对此万历年间举人朱国祯疑惑地写道："中国耕田必用牛，以铁齿把土乃东夷儋罗国之法，今江南皆用之，不知中国原有此法，抑唐以后仿而为之也？"[②]日用类书中的锄耕即以铁搭耕田的方法，只不过在《新锲全补天下四民利用便观五车拔锦》等日用类书中被缺乏经验的刻工误画成锄头形状，而在《鼎锓崇文阁汇纂士民捷用分类学府全编》等日用类书中则被画作正确的四齿形状。

邝璠在"农务女红图"的下耤竹枝词中提到用豆饼与河泥来给水稻秧田进行施肥的方法，这是我国历史上最早记载用豆饼作为水田肥料的资料。但在其下耤图中，木版画的刻工还是仿照了楼璹《耕织图》中的淤荫图像，画成一个农夫挑着粪桶正在用长柄的粪勺给水稻秧苗施加液体肥料，这种肥料很可能是经过稀释或发酵的粪便[③]。而在明代中后期《新锲全补天下四民利用便观五车拔锦》《鼎锓崇文阁汇纂士民捷用分类学府全编》等几部日用类书涉及施肥的耕织图中，图像为两个同时给秧田施肥的农人，右边的农人仍然是拿着长柄的粪勺在舀粪桶内的液体肥料来给秧田施肥，而左边的农人则拎着一个类似篮子的器具，用手抓取肥料撒在田地里给秧苗施肥。后者正是豆饼施肥的图像，因为"农桑门"的文字部分里写道："壅田：或河泥或麻豆饼或灰粪，各随其地上所宜"，而配图的竹枝词又是"豆饼河泥下得匀"，当时农业生产中用手来撒的肥料只能是灰粪或麻豆饼，且灰粪在布种时候已撒过，即竹枝词中的"还愁鸟雀飞来食，密密撒灰盖一层"，所以基本可被排除。虽然用麻豆饼施肥的具体方式在古农书中没有说清楚，但我们可以通过某些史

---

① 王祯. 农书译注 [M]. 缪启愉，缪桂龙，译注. 济南：齐鲁书社，2009：459.

② 朱国祯. 涌幢小品 [M]. 卷2·农蚕. 刻本，1622（明天启二年）：33a.

③ 杜新豪. 金汁：中国传统肥料知识与技术实践研究（10—19世纪）[M]. 北京：中国农业科学技术出版社，2018：138.

料来分析其使用方法，徐光启在《农政全书》的壅田条目里注释道："麻豆饼，亩三十斤，和灰粪。棉饼，亩三百斤。插禾前一日，将棉花饼化开，匀摊田内，秒然后插禾。或草。"[①] 在给棉田施肥时，徐光启建议"剉豆饼，勿委地，仍分定畦畛，均布之"[②]。从以上史料中可知，豆饼用量极小，只是单独使用或和灰粪拌在一起使用，施用之时要锉碎来撒入田里。由此可知图中农人手中的肥料极有可能就是豆饼或是与灰粪拌在一起的豆饼屑。

图 3-3　《新锲全补天下四民利用便观五车拔锦》中的壅田图

在日用类书中还有两幅关于荒田开垦的耕织图，一是在《新刻天下四民便览三台万用正宗》中，名为"耕田开垦之图"；二是在另一本日用类书《鼎锲龙头一览学海不求人》中，题为"荒田开垦图"。图上画着四个戴着斗笠的农民手持农器正在开垦荒田，下面的竹枝词写道："天地生财属吾人，荒田开垦用辛勤。晴干抱火烧薪草，剪木除根□莫停。"宋代以降，随着经济重心的南移，江南地区已是人多地少，人地矛盾变得异常尖锐，农民只能向山要地、与水争田，努力地扩展其耕种的范围，开荒即其中的一种常见方式。当时有很多因开荒种田而致富的事例，王祯曾记载元代时汉中和淮河一带"率多创

---

① 徐光启. 农政全书校注（上）[M]. 石声汉，校注；石定枎，订补. 北京：中华书局，2020：167.
② 徐光启. 农政全书校注（中）[M]. 石声汉，校注；石定枎，订补. 北京：中华书局，2020：1237.

开荒地，当年多种脂麻等种，有收至盈溢仓箱速富者"①。《便民图纂》《致富奇书》等书籍都将荒田、荒地的开垦方法放在"农桑门"的首条，《便民图纂》中的"开垦荒田法"云："凡开久荒田，须烧去野草。犁过，先种芝麻一年，使草木之根败烂，后种五谷，则无荒草之害。盖芝麻之于草木，若锡之于五金，性相制也，务农者不可不知。"这种传统为后来的日用类书编纂者们所继承，很多日用类书都将开垦荒田列在众多农事活动的首要位置。有些书如《鼎锲龙头一览学海不求人》在"农桑门"的上栏里大谈开垦荒田的方法与注意事项，鼓吹荒田的收成甚至比熟田还要高，并声称"坐贾行商，不如开荒"，下栏则绘以图像来更形象地指导农民如何进行开垦。

水稻在移栽之后容易受到杂草的侵袭，所以农人要经常通过耘田来给稻田除草。江南地区传统上主要的耘田方式为手耘，具体方法是"不问草之有无，必遍以手排摵，务令稻根之傍，液液然而后已"②。宋元以来，随着新型耘田工具耘荡的发明，耘田就逐渐变成手耘与耘荡配合来使用。农书中一般都是倡导先用耘荡来耘田，然后再进行手耘，如《便民图纂》就是如此。《便民图纂》将利用耘荡来耘田称作"攩田"，将用手耘田称作"耘田"，邝璠在耘田竹枝词写道"攩过秧来又要耘"，正是这种耘田方式的体现。对于这种技术操作，费孝通从民俗学上给出了解释，他说："当稻长到相当高度，开花以前，

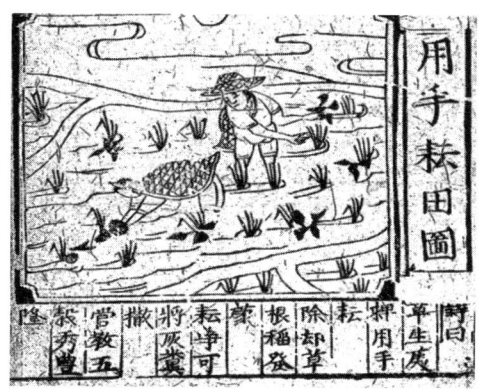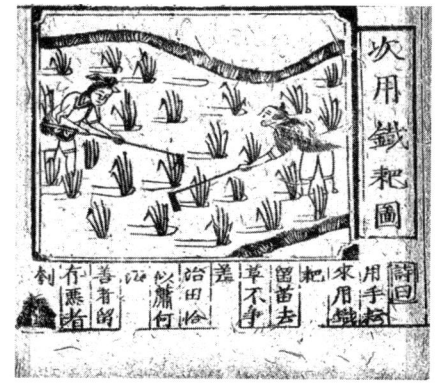

图3-4　《鼎锲龙头一览学海不求人》中的两次耘田先后顺序图

① 王祯. 农书译注 [M]. 缪启愉，缪桂龙，译注. 济南：齐鲁书社，2009：35.
② 陈旉. 陈旉农书校注 [M]. 万国鼎，校注. 北京：农业出版社，1965：35.

还需彻底除一遍草。这时便只能用手来拔草,因钉耙容易伤害作物的根部。"①
而在明代中后期所有包含手耘和耘荡耘田两幅耕织图的日用类书中,这两幅
耘田图像的顺序却是相反的,即先为手耘,继而才是使用耘荡来锄草。有些
日用类书还将二者之间插入灌溉水田的"车水之图"。在《鼎锲龙头一览学海
不求人》中,撰者在标题里就强调了二者的先后顺序,该书中第一幅耘田图
名为"用手耘田图",第二幅则名为"次用铁耙图"。在这些日用类书耕织图
的标题中,手耘被称作"护苗",很显然是在移栽后的初期即进行的农事活动,
其目的不仅在于除草,更在于中耕和培土,以使得移栽后的水稻秧苗能够更
好地在大田中生长②,下一步才会利用耘荡来除去"秧边宿草",这也是日用
类书耕织图中所载农业技术的一个特色。

除了这些在《便民图纂·农务女红图》的基础上改绘或创造的图像外,
明代中后期日用类书中还载有一些全新的耕织图,这集中体现在余象斗刊刻
的《新刻天下四民便览三台万用正宗》中。按照书中顺序首先是出现在"农
器篇"里的"制造农器之图",图中两名铁匠正在锻造一件农器,旁边的地下
则散落着已经锻造好的四齿铁搭、镰刀、斧头等小型农业器具,再旁边是冶
炼炉,这可能是对当时民间制作农具的小生产作坊的形象刻画。继而有新意
的图像是位于"种植类"篇中的"种植水果之图",该图中有三名农人,一人

图3-5 《新刻天下四民便览三台万用正宗》中的三幅耕织图

---

① 费孝通. 江村经济: 中国农民的生活 [M]. 北京: 商务印书馆, 2001: 147.
② 游修龄, 曾雄生. 中国稻作文化史 [M]. 上海: 上海人民出版社, 2010: 268.

拿着一枝果木的植株递给另一个正在进行嫁接的人手中。因为嫁接可以取得"犹变稂莠而为嘉禾，易碔砆而为美玉"①的效果，所以嫁接技术在彼时的果树种植中深受欢迎，日用类书"农桑门"上栏"种花果类"中的果树种植大多都是采用的嫁接法。第三幅为附在"开垦篇"中的"锄垦园地之图"，图中绘有三名农人，其中的两人在锄垦菜园和施肥（从图中的器具看出），另一名农人正在移栽蔬菜，说明彼时的蔬菜移栽技术已较为普遍，这也是明代江南地区土地利用率提高的一种侧面表现。这三幅图是先前文献中所未载的全新图像，体现了当时农业发展的一些新面相，但该书的绘图比较简陋，未能体现出更多的技术细节，且撰者没有搭配竹枝词来解析图中的技术内容。更为可惜的是，余象斗虽然自身是一位很有名气的出版商人，但他创造的这种耕织图传统却未被其他书商效仿，导致这些图像只在他的书中昙花一现，未对以楼璹和邝璠为代表的耕织图体系造成任何冲击与影响。

第四节　为何而作？
——兼论日用类书中耕织图像的功能及其读者对象

近年来图像史研究的一种趋势认为，图像等艺术作品不仅能够表现某些意义，而且它们自身还能产生政治的、社会的以及文化的意义②，认为以日用类书为代表的商业性出版书籍中的图像中也显示出某种"情感表达"③。作为中国古代农耕图像的最重要来源之一，耕织图很显然也在表达的同时又制造着某些意义，这些意义是什么呢？在之前的学者们看来，这种意义就是以图像为媒介来推广农业生产技术，如国内研究耕织图的知名学者王潮生认为，"（耕织图）传递着丰富的古代农业社会经济文化信息，在历史上起到了'劝课

① 王祯. 农书译注 [M]. 缪启愉，缪桂龙，译注. 济南：齐鲁书社，2009：115.
② 柯律格. 明代的图像与视觉性（第二版）[M]. 黄晓娟，译. 北京：北京大学出版社，2016：1.
③ 高彦颐. 闺塾师：明末清初江南的才女文化 [M]. 李志生，译. 南京：江苏人民出版社，2005：53.

农桑''莫忘农本',以及普及推广农业技术知识、指导生产的作用"[①];黄世瑞认为,"早期耕织图的主要作用是宣传和推广当时先进的耕作技术……(楼璹的)这些图、诗置于郡县治所大门的东西两壁,类似今日墙上绘的宣传画,让群众都能看到,以便群众能够学习、推广"[②];闵宗殿也认为耕织图可以"起到普及劳动生产知识,推广农业技术的作用"[③]。农史学家的这种论点被其他领域的学者广泛接受,陈翔与刘兵曾撰文分析印刷媒介的改变对耕织图科学传播模式所产生的影响,他们认为石印印刷技术虽然加速了耕织图的复制和传播,却弱化了艺术型耕织图与农书型耕织图之间的关系,导致古代耕织图科学传播模式的中断[④]。其实,传播农业技术这种观点只是现代人对耕织图作用的一种片面解读。艺术史学家认为,要从图像创造者及其同代人的角度而不是从现代人的角度来了解图像的作用及意义,即"试图把视觉材料放在最初被制作出来的背景中去阐释它,不论是从制作者的角度,还是从他的同代人的角度,或者二者皆有"[⑤]。从这个层面来看,古代的耕织图的作用似乎不在于传播先进的农业技术,而是彰显君主帝王对农业生产的重视。早在后周时,周世宗柴荣就曾命人"刻木为耕夫、蚕妇,置之殿庭"[⑥],以示对农业的重视,这可以说是耕织图的早期雏形。楼璹的耕织图被呈献给宋高宗后,也被"宣示后宫",成为教导皇子皇孙知稼穑之艰难、了解民间百姓疾苦的教材。至于楼璹自己希望耕织图所发挥的作用,或许也可以在其侄子楼钥在为其《耕织图》所写的跋中窥见一二:

> 呜呼,士大夫饱食暖衣,犹有不知耕织者,而况万乘主乎?累朝仁厚,抚民最深,恐亦未必尽知幽隐。此图此诗,诚为有补于世。夫沾体涂足,农之劳至矣,而粟不饱其腹;蚕缲织纴,女之劳至矣,而

① 王潮生. 几种鲜见的《耕织图》[J]. 古今农业, 2003(1): 74.
② 黄世瑞. 浅说耕织图 [J]. 寻根, 1995(3): 15.
③ 闵宗殿, 主编. 中国农业通史(明清卷)[M]. 北京: 中国农业出版社, 2016: 466.
④ 陈翔, 刘兵. 媒介、艺术与科学传播: 耕织图案例研究 [J]. 科普研究, 2019, 14(1): 87-95.
⑤ 柯律格. 明代的图像与视觉性(第二版)[M]. 黄晓娟, 译. 北京: 北京大学出版社, 2016: 3.
⑥ 司马光. 资治通鉴(下)[M]. 萧放, 孙玉文, 点注. 北京: 中国友谊出版公司, 1993: 1659.

衣不蔽其身。使尽如二图之详，劳非敢惮，又必无兵革力役以夺其时，无污吏暴胥以肆其毒，人事既尽，而天时不可必。旱潦螟螣既有以害吾之农夫，桑遭雨而叶不可食，蚕有蠚而壤于垂成，此实斯民之困苦，上之人尤不可以不知，此又图之所不能述也。[①]

从这则材料中可以看出，他们将耕织图呈给皇帝的目的也是期望皇帝能知晓农民之艰辛劳累，体谅民间百姓之疾苦，善用民力，不要兵役、暴政等劳于民。元人赵孟頫在为程棨的耕织图写的序中也认为其功用为"使享膏粱、衣纨绮者，知农夫、蚕妇之工力也"[②]。这种思想在中国古代颇为盛行，如宋应星在撰写《天工开物》时，就希望书中的插图能够让生长于深宫的皇家子弟了解农桑稼穑，即所谓的"且夫王孙帝子生长深宫，御厨玉粒正香而欲观未耜，尚宫锦衣方剪而想象机丝。当斯时也，披图一观，如获重宝矣"[③]。南宋偏安于东南一隅，人口大量南移、土地面积狭小以及因战争军费造成的财政危机，农业赋税极为沉重，统治者需要通过彰显其重视农桑生产来获得百姓的支持，而对《耕织图》的赞赏和重绘正是朝廷彰显重农而"牧民"的措施之一。以现代人的眼光来看，这些古代图像材料中的确蕴含着丰富的技术史信息，所以中外关注耕织图的学者如王潮生、渡部武等人都去发掘其中的技术史材料，企图从中窥见古代农耕技术发展的脉络与细节。这种"以图证史"的方法确实能够挖掘出很多有用的资料来阐述当时的农业生产情况，但也会遇到诸多困惑。例如，耕织图像绘制中经常存在某些错误，它们对技术细节与流程的描写太过简略，且未能随着时间的推移将新的农业技术及时加入图像中等。其主要原因是他们对信息的误读，即耕织图的实质是"顶礼的圣象"而并非"技术蓝图"。楼璹《耕织图》流行的原因是其中所蕴含的社会秩序和政治秩序，尽管其中几乎没有可以传授给农民的技术细节，但"在危机丛生

---

① 楼钥. 跋扬州伯父《耕织图》[M]// 曾枣庄，主编. 宋代序跋全编. 济南：齐鲁书社，2015：4573.

② 在美国华盛顿佛利尔美术馆藏的《程棨摹楼璹耕织图》中的题词，转引自周安邦. 明代日用类书《农桑门》中收录的农耕竹枝词初探 [J]. 兴大中文学报，2014，36.

③ 宋应星. 天工开物译注 [M]. 潘吉星，译注. 上海：上海古籍出版社，2016：2.

的时刻，它带来的社会和谐与政治秩序不亚于物质生产"①。清代的皇帝们以极大热情将耕织图几乎原封不动地模仿下来的根本原因也是取决于它的标志性符号价值而不是技术性价值，一旦将耕织图视作统治阶层劝课农桑、稳定统治的一种政治符号，那么提高绘图技术与关注技术的准确性就变得不再重要②。

既然以楼璹为代表的耕织图的主要作用是供帝王及各级政府来宣扬其重视农桑，以期教化百姓专于本业，提高其从事农业生产的积极性。那么日用类书中耕织图像绘制的目的是什么，它们又能起到何种作用呢？这个问题需要结合日用类书的撰者和读者群体两个方面的因素来加以阐释。诚然，与日用类书其他门类中的图像甚至当时民间通俗小说中的插图一样，吸引粗识文字甚至目不识丁只有读图能力的读者群体的兴趣和购买是插图绘制的主要目的之一，也是书商的一种重要市场营销策略。鲁迅先生曾对这一点作过叙述：

> 古人"左图右史"，现在只剩下一句话，看不见真相了，宋元小说，有的是每页上图下说，却至今还有存留，就是所谓"出相"；明清以来，有卷头只画书中人物的，称为"绣像"。有画每回故事的，称为"全图"。那目的，大概是在诱引未读者的购读，增加阅读者的兴趣和理解。
>
> 但民间另有一种《智灯难字》或《日用杂字》，是一字一像，两相对照，虽可看图，主意却在帮助识字的东西，略加变通，便是现在的《看图识字》。文字较多的是《圣谕像解》，《二十四孝图》等，都是借图画以启蒙，又因中国文字太难，只得用图画来济文字之穷的产物。③

① 白馥兰. 技术、性别、历史：重新审视帝制中国的大转型 [M]. 吴秀杰，白岚玲，译. 南京：江苏人民出版社，2017：267.

② 白馥兰. 技术、性别、历史：重新审视帝制中国的大转型 [M]. 吴秀杰，白岚玲，译. 南京：江苏人民出版社，2017：271–289.

③ 鲁迅. 朝花夕拾 [M]. 北京：中国言实出版社，2016：101.

明代中后期的书商在刊刻日用类书时经常在书名中冠以"四民捷用""四民便览""四民利用"等字眼来标榜日用类书读者范围的广泛性。很显然，通过插入耕织图等视觉性资料，书商企图将更大范围的人群拉入到日用类书的读者群体中，以求获得更大的市场销量。

　　书籍的编纂者与书商只是书籍流通的起点和中介，而读者群体则是书籍流通的终点与最核心部分。不同于楼璹开启的耕织图模式的主要读者群体是皇帝和官员，日用类书本来就是面向民间社会的盈利性产品，其读者群体是市民经济兴起后的庶民大众群体。具体到其中的耕织图来说，它的潜在读者群体就是对农业感兴趣的小市民和直接从事农业生产的人群，而其中的主要部分是经营农场或租佃土地给农民的地主、从事农业生产的自耕农，以及租佃土地来过活的识字佃农。太仓南转村明代地主墓里出土的明刊《居家必用事类全集》就暗示地主阶层是当时日用类书的主要读者群体之一[①]。明代中后期土地兼并严重，地主势力疯狂扩张，自耕农等小土地所有者大量破产，特别是在南方稻作地区，这种情况表现的更为严峻，如南直隶江阴"农之家什九，农无田者什有七"[②]，福建南靖"境内田亩归他邑豪右者十之七八，土著之民大都佃耕自活"[③]，顾炎武更是认为当时吴中地区甚至已经达到"有田者十一，为人佃作者十九"[④]的土地占有关系。明末清初经营性地主张履祥在其《补农书》中分析了当时土地租赁广泛的原因：

　　　　吾里田地，上农夫一人止能治十亩，故田多者，辄佃人耕植而收其租。又人稠地密，不易得田，故贫者赁田以耕，亦其势也。[⑤]

① 吴聿明. 太仓南转村明墓及出土古籍 [J]. 文物，1987（3）：20–21.

② 赵锦修，张衮，纂. 嘉靖江阴县志 [M]. 刘徐昌，点校；江阴市政协学习文史委员会，编. 上海：上海古籍出版社，2011：84.

③ 顾炎武. 天下郡国利病书 [M]. 黄坤，等，校点. 上海：上海古籍出版社，2012：3120.

④ 顾炎武. 日知录校注 [M]. 陈垣，校注. 合肥：安徽大学出版社，2007：590.

⑤ 张履祥，辑补. 补农书校释（增订本）[M]. 陈恒力，校释；王达，参校、增订. 北京：农业出版社，1983：148.

土地租佃制度的盛行使得地主和佃农的关系成为当时整个社会最为突出的问题之一。地主往往将官府摊派的赋税强加到佃农身上，且收租时常以"大斗浮量""踢斛""脚米"等各种名堂来盘剥农民以及加收各种附加租，导致佃农的生活甚为艰难。清代史学家赵翼曾说："前明一代风气，不特地方有司私派横征，民不堪命。而缙绅居乡者，亦多倚势恃强，视佃民为弱肉，上下相护，民无所控诉也。"① 但与此同时，佃农的身份也在慢慢发生一些变化，如他们在承佃、退佃等方面取得了某些自由。随着佃农的反抗斗争和定额租实施范围的扩大，佃农对地主的人身依附也得到缓和，其经济自主性得到加强。此外，随着一些农民流入城市中寻找其他出路，江南社会也存在雇农短缺的问题，如朱国祯在《涌幢小品》里就感叹道："近年农夫日贵，其直增四之一，当由务农者少，可虑！可虑！"② 所以地主一方面对佃农和雇农保持警惕和不满，如湖州地主沈氏就抱怨明代后期的雇农大不如之前勤奋，他写道："当时人习攻苦，戴星出入，俗柔顺而主令尊；今人骄惰成风，非酒食不能劝，比百年前，大不同矣。"③ 但另一方面又认为要"饱其饮食"，并以"当得穷，六月里骂长工"来告诫地主优待他们④。张履祥在其《补农书》中也认为要对佃户宽容，他认为"佃户终岁勤动，祁寒暑雨；吾安坐而收其半，赋役之外，丰年所余，犹及三之二，不为薄矣"，继而批评那些强抢豪夺的地主，认为他们"每存不足之意，任仆者额外诛求，叫米斛而之类，必为取盈"⑤，是蛮不讲理的表现。其实张履祥并非是真正在体恤佃农，只是目睹了当时丛生的主佃矛盾而做出的趋利避害的理性选择，他写道：

① 赵翼. 廿二史劄记校证 [M]. 北京: 中华书局, 2013: 785.

② 朱国祯. 涌幢小品 [M]. 卷 2·农蚕. 刻本, 1622(明天启二年): 33b.

③ 张履祥, 辑补. 补农书校释(增订本)[M]. 陈恒力, 校释; 王达, 参校、增订. 北京: 农业出版社, 1983: 69.

④ 张履祥, 辑补. 补农书校释(增订本)[M]. 陈恒力, 校释; 王达, 参校、增订. 北京: 农业出版社, 1983: 69.

⑤ 张履祥, 辑补. 补农书校释(增订本)[M]. 陈恒力, 校释; 王达, 参校、增订. 北京: 农业出版社, 1983: 148.

或乃恃目前之豪横，凌虐穷民，小者勒其酒食，大者逼其钱财妻
子，寘之狱讼。出尔反尔，可畏哉！ ①

所以张氏才兢兢业业亲自下田地考察，"大凡田所坐落，平日决宜躬履畎亩，
识其肥瘠，计其宽隘及泥荡水路，莫不画图详记"；在选择佃户时，也要"至
其室家，熟其邻里，察其勤惰，计其丁口，慎择其勤而良者，人众而心一者任
之"②。这处处透露着对佃户的警惕与防备，防止佃户徇私舞弊、以熟报荒或
变易区亩。这是当时复杂主佃关系的一个缩影。

　　以往研究耕织图的学者大多将目光聚焦于国家和农民的二元结构中，他
们将耕织图中出现的人物统统视作农夫、蚕妇，画中出现的其他老人和孩童
也被视作农家的家庭成员，这些人物在辛勤劳作以满足家庭生活的物质所需
以及为国家创造着赋税。其实不然。虽然宋代楼璹的原版耕织图已经佚失，
但通过元代程棨对其模仿的作品来看，图中还是能看到地主的些许身影。例
如，在收刈图中，有位手持伞柄且衣着讲究的人在地头注视着田里干活的农
民，他极有可能就是出租土地的地主或地主派来的监工，因为当时流行的地
租方式是分成租，即主佃之间按照庄稼收获总量来按比例分配，为了防止农
民在收获的过程中私藏或匿报，所以地主需要亲自下地监督。邝璠的《便民
图纂》本来就是他在吴县任县令时给治下老百姓刊刻的劝农书籍，成书于明
孝宗弘治年间，在此时主佃矛盾业已激化，所以他在继承楼璹耕织图的基础
上，又增加了一副名为田家乐的图像。图中一群成年男子在饮酒庆祝丰收，
中间戴帽子的长者其身份很显然是地主，他的身份可从身旁站着伺候的仆人
那里得到进一步证明，旁边喝得酩酊大醉且手舞足蹈的一群人或者是长工或
者是佃农，扔在地上的斗笠亦可以佐证他们的身份。该图所配的竹枝词里写
道："今岁收成分外多，更兼官府没差科。大家吃得醺醺醉，老瓦盆边拍手

---

① 张履祥，辑补. 补农书校释（增订本）[M]. 陈恒力，校释；王达，参校、增订. 北京：农业出版社，
1983：149.

② 张履祥，辑补. 补农书校释（增订本）[M]. 陈恒力，校释；王达，参校、增订. 北京：农业出版社，
1983：148.

歌。"旁边比例惊人的老瓦盆(陶制盛酒器)①也在彰显地主的富有与慷慨，正是一幅主仆其乐融融的景象。日用类书的编纂者大都将这幅田家乐收入其"农桑门"中的耕织图中，重新命名为"欢饮之图"，而且在他们绘制的图像中地主出现的比例更加增多。例如，他们将先前耕织图中浸种部分柱杖的长者也换成了戴着冠帽坐在椅子上对农人指点的地主。在《鼎锲龙头一览学海不求人》中的拔秧部分也出现了一位头戴冠帽坐着观察的地主；在《新刻邺架新裁万宝全书》中"农桑门"的开头即为一张图像，画着一位地主坐在椅子上指导农人进行某种农事活动。这些地主图像在"农桑门"中的频繁出现既说明地主阶级是日用类书的主要读者群体之一，又在暗示地主要善待佃农以缓和当时普遍存在的主佃矛盾。有数本日用类书将邝氏的田家乐改为"欢饮之图"，图像中还画着一个喝到呕吐的农人，更加夸张地表达了主仆之间其乐融融的融洽关系。在《鼎锲龙头一览学海不求人》中，之前耕织图中的"牵砻图"被撰者改为"砻米交租图"，更是主佃关系融入图像的一则铁证。

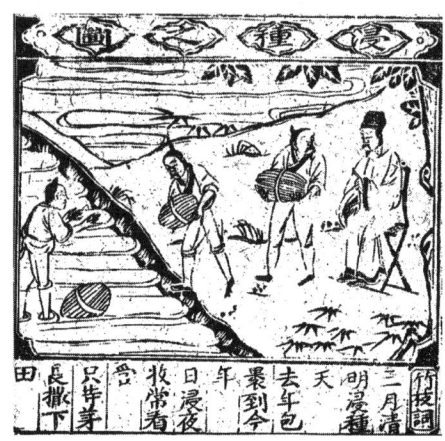

图3-6　《新锲全补天下四民利用便观五车拔锦》中的地主图像

总而言之，楼璹绘制并题诗的《耕织图》对后世产生了重大的影响，其影响可以通过两个不同的谱系来阐述，第一个谱系我们可以姑且称之为"庙

---

① 老瓦盆是古代田家盛酒的器具，杜甫有"莫笑田家老瓦盆，自从盛酒长儿孙"的诗句，王祯曾在其《农器图谱集之十一·鼎釜门》中对此器物做过介绍。

堂体系"，即楼璹进献给宋高宗的版本和清代康熙、雍正、乾隆以及嘉庆等皇帝遣人绘制的版本。这被视作皇帝和农民之间通过赋税形成的社会契约的表现，象征着封建国家对农业与农民的重视。而另一个谱系我们或许可以称为"江湖体系"，即楼璹的版本被地方官员邝璠翻刻成"农务女红图"之后进而被吸收到明代中后期日用类书中的过程。学者们普遍关注了《便民图纂》中的耕织图，但很少有人关注其更进一步下移至民间的过程 [①]。除了深受邝璠的影响外，明代中后期的某些日用类书还受到了元刻纂图日用类书《事林广记》与《王祯农书·农器图谱》等著作的影响，只是由于之前日用类书图像较少且无文字相配，而王祯的图像虽然是图文相配的楷模，但因为其中的大部分图像都是对农具局部的描写，极少有农村生活场景的出现，所以不够吸引读者的阅读兴趣，而邝璠的图像由于图像场景性强且附以朗朗上口的竹枝词而成为当时书肆模仿的对象。鉴于当时社会上主佃矛盾突出，日用类书的编纂者就将地主的画像大量放于耕织图中，一来是吸引地主阶级购买该类书籍以用来指导其农业生产，二来是希望通过欢快和谐的图像来人为制造一种主佃其乐融融的欢愉感，试图缓和当时随处丛生的地主与佃农之间的矛盾。

---

① 根据白馥兰的叙述，迪特·库恩（Dieter Kuhn）和渡部武两位学者注意到了1607年刊刻的《便用学海群玉》中包含着与《便民图纂》类似的木版画和同样的诗歌，而日本学者小川阳一也在其《日用类书与明清小说的研究》一书中对《便民图纂》中的插图与两本明代日用类书的插图做了比较，可惜的是，他们都仅仅从图像的传承角度来分析异同，通过简单的表格体现出它们之间图像有无互补关系，并未对其内容进行进一步的分析与解读。

第四章

课晴问雨：日用类书中的农业
占候知识研究

　　农业占候是中国古人对未来的某个特定时期或一段时期内晴雨、水旱及其导致的农业丰歉情况的预测，以期趋利避害地安排农事活动，获得农业生产的良好收成。中国历代文献中有很多关于农业占候的记载，成书于北魏的《齐民要术》中就包含一些占候知识。贾思勰称这些知识是抄自成书更早的占候类书籍《杂阴阳书》与《师旷占术》。虽然农业占候知识多被载于历代的典籍文献中，但它实际产生自民间，由居住在市井乡村的劳动人民所创造，在民间社会广为流传。宋代邢昺《耒耜岁占》中所载的占候知识就皆为"牧童村老岁月于畎亩间揣占所得"①。明代文献《公余日钞》对占候的起源有过如是分析："村社占年之说，自古有之。如雨旱验生草，如麻麦验雪，往往无爽，有不待求之天文书者。盖耆旧之在乡井，阅世久、历时多、观化广、见事熟，必有所试而云，言非孟浪也。"②明代后期《汝南圃史》的撰者周文华也认为占候产生的原因是基于老农、老圃对水旱和阴晴等天气现象的持续性观察，"老农欲知水旱，老圃亦辨阴晴，负耒荷锄，更相问答，故方言偶语并载入史"③。即农民通过方言俚语来叙述的占候经验被文人墨客记载到文本中，就形成了占候书籍或农书中的占候知识，知识分子只是占候知识的记录者而非创造者。

---

① 文莹. 玉壶清话 [M]. 北京：中华书局，1984：46.
② 杜文澜，辑. 古谣谚 [M]. 北京：中华书局，1958：1064.
③ 周文华. 汝南圃史 [M]. 赵广升，点校. 南京：凤凰出版社，2017：10.

　　农业占候在明代江南地区的民间社会中极为盛行，正德年间的《姑苏志》中就记载当地"农既专力，其用心自精，占测气候，详密多验，由元旦至于岁暮，凡风云旸雨之变，潦旱丰歉之兆，趋避驰张之宜，咸有口诀韵语，汇类极繁"①。江南的农民不但掌握着丰富的占候知识，他们还会根据占候获得的结果来调整农事安排，如"惟太仓、嘉定东偏，谓之东乡，土高不宜水稻，农家卜岁而后下种，潦则种禾，旱则种棉花、黄豆"②。明代后期的经营地主沈氏也倾向于认为，对于如何种植不同品种的水稻来获取丰收这个问题，"卜其吉者而多种之"就是一个解决的办法③。由此可见，占候知识对农业实践活动亦有一定程度的影响。本书第一章中已经提到，传统农书中虽对占候知识也有所涉及，但皆为不成系统的只言片语，农书中包含专门的占候章节始自明弘治年间邝璠所撰的《便民图纂》，嗣后徐光启又继承了邝氏所开创的这种体例，将占候章节纳入自己所撰的《农政全书》中，但这两本农书中所包含的占候知识大多是承袭自前代的《田家五行》一书。在本章中，我们通过明代中后期出版的日用类书来考察其中的农业占候知识。日用类书向来是以图书市场为导向，通过售往民间才能获得出版利润，所以它的编纂者们需要从读者需求出发来试图囊括当时民间日常生活所需的各类实用知识，而农业占候知识便是其中较为重要的一种。

　　农业占候是历代农民在长期农业生产实践中逐渐积累起来的经验汇集与智慧结晶，历来被视作一种重要的农业民俗和技术手段而受到学界的重视。目前，学者对农业占候的既有研究主要是围绕着其科学性来展开的。民俗学者认为，农业占候中有关占天象、测农事的部分包含一定的科学性，可对农业生产起指导性作用。尽管其中关于占卜农事丰歉的部分也存在着不同程度的非科学成分，但也是民众心理的合理折射④。科学史学者关注农业占候的

---

①　王鏊，纂.（正德）姑苏志 [M]. 第 13 卷·风俗. 刻本，1506（明正德元年）：9a.

②　陈梦雷. 古今图书集成·职方典 [M]. 卷 676·苏州府风俗考. 清雍正铜活字本，1726（清雍正四年）：2b.

③　张履祥，辑补. 补农书校释（增订本）[M]. 陈恒力，校释；王达，参校、增订. 北京：农业出版社，1983：38–39.

④　钟敬文，主编. 民俗学概论（第二版）[M]. 北京：高等教育出版社，2010：33–34.

目的是对其中的气象科学知识进行挖掘，如在整理《田家五行》这本农业占候书籍时，他们就利用现代气象科学知识对该书进行释读。这样元明时代太湖流域庶民百姓关于农业占候的乡言俚语就被他们以对流、锋面、气旋、云层等专业性术语替代，其中用现代气象学可以解释的内容被他们称为群众科学经验，解释不通的部分则被斥作封建迷信与糟粕①。其实，由于受文本流转、地理环境，以及撰者经验等多种因素之制约，农业占候的准确性确实是值得商榷，这点历来就遭到诸多的质疑。贾思勰在转引了前代《氾胜之书》种植五谷的忌日之后，又用司马迁的"阴阳之家，拘而多忌"在后面作了补充，继而他又补充道，对于这些农耕类忌日，要"止可知其梗概，不可委曲从之"，并倡导种植五谷赶上时令、趁着地里有墒就是上策，而不必拘泥于日期的吉凶②。明代周文华所撰《汝南圃史》中占候部分有一则"占甲子雨"的知识性条目，即通过甲子日是否降雨来占卜与预测后续日期的天气状况，撰者困惑地写道：

> 春甲子雨，赤地千里。夏甲子雨，行船入市。秋甲子雨，禾头生耳。冬甲子雨，飞砂满地。一云：牛羊冻死。又云：甲子值只日多验，双日或未然。以上见《琐碎录》。按《田家五行》与此少异，云："春甲子雨，乘船入市。夏甲子雨，赤地千里。赤，尺，古通用。言为雨阻，跬步若千里之难。秋甲子雨，木头生耳。冬甲子雨，飞雪千里。"未知孰是。③

所以，当《分门琐碎录》与《田家五行》这两本书籍中记载的占候知识相互抵牾之时，人们便会难以辨别孰是孰非。明代博物学家谢肇淛在其《五杂组》中也对利用云气来进行占候的方法提出质疑，认为"云气倏变，一岁四占，倘吉凶互异，当何适从耶？"④《马首农言》的作者祁寯藻对《时宪书》里记载的测龙治水中"龙少雨多，龙多雨少"的占候方法不以为然，并根据亲身体验

① 江苏省建湖县《田家五行》选释小组.《田家五行》选释 [M]. 北京：中华书局，1976.
② 贾思勰，原著. 齐民要术校释（第二版）[M]. 缪启愉，校释. 北京：中国农业出版社，1998：73.
③ 周文华. 汝南圃史 [M]. 赵广升，点校. 南京：凤凰出版社，2017：10–11.
④ 谢肇淛. 五杂组 [M]. 傅成，校点. 上海：上海古籍出版社，2012：27.

来举例驳斥道："道光十四年二龙治水时，雨调匀；十五年八龙治水，夏旱秋涝。"他还引用宋人王定国在《甲申杂记》中的相关记载为自己的观点进行辩护，云："崇宁四年乙酉，凡十一龙治水，自春夏迄秋，皆大雨水溢。"① 当代学者卜正民根据余象斗撰刻的《新刻天下四民便览三台万用正宗》中的"年岁荒熟歌"来验证其中所载占候知识的准确性。该歌诀是以立春日所属的天干情况来预测当年气候吉凶或农业荒熟的一种方法，即"立春日甲乙是丰年，丙丁遭大旱，戊己损田园，庚辛□□静，壬癸水盈川"②。卜氏通过干支推算与史书中的旱涝情况记载相对照来否认了其结果的准确性，如根据此口诀推算，"万历二十八年（1600）应该是大旱之年，然而，是年福建雨势磅礴，甚至冲垮了城墙和桥梁"③。

　　既然以现代科学的标准来审视传统占候知识可发现它们在很多时候并不能准确预测气候，但为何它们在中国古代的民间社会中却深受百姓推崇，甚至在明代中后期江南地区的地方志中都载有各式各样的占候知识呢？本章试图绕开以现代人观念中的科学性或准确性来审视古代农业占候的先验性视角，让占候回归到当时的历史情境中，以知识社会史的进路来重新考察明代中后期日用类书中的农业占候知识，挖掘促使其被迅速刊刻与流行市肆的社会背景，厘清其中农业占候知识的类别及其主要内容，分析这些农业占候条目的文献来源以及创新之处，并尝试以其中所载农业占候的具体内容来间接推测它们在当时的潜在读者群体，最后从环境和社会的互动中来探讨下明代中后期气候环境的变化对人们的心理与行为所产生的影响。

第一节　小冰期：农业占候知识进入日用类书的契机

　　农业是一种以自然再生产为基础而进行的经济再生产活动，气候条件

---

① 祁寯藻. 祁寯藻集 [M]. 太原：三晋出版社，2015：35.

② 余象斗，纂. 新刻天下四民便览三台万用正宗 [M]. 卷3·时令门. 日本东京大学东洋文化研究所藏书林双峰堂刻本，1599（明万历二十七年）：4b.

③ 卜正民. 挣扎的帝国：元与明 [M]. 潘玮琳，译. 北京：中信出版社，2016：72.

对农业生产起到至关重要的影响。中国古人很早就认识到"夫稼,养之者天也",农业生产活动必须"顺天时,量地利",才能取得"用力少而成功多"的良好效果①,合理认识与把握"农时"对农业的丰歉极为重要。古代朝廷会通过颁布历法来向民间授时,人们普遍认为"天气变于上,人物应于下矣"②,所以试图通过观察自然界的飞禽走兽与草木荣枯等现象来获取关于气候变化的信息。这些气候信息在古代农耕社会犹如和璧隋珠,以至于先秦《管子》里就说道:"民之知时,曰岁且阨,曰某谷不登,曰某谷丰者,置之黄金一斤,直食八石。"③汉时已有《杂阴阳》《师旷占》《子赣杂子候岁》等诸多部包含农业占候的专业性书籍出现,成书于北魏的《齐民要术》就对它们中的农业占候知识进行了些许转载。例如,"欲知岁所宜,以布囊盛粟等诸物种,平量之,埋阴地。冬至后五十日,发取量之,息最多者,岁所宜也";"欲知五谷,但视五木。择其木盛者,来年多种之,万不失一也"④;"凡种五谷,以'生''长''壮'日种者多实;'老''恶''死'日种者收薄;以忌日种者败伤。又用'成''收''满''平''定'日为佳。"⑤后世一些农书也遵循了贾思勰这种引入占候知识的传统,唐代韩鄂就将"占八节之风云、卜五谷之贵贱"⑥的占候术法写入其《四时纂要》中,该书在每个月份的农事安排之前都有占候的内容。但总体来说,当时占候类知识在农书中只占其中的极小比例与篇幅,且时有时无,是一个不甚重要且不稳定的组成部分,而这种情况直至元明时期才发生了重大的变化与转折。

元明时期,我国大部分地区的气候一改之前温暖的局面,开始逐渐趋于寒冷。不单是在中国,同一时期世界上其他很多地区如欧洲的气候也开始变冷,这就是气象学家所谓的"小冰期",许多权威科学家认为小冰期开始于约

① 贾思勰,原著. 齐民要术校释(第二版)[M]. 缪启愉,校释. 北京:中国农业出版社,1998:65.

② 王充,著. 论衡校释[M]. 北京:中华书局,1990:649.

③ 黎翔凤,撰. 管子校注[M]. 梁运华,整理. 北京:中华书局,2004:1309.

④ 贾思勰,原著. 齐民要术校释(第二版)[M]. 缪启愉,校释. 北京:中国农业出版社,1998:57-58.

⑤ 贾思勰,原著. 齐民要术校释(第二版)[M]. 缪启愉,校释. 北京:中国农业出版社,1998:73.

⑥ 韩鄂. 四时纂要校释[M]. 缪启愉,校释. 北京:农业出版社,1981:1.

1300年，结束于约1850年^①。卜正民在《挣扎的帝国：元与明》中对小冰期及其带来的气候变冷有如下描述：

> 元明两代正值气候异常时期，历史学家称之为小冰河期。大约自1270年起，地球与之前的四分之一世纪（即所谓的小适宜气候期，亦称中世纪暖期）相比变冷了。1370年左右，是第一个降温阶段的最低点，此后的一个世纪内气温略有回升。1470年左右，全球变冷的进程再次开始，气温进一步下降，一些从不下雪的地方也开始降雪。1494年，佛罗伦萨的积雪厚得吓人，当时的执政家族竟委托雕塑家米开朗琪罗堆一个巨型雪人。16世纪，气温变得更低，尽管这一变冷趋势偶尔会被短暂的回暖期打破。1630年左右，气温再次下降，终于在1645年达到了千年以来的最低点，这一极寒温度一直持续到1715年。^②

气候逐渐变冷这一趋势在传统农书中也得到诸多反映与证实。以柑橘类植物的种植为例，元代初年政府编纂的《农桑辑要》中还记载河南、山西等地区有栽培橘树，"西川、唐、邓，多有栽种成就；怀州亦有旧日橘树。北地不见此种"^③，而在成书略晚40年的《王祯农书》中，撰者就记载"橘，生南山川谷，及江浙、荆、襄皆有之……北地无此种，故橘逾淮南而成枳，地气使然也"^④，从中可以看出柑橘生长界限的南移。在王祯生活的年代，太湖地区的洞庭东西山是元帝国最为主要的柑橘产区之一，王祯曾称赞道："橘有数种：有绿橘，有红橘，有蜜橘，有金橘，而洞庭橘为胜，今充土贡。"^⑤洞庭橘因得益于"四面皆水"的小气候环境，能够"水气上腾，尤能避霜"^⑥，故而橘农从

① 布莱恩·费根. 小冰河时代：气候如何改变历史（1300—1850）[M]. 苏静涛，译. 杭州：浙江大学出版社，2013：57.

② 卜正民. 挣扎的帝国：元与明 [M]. 潘玮琳，译. 北京：中信出版社，2016：49.

③ 石声汉，校注. 农桑辑要校注 [M]. 西北农学院古农学研究室，整理. 北京：中华书局，2014：195.

④ 王祯. 农书译注 [M]. 缪启愉，缪桂龙，译注. 济南：齐鲁书社，2009：322-323.

⑤ 王祯. 农书译注 [M]. 缪启愉，缪桂龙，译注. 济南：齐鲁书社，2009：323.

⑥ 庞元英. 文昌杂录 [M]// 中国农业科学院、南京农业大学中国农业遗产研究室太湖地区农业史研究课题组编著. 太湖地区农业史稿. 北京：农业出版社，1990：239.

来不需要担心霜冻的危害，但在成书于明代弘治年间的《便民图纂》中，撰者邝璠却对该地的橘树能否安全过冬感到惴惴不安，他谨慎地向读者建议橘树"冬月须搭棚以蔽霜雪，至春和撤去"。弘治十四年至十六年（1501—1503），当地的气候变得更为寒冷，史称"连岁大雪，山之橘毙"[①]，柑橘种植业趋于凋敝。除柑橘种植的萎缩外，《便民图纂》中处处可见气候变冷的其他证据，如在第一章中我们所提及的书中所载的早稻已远非明初所谓的早稻，而书中提及在种植葡萄的时候，也须"冬月，将藤收起，用草包护，以防冻损"。小冰期导致的气候转冷给农业生产带来很大影响，根据陈家其的研究，明清时期太湖流域的气候变化使得该地区双季稻种植面积减少，粮食复种指数下降；彼时冷冻与水旱等自然灾害频发，更使得当地粮食产量下降；亚热带经济林木、柑橘、茶叶等植物的安全越冬受到严重威胁[②]。频仍的自然灾害及其带来的农业减产使人们对天气状况更加关注，元末明初的吴中人娄元礼编纂了一本民间农业气象与占候的书籍《田家五行》，这本书因为适应了人们的现实需要而在民间被广泛传播，邝璠将其大量引入自己的《便民图纂》中，专辟两章"杂占类"与"月占类"来讲述占候类知识，而稍晚这些知识又被徐光启转引入其《农政全书·农事·占候》中，至此，占候知识批量进入农书并开始成为其中的一个单独部分。与此同时，明代中后期迅速发展的书坊刻书业也即时响应了民间百姓对天气占候知识的需求，书商们迅速刊刻了一批含有大量农业占候知识的日用类书。而在当时同处于小冰期阴云笼罩下的西欧地区，占候类的农书也开始出现并流行了起来，譬如从拥有自己庄园的小农场主吉勒斯·德古贝尔维尔（Gilles de Gouberville）的日记中就可以看出糟糕的天气状况对他采取占候知识的影响：

> 　　德古贝尔维尔讲求实效、注重实干而不耽于迷信。譬如，他并不像其他农场主那样在月圆时播种。1557 年，他曾一度迷信上了诺斯

---

　　① 胡古愚. 树艺篇 [M] // 顾廷龙，主编，《续修四库全书》编纂委员会编. 续修四库全书 977 子部·农家类，上海：上海古籍出版社，2002：726.

　　② 陈家其. 明清时期气候变化对太湖流域农业经济的影响 [J]. 中国农史，1991（3）：30–36.

特拉德马斯（Nostradamus）的占星术，根据占星家预测的时间来种植
农作物，然而 1558 年却收获平平。自此以后，他将占星书弃置一旁，
从单一谷物转向多样化种植。[①]

从这则材料中可以看出，当时欧洲的许多农场主普遍信奉占候之术并将它们
作为从事农业生产的指导，在极端天气的影响下，甚至从不迷信的德古贝尔
维尔也曾尝试按照占星家预测的时间来进行农作物播种。由此可见，在当时
那个"落后的农业技术也无法适应气候的冷暖变化"的年代，中西方的农业
经营者皆无力抵御恶劣天气及其对农业造成的消极影响，都不得不依靠农业
占候来提前预测以趋利避害。

第二节　明代中后期日用类书中的农业占候知识

现存最早的日用类书是由南宋福建崇安人陈元靓编纂的《事林广记》，而
陈元靓本人同时又是另一部岁时节日类文献《岁时广记》的编纂者。在《岁
时广记》中，陈元靓对卜晴雨、占丰歉、观云色、占果实、祈蚕福等民间农业
占候知识表现出浓厚的兴趣，所以在《事林广记》的"天文类"部分，陈氏也
向他的读者介绍了有关天象、历候与节序的三种知识，在"历候"部分对六十
甲子、元旦杂占、岁首杂占、岁节晴雨等农业占候知识有过简单的叙述。但
陈氏开创的这种写作方式并未被后世书商效仿，成书于元代以及明代早期的
日用类书中皆没有包含农业占候知识，只有到了明代中后期，随着气候的变
化与气温的转冷，农业占候这种以往在占候专书或农书中特有的知识才被
又一次纳入日用类书中，并成为当时日用类书中诸类知识的重要一环。明
代中后期日用类书中的农业占候知识一般被撰者放在"时令门"部分，在有
些没有设置"时令门"章节的日用类书中，撰者则将农业占候知识置于"天

---

① 布莱恩·费根. 小冰河时代：气候如何改变历史（1300—1850）[M]. 苏静涛，译. 杭州：浙江大学
出版社，2013：100.

文门"中。从现存诸种明代中后期刊刻的日用类书来看,其中至少有13部含有农业占候的篇幅,它们按照大致成书时间分别是:万历戊戌年(1598)林绍周辑《新刊理气详辩纂要三台便览通书正宗》九卷"未刊卷名",万历二十七年(1599)余象斗编《新刻天下四民便览三台万用正宗》卷之三"时令门",万历二十八年(1600)徐会瀛编《新锲燕台校正天下通行文林聚宝万卷星罗》四卷"时令门",万历三十五年(1607)武纬子补订《新刊翰苑广记补订四民捷用学海群玉》"时令"四卷,万历年间陈允中编《新刻群书摘要士民便用一事不求人》"时令门"第四卷[①],万历三十五年(1607)龙阳子编《鼎锓崇文阁汇纂士民万用正宗不求人全编》卷之四"时令门类",万历三十八年(1610)徐企龙编《新刻全补士民备览便用文林汇锦万书渊海》一卷"天文门",万历四十二年(1614)朱鼎臣编《新刻邺架新裁万宝全书》卷之五"时令门",万历四十二年(1614)徐启龙编《新刻搜罗五车合并万宝全书》卷之五"时令门",万历年间不著撰者《新刊天下民家便用万锦全书》第一卷"天文类",万历年间葆和子编辑《万珠聚囊不用求人》一卷"天文门",万历末崇祯初书林三槐堂王泰源梓《新刻艾先生天禄阁汇编採精便览万宝全书》"时令"三卷,崇祯戊辰(1628年)存仁堂陈怀轩梓《新刻眉公陈先生编纂诸书備採万卷搜奇全书》中的"天文门"第一卷与"时令门"第十卷。(其主要目录与内容详见表4-1)上述这批日用类书多为福建的建阳书坊所刻印,其余氏、熊氏、积善堂、树德堂等词汇就明显显示出它们的建阳性质。建阳地区的刻书业萌生于五代,繁荣于南宋,到明代中后期书坊的刻书事业达到鼎盛时期,但建版图书历来也存在着刊刻质量较差且错讹甚多的缺点,明人郎瑛在其《七修类稿》中对其大肆批判,曰:"我朝太平日久,旧本多出,此大幸也。惜为建阳书坊所坏。盖闽专以货利为计,凡遇各省所刻好书,闻价高,即便翻刻,卷数目录相同,而于篇中多所减去,使人不知,故一部止货半部之价,人争购之。"[②]该地区书坊对于日用类书的刊刻更是如此,因为日用

---

① 该书与前面的《新刊翰苑广记补订四民捷用学海群玉》皆为建阳书坊书林熊冲宇所刊刻,故而将其放在一起。

② 郎瑛. 七修类稿 [M]. 上海:上海书店,2001:478.

类书的内容大多是采自于诸书，所以同一版本书籍中各卷的名字不同，如万历甲寅刊刻的《新刻邺架新裁万宝全书》卷一为"龙头一览学海不求人卷之一"，而记载占候知识的卷五又题作"新刻搜罗五车合并万宝全书卷之五"，是一个典型的拼凑本，该书所载的占候知识题目及其内容与《新刻搜罗五车合并万宝全书》一模一样，极有可能是直接使用了它的雕版。有些日用类书中记载的农业占候知识即便有自己的特色，但其中的某些部分也是明显抄自于其他日用类书，这虽然极大拉低了当时日用类书类书籍的整体性原创水平，但在客观上为我们研究其中的农业占候知识提供了诸多便利之处，下面将对明代中后期日用类书中所载农业占候知识的类型及其主要内容进行简要分析。

表4-1　　　　　　　　　　明代中后期日用类书中所载占候情况

书名	卷名	主要内容	出版年份及出版者
《新刊理气详辩纂要三台便览通书正宗》	九卷	岁时纪事、岁旦求龙治水法、四时占候等	万历戊戌年（1598）林绍周辑
《新刻天下四民便览三台万用正宗》	卷之三"时令门"	四时训释、四时八节	万历二十七年（1599）余象斗编
《新锲燕台校正天下通行文林聚宝万卷星罗》	四卷"时令门"	（上栏）岁时纪事（占节、占日、占风云、断四时）	万历二十八年（1600）徐会瀛编
《新刊翰苑广记补订四民捷用学海群玉》	"时令"四卷	（上栏）岁时纪事（占节、占日、占风云、断四时）	万历三十五年（1607）武纬子补订
《新刻群书摘要士民便用一事不求人》	"时令门"第四卷	（上栏）岁时纪事、日辰占论	万历年间陈允中编
《鼎锓崇文阁汇纂士民万用正宗不求人全编》	卷之四"时令门类"	（上栏）岁时纪事俱全	万历三十五年（1607）龙阳子编

（续表）

书名	卷名	主要内容	出版年份及出版者
《新刻全补士民备览便用文林汇锦万书渊海》	一卷"天文门"	天文占察	万历三十八年（1610）徐企龙编
《新刻邺架新裁万宝全书》	卷之五"时令门"	岁时纪事、气候本始、节令详明、天文占察	万历四十二年（1614）朱鼎臣编
《新刻搜罗五车合并万宝全书》	卷之五"时令门"	岁时纪事、气候本始、节令详明、天文占察	万历四十二年（1614）徐启龙编
《新刊天下民家便用万锦全书》	第一卷"天文类"	（下集）天文备览、天文考占	万历年间不著撰者
《万珠聚囊不用求人》	一卷"天文门"	天文祥异、太极图说、星象缠度、风云占察	万历年间葆和子编辑
《新刻艾先生天禄阁汇编採精便览万宝全书》	"时令"三卷	（上栏）岁时纪事、天时琐占（下栏）时令门计十六条	万历末崇祯初书林三槐堂王泰源梓
《新刻眉公陈先生编纂诸书偹採万卷搜奇全书》	"天文门"第一卷	（上栏）天文祥异	崇祯戊辰（1628）存仁堂陈怀轩梓
	"时令门"第十卷	（上栏）岁时纪事、杂占天时	

明代中后期日用类书中所载的第一类农业占候知识是根据天干地支对一年中雨水、蚕桑等涉及农业生产的因素进行预测的推算方法。推算该年几龙治水的方法是"自岁旦日数去，遇辰日则为龙治水，如正月初一日遇辰即为一龙治水，初二日遇辰即为二龙治水，余仿此"①，即从农历新年的第一天算起，第几天碰到辰（辰为龙）日，该年就为几龙治水。辰日并不是特定的一个日子，但根据六十甲子，每隔12天即会出现一次，所以每年最少为一龙治水，最多则为十二龙治水。不同数量的龙代表着雨水的多寡，俗话说"龙多

① 朱鼎臣，编. 新刻邺架新裁万宝全书 [M]. 卷5·时令门. 日本东京大学东洋文化研究所藏潭邑书林对山熊氏刊本，1614（明万历四十二年）：7b.

主旱"，宋代文献《甲申杂记》对此有过解释："老人言历日载几龙治水，惟少为雨多，以其龙数多，即雨少也。"[①] 推算当年几牛耕地的方法是"自岁旦日数去，遇丑日为牛耕地，如正月初一日得丑便为一牛耕地，初二得辰（应为丑）便为二牛耕地。"[②] 牛的数量多多益善，某些地区的民间就有"一牛耕田耕不撒，九牛耕田牛有歇"的农谚[③]。类似的还有求蚕食几叶的方法，即"以岁日数去，见木为蚕食之叶也，如正月一日属木便是蚕食一叶，余者仿此"，但此中却又含有求姑把蚕的方法，即"四孟年一姑把蚕，四仲年二姑把蚕，四季年五（应为三）姑把蚕……四孟年乃寅申巳亥，四仲年乃子午卯酉，四季年乃辰戌丑未"[④]。根据民间的说法，"大姑多损伤，二姑最吉，三姑则吉凶无定"，这种占卜蚕桑的方法在养蚕地区十分兴盛，比如湖州养蚕的村落每年正月中旬时会有"村夫村妇共相推论"[⑤] 的局面。辛为禾花的意思，辛数越多就预示着当年会得到更好的收成，推算得辛的方法是"自岁旦日数去，遇辛日为得辛，正月初一得辛便是一日得辛，初二遇辛便是二日得辛"[⑥]，古人常常于得辛之日祈谷。社日是我国古代农民祭祀土地神的节日，每年有春社和秋社两次社日。社日对农业生产颇为重要，以至于有些作物的种植都将它作为参考标准，如王祯在谈及种麦时就说："八月社前，即可种麦；经两社，即倍收而坚好。"[⑦] 春秋两社也是举行社祀祈报的重要日子，"历代之祭，虽粗有不同，而春秋二仲之祈报，皆不废也"[⑧]，祈报的内容就是期望农事顺遂丰收，即"春祭祈谷之生……秋祭报谷之熟也"，故而社日对农家生活颇为重要。社日

---

① 孙锦标. 通俗常言疏证 [M]. 北京：中华书局，2000：31.

② 朱鼎臣，编. 新刻邺架新裁万宝全书 [M]. 卷5·时令门. 日本东京大学东洋文化研究所藏潭邑书林对山熊氏刊本，1614（明万历四十二年）：7b.

③ 中国民间文学集成全国编辑委员会，中国民间文学集成湖北卷编辑委员会，编. 中国谚语集成·湖北卷 [M]. 北京：中央民族大学出版社，1994：571.

④ 龙阳子，编. 鼎镌崇文阁汇纂士民万用正宗不求人全编 [M]. 卷4·时令门类. 潭阳余文台刊本，1607（明万历三十五年）：2b.

⑤ 高铨. 蚕桑辑要 [M]. 卷下·占蚕. 遵义王青莲刻本，1831（清道光十一年）：37a.

⑥ 龙阳子，编. 鼎镌崇文阁汇纂士民万用正宗不求人全编 [M]. 卷4·时令门类. 潭阳余文台刊本，1607（明万历三十五年）：1b.

⑦ 王祯. 农书译注 [M]. 缪启愉，缪桂龙，译注. 济南：齐鲁书社，2009：54.

⑧ 王祯. 农书译注 [M]. 缪启愉，缪桂龙，译注. 济南：齐鲁书社，2009：153.

的推算方法是"自立春、立秋后数至第五个戊字便为社也",也有另一种说法是"六戊为社",原因在于立春或立秋的具体时刻之不同,即"在午前定五戊为社,如在午后即六戊为社"①。雨水多寡对我国南方地区的稻作农业有重大影响,宋代刘攽诗曰:"种田江南岸,六月才树秧。借问一何晏?再为霖雨伤。"②刘攽诗就鲜明地体现出雨水过多对水稻插秧的消极影响。我国江淮地区在农历三月至五月间出现的梅雨天气更是对农业有重大影响,因为此时正值水稻移栽的时期,雨水过多可能会导致农民有"重种二禾之患",所以古人十分重视对梅雨日期的推算。日用类书里关于梅雨的推算方法是引用了宋人陆佃的说法,即"《埤雅》云:闽人以立夏后逢庚日入梅,芒种后逢丙入,小暑后逢未出",并说"今之梅雨说者,由此知之"③。此外,日用类书中还有推算三伏日、液雨日、定闰月等日期的方法,在此就不逐一详述。这些推算类的农业占候知识在民间流传甚广,以至于"至于求龙治水、求牛耕地、几日得辛、求二社,则人皆知,不必细言矣"④。先前文献多将其视作在民间流行的底层农业占候知识而未加以记载,仅在黄历等少数非正规文献中可以看到,甚至处于小冰期影响下创作的《田家五行》与《便民图纂》中也皆未涉及相关内容。故而高铨在推论蚕桑情况的占候部分写道:"村夫村妇共相推论,而于古人占候之书罕见有明其术者。"⑤明代中后期日用类书的编纂者第一次将该类农业占候知识纳入书中并进行系统化记载,从侧面体现了日用类书这类文本的民间属性。

明代中后期日用类书中第二类农业占候知识是根据每年某些月份中的特定日期(如节气或节日)来进行占候的一系列方法,被古人称之为"月占类"。

---

① 龙阳子,编. 鼎锓崇文阁汇纂士民万用正宗不求人全编 [M]. 卷4·时令门类. 潭阳余文台刊本,1607(明万历三十五年):1b.

② 刘攽. 江南田家 [M]// 宁业高,桑传贤,选编. 中国历代农业诗歌选. 北京:农业出版社,1988:255.

③ 龙阳子,编. 鼎锓崇文阁汇纂士民万用正宗不求人全编 [M]. 卷4·时令门类. 潭阳余文台刊本,1607(明万历三十五年):2a.

④ 丁柔克. 柳弧 [M]. 北京:中华书局,2002:102.

⑤ 高铨. 蚕桑辑要 [M]. 卷下·占蚕. 遵义王青莲刻本,1831(清道光十一年):37a.

旦日是一年中的第一天，人们相信在此时占候多有应验，旦日所属的天干情况可以反映出诸多农事信息，若该日为甲，那么当年会稻米价贱而人得瘟疫，如若是丙日，就会有连续四十天干旱，值己日则"米贵蚕凶，多风雨"①……立春是传统二十四节气中的第一个节气，在立春当天占卜能获得诸多信息，南宋之前的文献《占书》中就记载着在立春日进行农业占候的方法，云："立春日，艮卦用事。艮风来，宜大豆。其日雨，伤五谷"②。明代中后期日用类书中有着更多关于立春日农业占候记载，如断定当年农业丰歉的"年岁荒熟歌"就是通过立春日当天所属日期的天干来判断当年的总体状况，即"阴阳一气先，造化总由天。常看立春日，甲乙是丰年。丙丁遭大旱，戊己损田园。庚辛人不静，壬癸水盈川"③。此外还有以立春当日所属的五行情况来进行农业占候的方法，"立春歌"里就提及"立春见金果木稀，低田水灾高禾宜"。立春当天的气象状况同样会关系到当年的天气和收成，如"立春天气晴，百物尽收成。立春一日雨，四时雨均平"。立春当日的云色、风向等也会关系着某种作物的丰收或一年的总体丰歉情况，如"东方青云小麦熟，南离赤色小豆多。西方白云糯谷好，北坎黑雾麦苗少。若见黄色禾丰盛，中央黄霞黍米得。一年云色在春看，至晚不见日色现。一岁大熟民欢庆，有风一日禾半收。风云聚会人多疾"。根据正月上旬的天干情况也能占卜当年的总体情况，即所谓"甲子丰年丙子旱，戊子蝗虫庚子乱④。惟有壬子水滔滔，只在正月上旬看"……立冬日也是进行农业占候的良辰佳日，《田家五行》称："立冬日西北风，主来年旱天热。"《新刊翰苑广记补订四民捷用学海群玉》将立冬日的农业占候编成歌诀，曰："立冬属火来年旱，逢水来春水必多。遇金来夏豆麦好，遇木次夏水旱灾。值土来年五谷盛，处处田禾足丰盈。"此外，一年中的其他节气或节日也是农业占验的好时节，日用类书的编纂者将一年中占候

---

① 陈允中，编. 新刻群书摘要士民便用一事不求人 [M]. 卷4·时令门. 书林种德堂版，万历年间：1a.

② 陈元靓. 岁时广记 [M]. 许逸民，点校. 北京：中华书局，2020：175.

③ 武纬子，补订. 新刊翰苑广记补订四民捷用学海群玉 [M]. 卷4·时令. 潭阳熊冲宇种德堂版，1607（明万历三十五年）：4b.

④ "乱"字，《田家五行》作"叛"，即所谓发生叛乱的意思。

应验的日期及其对应的吉凶丰歉编成两首歌诀：

岁节晴雨歌

旦日晴和无日色，年丰四时人安息。上元日出晴明秀，万花茂盛百草就。

社日下雨年时美，树枝无花果凋萎。三月三日若下雨，蚕娘抽丝乐栩栩。

清明午前一日晴，早蚕大旺不须惊。午后清明晚蚕好，夜雨麦烂蚕胃稿。

四月四日云雾雨，米谷贵来人叹息。四月八日大雨施，一年丰熟花果稀。

四月十二雨纷纷，大小麦苗收四门。立夏日晴多早应，端阳日色来年盛。

夏至下雨大丰登，立秋晴明半收成。小雨吉时大雨凶，禾苗虫食无一容。

秋分日晴物不生，天明小雨人吉庆。秋社雨报来年丰，重阳雨大熟盈光。

冬至日色盛若明，万家苦懼人切叫。风寒一日暗阴霾，人人吉庆足欢怡。

年月丰稔歌

正月：岁朝雾黑四边天，大雪纷纷是旱年。若得立春晴一日，农夫不用力耕田。

二月：惊蛰雷狂未足奇，春分有雨病人稀。月中但得逢三卯，豆果棉花处处肥。

三月：风雨相逢初一头，乡村瘟疾万人忧。清明风发南上起，定主农家更有收。

四月：立夏东风小满疴，晴逢初八果生多。雷鸣甲子庚辰日，必主蝗虫侵稻禾。

五月：端阳有雨是农家，芒种逢雷美一年。夏至风起西北上，瓜蔬园内受熬煎。

六月：三伏之中逢酷热，五谷田中秋不结。人若不生灾和孽，定是三冬多雨雪。

七月：立秋无雨是堪愁，万物从来只半收。处暑若逢天下雨，纵然结实也悲忧。

八月：秋分天色日虚多，处处欢声满唱歌。只怕此日雷电闪，冬来米贵受奔波。

九月：初一风来民疾损，重阳无雨一冬晴。月中红霞人多疾，若得雷鸣米价增。

十月：立冬此日若逢壬，来年低田极费心。此日怕逢壬子辰，人民疾病受灾侵。

十一月：初一西风盗贼多，更逢大雪有灾魔。冬至天阴无日色，来年定唱太平歌。

十二月：初一西风六畜瘴，若逢雪日混相映。但过此日晴明好，分付农夫舒愁怅。

"岁节晴雨歌""年月丰稔歌"均载于《新刻天下四民便览三台万用正宗》与《新刊翰苑广记补订四民捷用学海群玉》这两本日用类书中，前者是根据一年中特定日期与节气的晴雨状况来预测以小麦、水稻、蚕桑为主的农业生产情况；后者是以月份为纲，根据该月份中节气或其他日期中的风雨、阴晴、雷鸣、日色、霞光、冷暖以及天干地支等情况来占测农业丰歉与吉凶，所关注的对象依然是以水稻、棉花、果蔬等经济价值较大作物为主的丰歉信息。其他日用类书中虽然没有这种年度性质的农业占候歌诀，但也有类似按照节气和节日来进行占候的记载。例如，在《新刻邺架新裁万宝全书》《新刻搜罗五车合并万宝全书》与《新刻群书摘要士民便用一事不求人》中载有一种名为"八节气候"的占候方法，就是按照时间顺序分别对元旦、春分、立夏、夏至、立秋、秋分、立冬、冬至这八个时间节点进行占候，而风的来向是其主要推测依据，如"元旦日风东来夏籴贱，南来夏籴贵主旱，西来春夏米贵豆熟，北来有水灾。春分日风东来麦贱年丰，南来五月先水后旱，西来麦贵，北来米贵……"① 此外，《新刻搜罗五车合并万宝全书》中还载有对重要节气的云象进行占候的方法，名为"预占八节云气"。明代中后期日用类书中月占知识的主要来源是宋元时期的占候专书，其中最重要的来源是《田家五行》，但日用类书在它的基础上增添了许多新的知识。以元旦占候为例，明代中后期日用类书增加了该日天干地支及其相对应的占候方法。再如立冬，《田家五行》

---

① 朱鼎臣，编. 新刻邺架新裁万宝全书 [M]. 卷5·时令门. 日本东京大学东洋文化研究所藏潭邑书林对山熊氏刊本，1614（明万历四十二年）：5a-5b.

中仅利用该天的晴雨和风向等信息来进行占卜，但日用类书的撰者将立冬当天所属的天干、地支、五行等情况都纳入占验的范畴。例如，以干支而论，"立冬此日若逢壬，来年低田极费心。此日怕逢壬子辰，人民疾病受灾侵"；从五行来说，"立冬属火来年旱，逢水来春水必多"。这些都是对以往占候书籍中相关知识的进一步丰富和补充，以更适合民间生活的实际需要。另一个重要特点是日用类书将以往占候书籍中记载的和采自民间农谚俚语中的农业占候知识进行深度加工与处理，将这些零散的信息汇总并编成朗朗上口的歌诀，以方便百姓记忆与诵读。日用类书中所载的"年岁荒熟歌""甲子荒熟歌""立春歌""岁节晴雨歌""年月丰稔歌""定寅时歌""定闰月法歌""无风即雨诀"等皆属此类。歌诀是形象记忆的一种形式，特点是将信息内容高度浓缩，使其流畅押韵且朗朗上口，便于诵读与记忆，历来深受技术传播者们的青睐与技术受众的喜爱。例如，徐光启就曾将种植棉花的技术要点编成口诀，希望"傥知书者口授之，妇女婴儿必可通也"[1]。明代中后期日用类书所创新的歌诀化占候知识也为后世广为传播，如在清至民国期间流传于婺源地区民间村落的日用类书《目录十六条》中，就抄有"预占八节云气"等内容[2]。

天时占候也是明代中后期日用类书中农业占候知识的一个重要组成部分，包括天文类与气候类两种形式，主要是根据日月星辰、风雨雷电等自然现象来推测未来天气或农事状况的方法[3]。例如，日用类书"占日"或"论日"条里就说："日若生晕者主有雨，日抱耳不晴，南耳晴，北耳雨，断风绝雨，乌云接日次日必雨。"[4]这条天时占候中包含三则信息：一是出现日晕是要下雨的征兆；二是通过日珥可以预测天气，日珥出现在太阳的南侧就预示天晴，出现在太阳北侧就是有雨的征兆；三是倘若日落时出现乌云遮日现象，第二天必定会下雨。"论月"的内容为"月生晕主风，更看何方缺，风从缺方来。

---

① 徐光启. 农政全书校注（中）[M]. 石声汉，校注；石定枎，订补. 北京：中华书局，2020：1245.

② 王振忠. 清代前期徽州民间的日常生活：以婺源民间日用类书《目录十六条》为例 [M]// 陈锋，主编. 明清以来长江流域社会发展史论. 武汉：武汉大学出版社，2006：706.

③ 关于节气或节日特殊日期的天象记录及其占候意义已包含在"月占类"中。

④ 酒井忠夫，监修. 五车万宝全书（一） 中国日用类书集成 8[M]. 坂出祥伸，小川阳一，编. 東京：汲古書院，2001：161.

月如仰瓦，不求自下"。"论星"的内容包括星光闪烁不定，预示要起风；夏季夜空中星星数量多，预示第二天会很炎热；明亮的星斗照耀着雨后的湿地，那么明天依旧还会下雨。"论风"主要是以当天的风量和起风的时间来推算未来刮风的情况；通过风可以占卜未来的晴雨寒暑，如东风预兆着有雨，冬天连续刮三天南风就要下霜等。"论雨"主要讲述天亮时如果下一阵雨，那么白天必然是晴天；骤雨和快雨都容易迅速晴天；春天气候寒冷主多雨等。云移动的方向也可以来预报晴雨，即"云行东，马头通；云行西，马溅泥；云行南，雨涨潭；云行北，好行客"①，这是一种非常古老的占候方法，在汉代崔寔的《四民月令》与宋代孔平仲的《谈苑》中都有类似之表述。正月初一（即岁旦）是一个实施占候的良机，当天的天文状况可以反映出很多农事甚至人事的内容：该天有露，当年蚕叶就会贱；有雷鸣，会导致一方不安宁；有闪电，就预示着主人有殃；有降雪，预示当年夏天会干旱少雨。除了岁旦以外，在其他时间也可以凭借这些天文状况来进行占验：在夏秋之间的晴天夜里若看到远处有闪电，那么依据闪电发生的方向来判断，"在南主晴，在北主雨"；春天若有霜的话，当日必定会有降雨；地面如若像出汗一样湿润，就会有暴雨发生。日用类书中的该部分内容主要采自于《田家五行》，因为相比起其他具有神秘色彩的占候书籍，《田家五行》中记载的很多占候条目都是出自于老农的观察与生活实践，故而准确率颇高。例如，康熙《盐山县志》的编纂者就说："占候之词，历无明效，而杂说谬陈，互相予盾，夫月令阴阳尚有未洽，岂应胶执烦文自滋疑惑。独《田家五行》取其切于农事，为邑人所恒称者，存之以备征验焉。"②日用类书的编纂者们对《田家五行》中的内容进行了一些筛选与简化，使其便于携带，又可降低印刷成本。例如，他们将"明星照烂地，来朝依旧雨。言久雨正当黄昏，卒然雨住云开，便见满天星斗，则岂但明日有雨，当夜亦未必晴。屡试屡验"这一条知识简化为"明星照烂地，次日雨不住"。因为这些内容本就来自民间，老百姓自身对这些农谚所指示的内容

① 陈允中，编. 新刻群书摘要士民便用一事不求人 [M]. 卷4·时令门. 书林种德堂版，万历年间: 7b.
② 彭君谷，修，钱国寿，纂.（康熙）盐山县志 [M]. 卷9·占候. 刻本，1671（清康熙十年）: 6a.

并不陌生，不必再作进一步的解释。同时，编纂者们将原书中结构稍复杂的字改为同义或同音的简单字，以便于识字不多民众们的阅读。例如，他们将《田家五行》中的"截"改为意思相近的"绝"，将"阙"改成"缺"。这种例子在日用类书中甚为普遍，但他们偶尔也会在简化的过程中出现一些失误。例如，在说到日珥之时，撰者提到"南耳晴，北耳雨，断风绝雨"，我们很难从这句话中看懂"断风绝雨"的意思，查看《田家五行》才知道原文是"南耳晴，北耳雨，日生双耳断风截雨"，即断风绝雨这种气象状况是在出现日生双耳的前提条件下发生的，所以删除限定条件后，就会令人不知所云。

值得注意的是，一种以图像形式出现的新式天文占候方法首次被载入明代中后期刊刻的日用类书中，这些图像很难找到其具体来源，据卜正民猜测很可能是某种在民间流传的秘密性知识①。该类图像多被命名为"天文祥异"且多被放在"天文门"而非"时令门"中。它们的预测范围很广，主要涉及政局动荡、敌寇入侵、瘟疫灾荒这几个方面，但它们占卜的依据是天文与天象，而预测的结果里也涉及风雨旱涝与农业荒熟，所以我们姑且也将其算作天时占候的一种形式。图4-1中的图a表示没有云彩却下雨的状况，出现这种气象状况预示着未来会有旱灾；图b代表日出如火焰状，预示着未来的三年都会出现大旱；图c表示彗星入亢，主五谷大熟、天下丰登；图d是彗星入胃，预示一年之内必有饥荒；图e是刮风的符号，其发生在不同节气有不同的意义，"清明风起主纸贵，谷雨起风主麦无收，重阳风主米谷贵"；图f为"昼昏人无影"，即太阳暗淡而看不到人的影子，主有大水；图g表示月亮上有数重月晕，总体而言，意义是一种不好的征兆，同时该现象出现在不同月份也代表不同的意义，如果出现在三、四月就会有水灾，发生在五、六月表示有旱灾，发生在十月就表示适宜进行商业活动，发生在十二月就预示粟米的价格会上升；图h表示彗星入箕的现象，预示着人们将饱受饥馑和瘟疫，稻米与其他谷物的价格都会上涨。这种通过图示来占候天象吉凶的方法在明代中后

---

① 卜正民. 纵乐的困惑：明代的商业与文化 [M]. 方骏，等，译. 桂林：广西师范大学出版社，2016：185.

期若干部日用类书中皆有所记载，且经常被日用类书的编纂者们放置在全书卷一"天文门"上半栏中的显要位置。这也侧面反映出该类知识在日用类书编纂者、书商乃至他们认为的潜在读者心目中有着重要的意义。

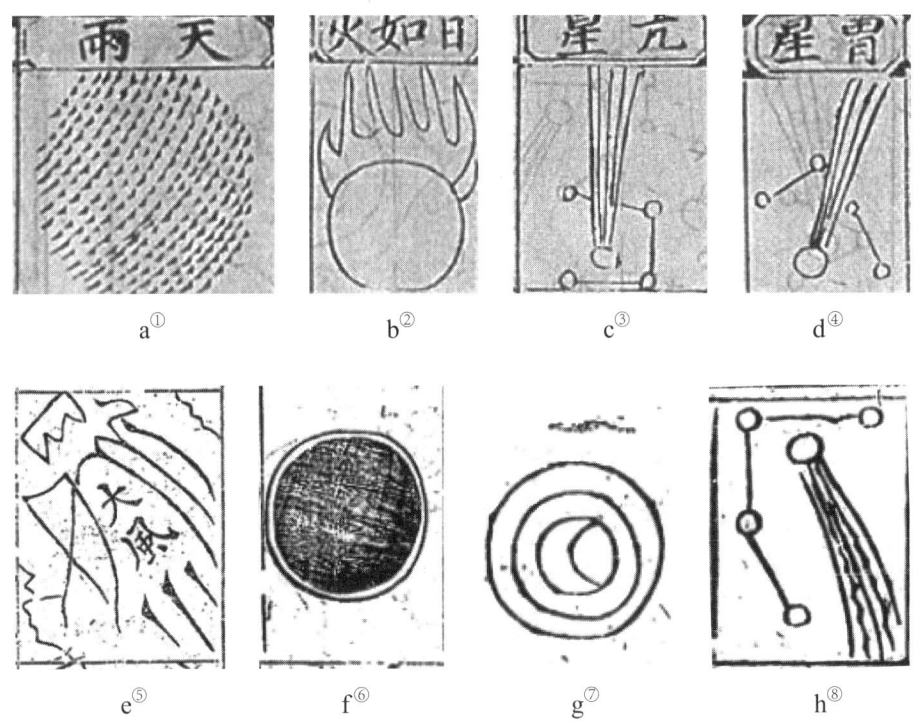

图4-1　日用类书记载的一些关乎农业生产状况的天文祥异现象

① 陈允中, 编. 新刻群书摘要士民便用一事不求人 [M]. 卷1·天文门. 书林种德堂版, 万历年间: 1b.

② 陈允中, 编. 新刻群书摘要士民便用一事不求人 [M]. 卷1·天文门. 书林种德堂版, 万历年间: 2a.

③ 陈允中, 编. 新刻群书摘要士民便用一事不求人 [M]. 卷1·天文门. 书林种德堂版, 万历年间: 9a.

④ 陈允中, 编. 新刻群书摘要士民便用一事不求人 [M]. 卷1·天文门. 书林种德堂版, 万历年间: 10b.

⑤ 余象斗, 纂. 新刻天下四民便览三台万用正宗 [M]. 卷1·天文. 日本东京大学东洋文化研究所藏书林双峰堂刻本, 1599（明万历二十七年）: 2b.

⑥ 余象斗, 纂. 新刻天下四民便览三台万用正宗 [M]. 卷1·天文. 日本东京大学东洋文化研究所藏书林双峰堂刻本, 1599（明万历二十七年）: 4a.

⑦ 余象斗, 纂. 新刻天下四民便览三台万用正宗 [M]. 卷1·天文. 日本东京大学东洋文化研究所藏书林双峰堂刻本, 1599（明万历二十七年）: 9a.

⑧ 余象斗, 纂. 新刻天下四民便览三台万用正宗 [M]. 卷1·天文. 日本东京大学东洋文化研究所藏书林双峰堂刻本, 1599（明万历二十七年）: 13b.

第三节　农商并用：日用类书中农业
占候知识的阅读群体

　　明代中后期日用类书的编纂者多用"四民利用""四民捷用"或"四民要览"等作为标题来宣扬该类书籍的读者对象是以士、农、工、商为代表的庶民大众群体。现代日用类书的研究者们却倾向于认为，虽然明代中后期整个社会的识字率比之前有较大提升，但这种天下四民皆为其读者的阅读盛况只是盈利性书肆为了售卖书籍而营造的一种夸张性说辞。现代研究者们通过估算当时社会中民众的识字率对四民皆为读者的说法进行了否定，但在关于这种识字率是指低层次的"功能性识字能力"还是更高层次的识字能力的方面，学者们也是莫衷一是[①]。本节试图绕开识字率的数字陷阱，通过梳理日用类书中农业占候条目的具体内容来确认这些占候文本的潜在受众是谁，撰者在编纂日用类书时心中预设的读者对象为何人，以及这些农业占候知识的背后又有着何种社会需求。

　　生活在乡间的农夫、农妇和专门从事占候的专业性人士（如阴阳官、阴阳生）[②]是从事农业占候活动的主体，也是占候经验的主要创造者。这些零散而毫无章法的占候经验只有经过士人群体的归纳、加工和整理才能成为一种知识。士人在农业占候知识的流传中占据重要的地位，他们是农业占候知识的记载者和阅读者。农业占候知识只有经由士人的中介才能传递给社会上的其他阶层，其中最主要的方式就是官员向民间传播农业占候知识，南宋年间官员高斯得就是个极好的例证。高氏在任地方官时频繁为辖下的百姓占候农

---

　　① 尤陈俊. 法律知识的文字传播：明清日用类书与社会日常生活 [M]. 上海人民出版社, 2013: 40–46.

　　② 根据史料记载，专门从事占候活动的人士还有日官和畴人等群体，有时候巫师也会参与占候。参见谢智飞. 北宋士人笔下的农业：以北宋笔记为中心 [D]. 北京：中国科学院大学, 2018: 61–63.

业情况，在严州时曾对当年的风调雨顺表示满意，称其"皆应候"[①]；在福建任职时，也宽慰治下的农民，告诉他们今年"太史所占，又主丰登"[②]。吴泳在隆兴府劝农的时候也说：

> 况职在劝农，朝夕思念，惟恐岁一不登，以病吾农，故为汝占丙午太岁，则有麻麦加倍之谣；占正旦清明，则有米贱蚕善之证；占月朔遇辛，则有五谷皆熟之兆；占甲子不雨，则无赤地千里之忧。又为汝预占先分后社，则犹恐夺汝之食，俾汝不得挝田鼓、赛社翁也；又为汝占有闰之岁，则又恐节气近后，田收晚而谷米虚也。[③]

迨至明代中后期情况依然如此，万历年间慈利县的县志编纂者在谈及农业占候时说："占候之术，虽非授时之正法，然其谈水旱灾祥时或奇中，故择其有关于分至启闭者存之，以为农事资焉，亦庶几敬授民时之意也。"[④] 即号召官员来学习农业占候知识，而后通过"敬授民时"的方式将这些知识传播到民间社会，但这种由官员口授农业占候知识的情况也在慢慢发生变化。陈子龙在为徐光启整理《农政全书》时认为"夫气序占测，岂必季冬所颁，畴人所习哉！农师耕夫能言之矣"；袁黄在宝坻任知县时，曾撰写《劝农书》一部，"以农事列为数款，里老以下，人给一册"[⑤]，其中就有关于农业占候的单独篇章，曰"占验第八"。编写有关占候的书籍来通过阅读获取知识的主要原因固然是明代中后期整个社会各阶层识字率的提高，但为何此时的人们要了解农业占候知识，这些农业占候知识的背后又有何种社会需求？这才是我们需要解决的主要问题。

---

① 高斯得. 耻堂存稿 [M]. 北京：中华书局，1985：100.

② 高斯得. 耻堂存稿 [M]. 北京：中华书局，1985：101.

③ 吴泳. 鹤林集 [M]// 纪昀，等，编纂. 影印文渊阁四库全书第1176册. 台北：商务印书馆，1986：383-384.

④ 陈光前，纂修. （万历）慈利县志 [M]. 卷6·杂占. 刻本，1573（明万历元年）：5b-6a.

⑤ 袁黄. 了凡杂著 [M]// 北京图书馆古籍出版编辑组，编. 北京图书馆古籍珍本丛刊80子部·类书类. 北京：书目文献出版社，1988：585.

通过表4-1可以看出，这批载有农业占候知识的日用类书大多是在1598—1628年间被刊刻的。此时正值小冰期时代里最冷的时期之一，根据现代气象学的研究成果，长江中下游地区在这些年份里属于偏冷的时段，且处在湿润甚至洪涝的阶段，降雨明显增多[①]。恶劣的气候条件会对农事活动产生诸多的不利影响，继而造成农作物的减产、歉收甚至绝收，这成为民间对农业占候知识需求增大的最直接原因。而此时很多地区的农业状况与之前相比也发生了很大变化，对于日用类书的成书地福建和主要销售市场江南地区[②]来说，彼时农业生产的两个最显著特征就是尖锐的人地矛盾与经济作物的普遍种植。此时江南地区早已是地狭民众，土地资源严重不足[③]。相邻的福建地区情况亦是如此，谢肇淛写道："闽中自高山至平地，截截为田，远望如梯，真昔人所云'水无涓滴不为用，山到崔嵬尽力耕'者，可谓无遗地矣。"[④]这种情况使得农民普遍趋向种植经济作物，用其售出的高价来换取更多的粮食来糊口，南宋时期著名的谚语"苏湖熟，天下足"在明代中期也演变为"湖广熟，天下足"。万志英（Richard von Glahn）的研究显示，"16世纪期间，伴随着农业产量增加以及长途贸易的复苏，农业生产和手工业也重现区域专业化。江南和一直缺乏耕地的福建靠外部输入的稻米养活人口，当地人则主要从事经济作物种植及手工业"[⑤]。经济作物的广泛种植以及主食稻米的高度商品化使得人们对天气状况更为关注，这是民间社会对农业占候知识需求增大的一个社会经济因素。

在传统时代，商人是士以下受教育水平最高的一个社会阶层，商业活动本身要求商人必须具备一定程度的知识水平，所以商人大多能识文断字[⑥]。

① 葛全胜，等. 中国历朝气候变化[M]. 北京：科学出版社，2011：500，516-517.

② 本书中的"江南"指苏、松、常、镇、宁、杭、嘉、湖，以及由苏州府析出的太仓州，这种界定法首先由李伯重提出，基本已得到学界的普遍认同。参见李伯重. 简论"江南地区"的界定[J]. 中国社会经济史研究，1991（1）：100-105，107.

③ 冯贤亮. 明清江南地区的环境变动与社会控制[M]. 上海：上海人民出版社，2002：33-37.

④ 谢肇淛. 五杂组[M]. 傅成，校点. 上海：上海古籍出版社，2012：73.

⑤ 万志英. 剑桥中国经济史：古代到19世纪[M]. 崔传刚，译. 北京：中国人民大学出版社，2018：259.

⑥ 余英时. 中国近世宗教伦理与商人精神（增订版）[M]. 北京：九州出版社，2014：213.

明代中后期随着商品经济的迅速发展，商业活动也十分频繁，由于大量市镇的出现和非农业人口的增多以及广泛种植的商品经济作物，又加上沉重的漕粮负担，江南地区的粮食供应产生了危机，出现了一些缺粮区，如苏州府的嘉定县，该邑居民"以花织布，以布贸银，以银籴米，以米兑军，运他邑之粟充本县之粮"[①]。当时除了织布与丝绸等专业性副业商品经济异常繁盛之外，粮食市场也颇具一定的规模，有学者甚至认为明代后期最广泛的贸易消费品便是粮食[②]。江南地区形成了诸多大中城市以及沿海沿江的大型粮食市场与中小城市的小型粮食市场，位于苏州城郊的枫桥镇是明清时期最大的米粮中转中心，史称"大多湖广之米辏集于苏郡之枫桥，而枫桥之米间由上海、乍浦以往福建"[③]。南京、杭州等城市也有诸多米谷市场，杭州的米市在成化之前多分布在武林门外和城内各地，至成化间则在江涨桥、通济桥一带。此外，苏州府太仓州也是"岁资外籴以给二运"[④]。江南区域内部粮食富余的区域便开始向缺粮地区出售粮食，如常熟的粮食产量丰盈，"每岁杭、越、徽、衢之贾皆问籴于邑"[⑤]，而缺粮的地区也开始从外地买粮，如嘉定县即"县不产米，仰食四方，夏麦方熟，秋禾既登，商人载米而来者触舻相衔也"[⑥]。尤其随着弘治年间"湖广熟，天下足"谚语的兴起，长江中游的湖南、湖北成为江南地区的重要商品粮基地，跨省区地域间的大规模粮食流通成为有利可图的重要商贸活动，许多商船往来于两地之间，靠贩运粮食来攫取高额的商业利润。当时兴盛的粮食贩运业使得众多商人投身其中，行商需拥有丰富的粮食贩运知识，懂得辨别各种粮食的优劣。例如，在万历二十七年（1599）余象斗

---

① 韩浚，等，纂修.（万历）嘉定县志 [M]//中国方志丛书·华中地方·第四二一号. 台北: 成文出版社，1983.498.

② 卜正民. 纵乐的困惑: 明代的商业与文化 [M]. 方骏，等，译. 桂林: 广西师范大学出版社，2016: 215.

③ 范金民. 明清江南商业的发展 [M]. 南京: 南京大学出版社，1998: 152.

④ 钱肃乐，修，张采，纂.（崇祯）太仓州志 [M]. 卷5·物产. 国家图书馆藏崇祯刻本，1678（清康熙十七年）: 23a.

⑤ 冯汝弼，修，邓袚等，纂.（嘉靖）常熟县志 [M]. 卷4·物产. 刻本，1539（明嘉靖十八年）: 14a.

⑥ 韩浚，修，张应武，纂.（万历）嘉定县志 [M]. 卷15·兵防考上. 刻本，1605（明万历三十三年）: 1b—2a.

编纂的《新刻天下四民便览三台万用正宗》第二十一卷"商旅门"中，作者就教经商之人如何辨别各种粮食的品级优劣，分别有"谷米""大小麦""黑黄豆""杂粮食"和"芝麻菜子"等类别。例如，在"谷米"和"杂粮食"类，撰者写道：

> 且如断稻糙米，须看糠之细粗，皮之厚薄，开手软硬，谷嘴有无。至分数者要估糠之多少，稻之肥瘪再加。开手便见椿头，最嫌老艮身热，稗子……①
>
> 若夫蜀秫，红白者可以充肠，晚黑者只堪烧酒，虽云可食，多则镏人。小米、稷米，闸河、胶州者多砂，卫河、南河者大好。小米着水者有土灰之气，荞麦潮湿者而折耗最多。绿豆全青者皮厚，芽菜最高；蜡皮者皮薄，磨粉为最。绿豆、豇豆做饭升半抵一升之米。黑豆、黎豆煮熟，一升抵一升之粮。茫豆白者粉多，青者皮厚，瘟者黑色不堪大断，在绿豆之次。荞麦饱蘸黑色者为良，青白偃瘪者无黐。红豆粉多，去头最细，经年却硬，不可陈堆。已上杂粮，若是年荒，南方遍作，若还丰岁，便就难行。②

除甄别粮食质量优劣之外，贩运粮食的商人还须掌握两种重要知识。首先是对行船及其所面临气候知识要有所了解，因为绝大多数的粮食贩运活动是经由水路进行的，如当时苏州商人"去松江，客人先于阊门外，搭双塔船而去。如去杭州，先搭人载而行，到于主家，以候货船可也"。所以《新刻天下四民便览三台万用正宗》把关于雇商船的知识编纂在最重要的位置，详细介绍了如何雇佣客船来运送粮食。商人在奔赴各地行商的路途中也是凶险万分，"长江有风波盗贼之忧；湖泊有风水渔船之患；川河愁水势涌来，又恐不常之变；

---

① 余象斗，纂. 新刻天下四民便览三台万用正宗 [M]. 卷 21·商旅门·谷米. 日本东京大学东洋文化研究所藏书林双峰堂刻本，1599（明万历二十七年）：8b.

② 余象斗，纂. 新刻天下四民便览三台万用正宗 [M]. 卷 21·商旅门·杂粮食. 日本东京大学东洋文化研究所藏书林双峰堂刻本，1599（明万历二十七年）：11a—11b.

闸河怕官军之阻，更兼走溜之忧……"① 所以他们需要具备一定的气候占候知识，"若夫行船须看天上之风云，停泊要知河中之水利"。占候是一门关于气象学的学问，需要在长期观察中累积经验与知识。商书编纂者则根据季节不同来说明气象的变化，以求平安将货物运达销售地区②。行船最忌大风，外出的商贾更是惧怕遇到狂风，谢肇淛在其《五杂组》中引述了一则故事。有位石氏的女孩嫁到姓尤的家里，而其夫君外出经商多年未归，石氏女盼而不得，积郁成疾，临终前留言："吾当作大风，为天下妇人阻商旅也。"③ 该事例凸显大风对经商出行的严重影响，所以此时成书的日用类书中对风的关注度很高。在多部日用类书中，书商们按照月令的体例将每月会遇大风的日子予以标注，如：

【定龙神行度风飚日】龙神行风　凡龙神朝会大杀逢合之日，皆有恶风，无风即雨，乘船宜忌。此乃许真君秘传，并见弹冠必用。正月初三、初八、十一、二十五、卅，龙神日。二月初三、初九、十三、二十，龙神朝帝日。三月初三、初七、二十七，龙神朝星辰日……④

【逐月恶风日】正月初十、二十乃大将军下降逢太后之日，午后三刻有恶风。二月初九、十二、十四、十七，乃诸神交会，酉三刻有恶风……⑤

【定无风即雨诀】正月初十日，午时三刻主恶风，无风即雨。二月初九、十三、十四、十七日，酉时后三刻主恶风，无风即雨。三月初三、十七、二十七，午时后火风，无风即雨……⑥

---

① 余象斗，纂. 新刻天下四民便览三台万用正宗 [M]. 卷21·商旅门·客途. 日本东京大学东洋文化研究所藏书林双峰堂刻本, 1599（明万历二十七年）: 23b.

② 陈学文. 明清时期商业书及商人书之研究 [M]. 台北: 红叶文化事业有限公司, 1997: 85.

③ 谢肇淛. 五杂组 [M]. 傅成，校点. 上海: 上海古籍出版社, 2012: 15.

④ 余象斗，纂. 新刻天下四民便览三台万用正宗 [M]. 卷3·时令门·定龙神行度风暴日. 日本东京大学东洋文化研究所藏书林双峰堂刻本, 1599（明万历二十七年）: 6a.

⑤ 余象斗，纂. 新刻天下四民便览三台万用正宗 [M]. 卷3·时令门·逐月恶风日. 日本东京大学东洋文化研究所藏书林双峰堂刻本, 1599（明万历二十七年）: 6b.

⑥ 龙阳子，编. 鼎锲崇文阁汇纂士民万用正宗不求人全编 [M]. 卷4·时令门类. 潭阳余文台刊本, 1607（明万历三十五年）: 3a.

甚至在当时的日用类书中连对其他天象占候的描述也是以风为中心，如《鼎锓崇文阁汇纂士民万用正宗不求人全编》《新锓燕台校正天下通行文林聚宝万卷星罗》与《新刻群书摘要士民便用一事不求人》中的"论云"部分只提及到"云如砲车形，主大风起"，对于其他类型的云象及其所预示的农业情况与天气状况则予以省略，仅说"其详亦见天文占云内"①。贩运粮食须掌握的第二类知识是对粮食价格的预测，商人只有在价格便宜或物产丰足的时候购入和在粮食稀缺及价格昂贵的时候售出才能通过价格差来赚取利润。例如，在英国都铎王朝统治时期，在面临因小冰期导致的气候变冷和粮食短缺之时，"粮食价格浮动使得人们的生活雪上加霜，并且市民对农民的不信任感也日益加深。每逢粮食歉收或谷物短缺，市民就普遍怀疑是农民在囤积居奇。甚至连牧师在讲道时也引用《箴言篇》中的话来谴责囤粮者：'囤积粮食者，必遭众人诅咒'"②。余象斗在《新刻天下四民便览三台万用正宗·商旅门》的"客商规鉴论"部分建议商人所要熟悉的一些行商规则里就告诫道"如贩粮食，要察天时；既走江湖，须知丰歉"，并对如何通过农业占候来获取经营利润进行了详细地说明：

> 水田最怕秋干，旱地却嫌秋水。上江地方，春播种而夏收成。江北江南，夏播种而秋收割。若逢旱涝，荒歉之源。冬月凝寒，暮春风雨，菜子有伤。残夏初秋，狂风苦雨，花麻定损。小满前后风雨，白蜡不收。立夏之后雨多，蚕丝有损。北地麦收三月雨，南方麦熟要天晴。水荒尤可，大旱难当。荒年艺物贱，丰岁米粮迟。黑稻种可备水荒，荞麦种可防夏旱。堆垛粮食，须在收割之时；换买布匹，莫向农忙之际。须识迟中有快，当穷好处藏低，再看紧慢，决断不可狐疑。③

① 龙阳子，编. 鼎锓崇文阁汇纂士民万用正宗不求人全编 [M]. 卷4·时令门类. 潭阳余文台刊本，1607（明万历三十五年）：4a.

② 布莱恩·费根. 小冰河时代：气候如何改变历史（1300—1850）[M]. 苏静涛，译. 杭州：浙江大学出版社，2013：113.

③ 余象斗，纂. 新刻天下四民便览三台万用正宗 [M]. 卷21·商旅门·客商规鉴论. 日本东京大学东洋文化研究所藏书林双峰堂刻本，1599（明万历二十七年）：2b.

通过这则文字可以看出，日用类书的撰者告诉商人某个时节的降雨会引起哪些农作物歉收，那么此时售卖这种农作物便会有利可图，同时也提到贩卖农产品的适宜时间，希望能做到贱籴贵粜[①]。当时的商人们将这种通过占候来预知丰歉的知识看得颇为重要，认为"涨跌先知，称为惯手。壅通预识，可谓智人。作牙作客，能料货之行与不行，逆知价之长跌，而预有定见，是为真老成也"[②]。由于商贾群体是占候知识的最重要读者之一，所以当时日用类书的农业占候篇章里记载了大量关于占卜粮价贵贱的信息，如：

> 【元旦】值甲米贱人疫，值乙米贵人疫，值丙四十日旱，值丁丝绵并贵，值戊麦粟鱼盐，值己米贵多风雨，值庚禾熟人病，值辛麻贵麦贵禾大熟，值壬米贱大豆贵，值癸禾灾人疫。[③]
>
> 【八节气候】元旦日风东来夏籴贱，南来夏籴贵主旱，西来春夏米贵豆熟，北来有水灾。[④]

此外，在当时日用类书的其他部分，尤其是"天文门"中的天气图像部分里，也记载了很多关于对未来一段时间内粮食价格预测的农业占候知识，这正是撰者给商贾群体准备的阅读文本。这批绝大多数在万历年间刊刻的日用类书及其包含的农业占候知识被后来天启、崇祯年间的《士商类要》《士商要览》以及清代乾隆年间的《商贾便览》等商书引用，成为正统的商贾经商必备知识之一。直到清代的江南米市中，一些米行的从业人员还需要借助农业占候

---

① 实际上商人们占卜的不仅有粮食的价格，在蚕桑业发达的湖州地区，就有人专门通过预测桑叶的价格来做生意，如朱国祯就说："余邻家章姓者，豫占桑价，占贱即畜至百余勔，凡二十年无爽，自手厚获，生计遂饶。"参见朱国祯. 涌幢小品 [M]. 卷 2·农蚕. 刻本，1622（明天启二年）：36b.

② 杨正泰，校注. 天下水陆路程·天下路程图引·客商一览醒迷 [M]. 太原：山西人民出版社，1992：284.

③ 龙阳子，编. 鼎锓崇文阁汇纂士民万用正宗不求人全编 [M]. 卷 4·时令门类. 潭阳余文台刊本，1607（明万历三十五年）：1a.

④ 朱鼎臣，编. 新刻邺架新裁万宝全书 [M]. 卷 5·时令门. 日本东京大学东洋文化研究所藏潭邑书林对山熊氏刊本，1614（明万历四十二年）：5a-5b.

来预测当年的粮食收成[①]，这也是商人为日用类书农业占候部分读者之一的间接证明。

　　农民是明代中后期日用类书中农业占候知识的第二个主要阅读群体。农民是农业生产活动的参与者，阴晴旱涝直接关系着他们的收成，故而历来他们对天气状况最为关注。由于受到小冰期的影响，明代中后期的气候异常寒冷，据《明史》记载，"万历五年六月，苏、松连雨，寒如冬，伤稼"[②]，据称当时的平均气温比现在同期约低2℃[③]。气候的趋冷也在水稻品种的变化上反映了出来，如明末《沈氏农书》等文献里记载的早稻其实只是明初的晚稻，且此时粮食的亩产量也开始下降。葛全胜等学者将明代晚期（1581—1644年）称作收成变差期[④]，这正是在此批日用类书的成书时间之内。气候的剧烈变动及其所导致的农业减产使得农民更加关注天气情况，他们期望通过占候来提前预测未来的晴雨干湿等情况，以趋利避害地获取粮食的丰收。例如，可通过立春日所属天干来占卜当年的水旱情况，"断立春日辰"云："先天与后天，何须问神仙。但看立春日，甲乙是丰年，丙丁多主旱，戊己损田园，庚辛人马动，壬癸水连天。"[⑤]明代中后期南方地区水稻品种繁多，大致分为早稻与晚稻两类，如成书于万历三十五年（1607）的《鼎锓崇文阁汇纂士民万用正宗不求人全编》"论电"部分就记载道："大暑前后有电，早稻薄收，晚稻必大熟。"[⑥]这些不同生长期水稻品种的出现，使得多熟种植在闽浙地区有了很大发展。彼时晚稻和冬麦组合的稻麦两熟制是传统江南地区的主要农作制度，此外也有水稻与其他春花作物如油菜、蚕豆、大麦以及绿肥作物的组合，双季稻也在此时由水热条件好的闽广向江南地区开始扩展。

　　① 沈华，朱年. 太湖稻俗 [M]. 苏州：苏州大学出版社，2006：158 .
　　② 张廷玉，等. 明史 [M]. 北京：中华书局，1974：426.
　　③ 闵宗殿，主编. 中国农业通史（明清卷）[M]. 北京：中国农业出版社，2016：17.
　　④ 葛全胜，等. 中国历朝气候变化 [M]. 北京：科学出版社，2011：540-557.
　　⑤ 龙阳子，编. 鼎锓崇文阁汇纂士民万用正宗不求人全编 [M]. 卷4·时令门类. 潭阳余文台刊本，1607（明万历三十五年）：2b-3a.
　　⑥ 龙阳子，编. 鼎锓崇文阁汇纂士民万用正宗不求人全编 [M]. 卷4·时令门类. 潭阳余文台刊本，1607（明万历三十五年）：5a.

例如，黄省曾提到的乌口稻就是一种"再莳而晚熟"的再熟稻品种[①]，晚明的地方志也显示，苏州、松江、嘉兴等地皆有双季稻的分布[②]。稻麦两熟与双季稻的种植对季节有着极为严格的要求，整地、育秧、移栽等环节需要迅速和按部就班地完成，倘若一个环节出了问题，就会影响之后的整个栽培进程。江南地区于每年春夏间盛行梅雨[③]，谢肇淛曾说："江南每岁三四月，苦霪雨不止，百物霉腐，俗谓之梅雨，盖当梅子青黄时也。"[④]入梅与出梅时间的早晚会对稻作农业产生巨大影响，会直接影响晚稻的苗期成长和插秧等事宜，所以古人对梅雨颇为重视。日用类书中农业占候知识的一个重要部分就是关于梅雨的推算，其"求梅雨"条云："江南三月为迎梅雨，五月为送梅雨。《埤雅》云：'闽人以立夏后逢庚口入梅，芒种后逢丙入，小暑后逢未出，亦曰梅。'故今之梅雨说者由此知之。"[⑤]施威对唐代文献《相雨书》的研究显示，该书中预报当日气候的占候数量最高，表明当时的占候以即时观测和短期预报为主[⑥]。明代中后期日用类书中的农业占候则以长时间的占候为主，"来年"等长时段的词语明显增多，如具有代表性的"立冬荒熟歌"里就说道："立冬属火来年旱，逢水来春水必多。遇金来夏豆麦好，遇木次夏水旱灾。值土来年五谷盛，处处田禾足丰盈。"[⑦]这表明处于小冰期时代的农民试图通过农业占候来提前获知有关来年的农业丰歉信息，以合理安排其农事活动。

① 黄省曾. 理生玉镜稻品 [M]. 北京：中华书局，1985：4.

② 陈超. 气候视野下的宋元明清时期江南农业问题研究 [M]. 郑州：郑州大学出版社，2016：112.

③ 梅雨即来自北方的冷空气和南来的暖湿气流在长江附近相遇，形成连绵一个月以上的"梅雨"。梅雨对于夏季降水影响很大，有些年份梅雨过多会导致洪涝灾害，有些年份梅雨偏少会形成"空梅"导致干旱。这些都对农作物的生长影响极大。

④ 谢肇淛. 五杂组 [M]. 傅岩，校点. 上海：上海古籍出版社，2012：9.

⑤ 龙阳子，编. 鼎锓崇文阁汇纂士民万用正宗不求人全编 [M]. 卷4·时令门类. 潭阳余文台刊本，1607（明万历三十五年）：2a.

⑥ 在对"农候占候"进行定义时，施威参考了陶毓汾的研究成果，认为它是古人对天气、气候以及气象灾害及其对农业影响的判断和预测，类似于现代的中短期气象预报。具体参见施威. 汉唐时期农业气象预报研究：以《相雨书》为中心 [J]. 中国农史，2017（6）.

⑦ 余象斗，纂. 新刻天下四民便览三台万用正宗 [M]. 卷3·时令门·立冬荒熟歌. 日本东京大学东洋文化研究所藏书林双峰堂刻本，1599（明万历二十七年）：5a.

中国传统农业历来主张追求高产与稳产并存，即农民为了应对自然灾害，尽量把各种作物混杂种植，这样即使某一种农作物受灾，还有其他作物可以来弥补。《汉书·食货志》中就曾建议"种谷必杂五种，以备灾害"[①]，杂种措施极大提高了传统农业的抗灾能力。明代以降，江南地区的农业状况发生了巨大变革，最显著的表现就是经济作物开始占主导并在一定程度上取代了粮食作物的种植。在江南地区，"田"一般用来指种植粮食作物的土地，而"地"则是代表种植经济作物的土地。范金民的研究显示，明清江南地区的农民特别注重对"地"的经营，而疏于对"田"的耕作，当时许多地方志中记载的地增田减现象，也可以被视作江南地区经济作物得到扩种的一个重要标志[②]。种植经济作物带来的利润远远要大于栽培粮食作物，明代中后期桑争稻田与棉争稻田的案例在各种地方文献中数见不鲜。江南地区的农民往往只注重经济作物的种植，每年当地所需的口粮都要从外地购买，这就造成了当时日用类书的农业占候部分在提及到粮食作物特别是稻米时，关注其价格在某种程度上要超过关心其丰收与否。明代江南的纺织业是仅次于农业的第二大产业，当时的棉纺织业和丝纺织业比起前代在量和质上都有了显著的提高[③]，所以对其原材料棉花与桑树的种植也变得更加重要。棉花大约在13世纪中叶被从印度等地引入到长江流域，在明代迅速扩张至全国，时人丘濬惊诧地写道："故宋、元史食货志皆不载。至我国朝，其种乃遍布于天下，地无南北皆宜之，人无贫富皆赖之，其利视丝枲盖百倍焉。"[④]吴伟业生动地回忆了万历年间日用类书出版地福建的商人来日用类书主要销售地区之一太仓采购棉花的场景："眼见当初万历间，陈花富户积如山，福州青袜乌言贾，腰下千金过百滩，看花人到花满屋，船板平铺装载足，黄鸡突嘴啄花虫，狼藉当阶白如玉。"[⑤]伴随着丝织业的发展，桑树种植在明代江南地区也十

① 班固. 汉书 [M]. 颜师古, 注. 北京: 中华书局, 1962: 1120.
② 范金民. 明清杭嘉湖农村经济结构的变化 [J]. 中国农史, 1988(2): 15-17.
③ 李伯重. 江南的早期工业化（1550—1850）》(修订版) [M]. 北京: 中国人民大学出版社, 2010: 29-65.
④ 徐光启. 农政全书校注(中) [M]. 石声汉, 校注; 石定枎, 订补. 北京: 中华书局, 2020: 1239.
⑤ 谢国桢. 谢国桢全集(第四册) [M]. 谢小彬, 杨璐, 主编. 北京: 北京出版社, 2013: 43.

分兴盛，养蚕之家在桑叶不足时还通过市场手段来购买桑叶饲蚕，形成了号称"叶行""叶市"的桑叶市场[①]。农田用来种桑比种植粮食攫取的利润要大，史称植桑"大约良地每亩可得叶八十箇，每二十斤为一箇，计其一岁垦锄壅培之费，大约不过二两，而其利倍之"[②]。时人谢肇淛在《西吴枝乘》中记载彼时湖州种植桑树的规模，称"湖民力本射利，计无不悉，尺寸之堤，必树之桑……富者田连阡陌，桑麻万顷"[③]，可见其时江南蚕桑业之兴盛。这些经济作物的种植比粮食带来的收益更为丰厚，再加上经济作物的大规模同质性种植取代了之前农业中杂种五谷来备荒的策略，单一性种植使得农业对环境的敏感度更加灵敏，如果稍有不慎遇到天灾便可能全盘皆输。农民只能根据通过农业占候来预测桑、棉等贵重经济作物的收成，日用类书的撰者很快便捕捉到民间社会的这种需求，将对桑棉作物的占候放在其撰刻书中的重要位置。例如，元旦日当天若属丁日，那便是"丝绵并贵"[④]或"丝绵六十日贵"[⑤]的吉兆；三月三日如果下雨，那么就会"蚕娘抽丝乐栩栩"；清明午前一日若逢晴天，当年便"早蚕大旺不须惊"[⑥]。蚕桑情况对农民如此之重要，以至于每年民间都会通过"求姑把蚕"来推测蚕桑生产情况，有日用类书云："四孟年一姑把蚕，四仲年二姑把蚕，四季年五姑把蚕。却以岁日数去，见木为蚕食之叶也。如正月一日属木，便是蚕食一叶，余者做此。四孟年乃寅申巳亥，四仲年乃子午卯酉，四季年乃辰戌丑未是也。"[⑦]

① 如史料记载湖州养蚕之户，"本地叶不足，又贩于桐乡、洞庭"。具体参见朱国祯. 涌幢小品 [M]. 卷 2·农蚕. 刻本，1622（明天启二年）：36a.

② 徐献忠，撰. 吴兴掌故集 [M]. 台湾：成文出版社，1983：771.

③ 宗源翰，等，修；周学濬，等，撰.（同治）湖州府志 [M]. 卷 29·风俗. 刻本，1874（清同治十三年）：3a.

④ 龙阳子，编. 鼎锲崇文阁汇纂士民万用正宗不求人全编 [M]. 卷 4·时令门类. 潭阳余文台刊本，1607（明万历三十五年）：1a.

⑤ 陈允中. 新刻群书摘要士民便用一事不求人 [M]. 卷 4·时令门. 书林种德堂版，万历年间：1a.

⑥ 武纬子，补订. 新刊翰苑广记补订四民捷用学海群玉 [M]. 卷 4·时令. 潭阳熊冲宇种德堂版，1607（明万历三十五年）：6a.

⑦ 龙阳子，编. 鼎锲崇文阁汇纂士民万用正宗不求人全编 [M]. 卷 4·时令门类. 潭阳余文台刊本，1607（明万历三十五年）：2b.

明代中后期社会民众识字率的提升表现在两个方面：一是随着教育制度的逐步完善，受教育的人口数量较明初有了大幅增长；二是随着社会经济的发展，出于记账、立契、画押等等具体活动的需要，除士人这种高端识字群体之外，还出现了一些具备初步识字能力的市民群体，这其中就包括一部分农民。例如，徐光启《农政全书》里的"翻车图"中就绘了一名头戴蓑笠的农民，他一边用脚踏翻车，一边在用手翻阅书本，正是当时农民读书的一种真实写照（见图4-2）。但不可否认的是当时识字的农民仅为少数，绝大多数农民仍

图4-2　《农政全书》中的翻车图（左侧的农民正在阅读书籍）

然被排除于直接读者之外，这些农民也可以通过别的途径来学习日用类书中的知识。明代中期以后，随着商品经济的发展特别是农产品经济化趋势的日益增强，农业经营形式也发生了一些变化，即在先前收租为目的的地主经营中，又产生了一种雇工经营来谋取利润的经营形式，这种地主被称作经营地主。一部分有资金、善经营且懂技术的农民，慢慢通过自身能力发展为租地雇工的佃富农[①]，他们所种植的农产品并不是为了自给自足，而是出售到市

---

① 闵宗殿，主编. 中国农业通史（明清卷）[M]. 北京：中国农业出版社，2016：405.

场以获取销售利润。这种情况在明代江南地区更加明显，被之前的经济史家视作资本主义萌芽出现的一种重要表现形式。这批经营地主和富农自己除亲自参加农业生产外，还大力依靠雇佣工人来进行劳动，他们多种植以市场为导向的商品性经济作物[①]，如万历年间湖州的庄元臣便是一例：

> 凡桑地二十亩，每年雇长工三人，每人工银二两二钱，共银六两二钱。每人算饭米二升，每月该饭米乙石八斗，逐月支放，不得预支，每季发银二两，以定下月，四季共发八两。其叶或梢或卖，但听本宅发放收银，管庄人不得私自做主，亦不须庄上私自看蚕。[②]

从此则材料中可以看出，庄氏雇佣工人来经营桑地，其产出的桑叶作为商品来销售，并不是留给自家的蚕来食用，具有典型的商品经济的性质。明代中后期这种雇工经营农业的事例在史料中比比皆是[③]，这批经营地主比普通农民识字较多且具有更高的文化修养，是撰刻日用类书的书商眼中重要的潜在读者，如成书于明代后期的《致富奇书》中的插图就暗示雇工经营的地主是其潜在的读者。地主阅读了书籍之后告诉雇工如何去做，农业技术经由书籍传达给地主，然后地主再通过口耳相传的方式来指导雇工（图4-3）。这种通过口传来传播书本知识的方式有着良好的效果，徐光启就认为农业知识经由"知书者口授之，妇女婴儿必可通也"[④]。

---

① 李英华. 试论经营地主 [J]. 思想战线, 1985（2）：85.

② 庄元臣. 曼衍斋草 [M]// 谢国桢. 谢国桢全集（第四册）. 谢小彬, 杨璐, 主编. 北京：北京出版社, 2013：477.

③ 参见闵宗殿, 主编. 中国农业通史（明清卷）[M]. 北京：中国农业出版社, 2016：405-413.

④ 徐光启. 农政全书校注（中）[M]. 石声汉, 校注；石定枎, 订补. 北京：中华书局, 2020：1245.

图4-3　明代后期《致富奇书》（毛氏精梓本）中"种谷""种蔬"篇插图

第四节　占候：民众环境焦虑心态下的天人之际

　　元明时期，尤其是明代中后期，在小冰期的笼罩下，无论是在日用类书的撰刻地福建抑或是其主要销售区江南，气候都有显著的变冷趋势，地方志中记载湖泊结冰、冰冻以及降雪的次数与频率都有所增加。嘉靖十一年（1532）春，福建地区出现了大雨雪的冷冻天气，造成"是岁，闽果不实"[①]的严重后果。谢肇淛也记载了万历年间发生在闽中的一场罕见大雪："余忆万历乙酉二月初旬，天气陡寒，家中集诸弟妹，构火炙蛎房噉之，俄而雪花零落如絮，逾数刻地下深几六七寸……故老云：'数十年未之见也。'"[②]除了对气候冷暖造成的直观影响，小冰期还带来了旱涝的严重不均，使得干旱、洪涝和与之伴随的饥荒高频率出现。接踵而来的自然灾害及其带来的农业减产，使得

---

①　喻政，主修. 福州府志 下 [M]. 福州市地方志编纂委员会，整理. 福州：海风出版社，2001：739.
②　谢肇淛. 五杂组 [M]. 傅成，校点. 上海：上海古籍出版社，2012：14.

粮价自然升高。明代前期，浙江等地的米价一石约折银2钱5分；嘉靖年间，已是"五钱者，江南之平价"；明代后期，随着自然灾害的加剧，米价更是大幅度攀升①。这使得社会各阶层人们尤其是生产粮食的地主与农民、贩卖粮食的商贾和购买粮食的市民百姓愈加关注农业丰歉和粮食价格等问题，而经济作物的广泛种植与农业商品化的高度发展又进一步加深了人们对气候变化的担忧。

心态史是历史学与心理学相结合的一种研究手段，它聚焦于历史上各类人物特别是群体的欲望、价值观念以及精神活动，关注这些因素对历史产生的影响。明代中后期的异常气候状况及其导致的天灾人祸使得人们在心理上极度依赖于祈祷与占卜等安慰性手段，当时社会上的各个阶层皆是如此，时人出门、行商甚至种田、浴蚕、买卖牲畜等活动都要选择吉利的日子。谢肇淛对当时择日与涓吉的盛行表示极度震惊，他写道：

> 古人事之疑者，质之卜筮而已；治乱吉凶，考之星纬而已，未闻择日也。今则通天下用之矣，而吉凶祸福，卒不能逃也。甚矣，世之惑也！
>
> …………
>
> 今阴阳家禁忌，可谓极密。一年之中，则有岁破、死符、病符、太岁、劫杀、伏兵、灾杀、大祸、岁杀、岁刑、金神将军诸方。一月之中，有月忌、龙禁、杨公忌、瘟星、天地凶败、天乙绝气、长短星、空亡、赤口、天休废、四方耗、五不遇、六不成、四虚败、三不返、四不祥、四穷、四逆、离别、反激、咸池、伏龙、交龙、宅龙、往亡、八风、九良、星绝、烟火、胎神、上朔、月建、月破、月厌、月杀等日。一日之中，则有白虎、黑杀、刀砧、天火、重丧、天贼、地贼、血支、血忌、归忌、黑道、土瘟、天狗、大败、蚩尤、官符、死炁、飞廉、受死、火星、河魁、钩绞、焦坎、游祸、灭门、的呼等凶神。盖一岁之中，吉日良时无凶神恶煞者，不过数日耳，而又加以方向之不利，生命之相妨，

---

① 葛全胜，等. 中国历朝气候变化 [M]. 北京：科学出版社，2011：558.

仇难二星之躔度，太白日神之游方，一一择而忌之，则虽终岁不作一事可也。①

在这种社会风气的带动下，人们比之前更加热衷于通过占卜来获知有关未来天气状况的信息，以趋利避害地安排下一步的农事活动。尽管谢肇淛本人并不相信农业占候的准确性，"占卜之家量晴较雨，一二应验，其他灾祥，即史官所占，不尽然也"②，但他在书中还是详细记载了大量天时和月占类知识，并称："田家四时占候谚语，有不可不知者。"③ 当时人们进行农业占候的焦点主要集中在那些对农事丰歉产生直接影响且人力难以控制的方面，如水旱情况以及飓风灾害等。农业占候的对象则主要是那些对传统农家生计最具有经济意义的农事活动，如以棉花、蚕桑为代表的经济性作物和水稻这种已经高度商品化的主粮作物，这种情况直到清代还是如此。例如，《吴兴蚕书》里就记载道："占候，古法也。蚕与田并重，故农家推测，田之外唯蚕。"④ 明代中后期建阳地区兴起的商业出版者迅速根据民众的需求刊印出一批带有农业占候章节的新型日用类书。与前代《田家五行》中的农业占候知识相比，日用类书中农业占候的重点偏偏忽略了其中最实在的民间经验总结或被民俗学家们称之为"民间科学技术"的部分⑤，将重点放在对天干、地支、五行等数术的推演上，而且在某些时候还把它们与星象、择日等更加复杂的知识系统来进行综合性推演。例如，书商余象斗在《新刻天下四民便览三台万用正宗》有关农业占候章节"时令门"的卷首写道："此卷宜与星命克择门参看。"⑥ 农业占候不仅仅是当时民众对气象预测焦急心态的单方面折射，在日用类书编纂者们看来，气象状况反过来也能对人事进行警示。在《新锲燕

① 谢肇淛. 五杂组 [M]. 傅成，校点. 上海：上海古籍出版社，2012：32-33.

② 谢肇淛. 五杂组 [M]. 傅成，校点. 上海：上海古籍出版社，2012：16.

③ 谢肇淛. 五杂组 [M]. 傅成，校点. 上海：上海古籍出版社，2012：28.

④ 汪曰桢. 湖蚕述注释 [M]. 蒋猷龙，注释. 北京：农业出版社，1987：113.

⑤ 钟敬文，主编. 民俗学概论（第二版）[M]. 北京：高等教育出版社，2010：166-167.

⑥ 中国社会科学院历史研究所文化室. 明代通俗日用类书集刊（第六册）[M]. 重庆：西南师范大学出版社，2011：242.

台校正天下通行文林聚宝万卷星罗》等若干部日用类书农业占候部分的结尾，撰者皆谆谆告诫读者"常言天有不测之风云，人有旦夕之祸福。又云天降之灾尤还可，自作之孽实难逃"[①]，试图劝说世人规范自己的行为，要符合道德准则。由此可见，明代中后期农业占候既是环境焦虑中的人们对天机的窥探与尝试性的解读，同时又是假托上天对人事警示与告诫的一种表达。

　　中国古代农书中蕴含着零散的农业占候知识，早在汉代的《氾胜之书》与《四民月令》里就记载了通过埋粮食来获知岁所宜种何种作物的占候法，成书于北魏的《齐民要术》中也有大量引自《史记·天官书》《杂阴阳书》《师旷占术》《淮南术》的农业占候条目，这些古老的旱地占候知识与经验被士人们承袭下去，成为垂范后世的知识。在成书于明万历年间的《宝坻劝农书》中，撰者袁黄还将这些北方农业占候知识原封不动地摘抄下来，并告诉宝坻的乡民"此皆言之有理者，若夫算阳九百六之限，考象纬灾发之期，则千年水旱皆可豫谈"[②]。唐宋以降，稻作农业得到迅速发展的长江流域成为中国的农业中心区，传统农学知识体系也逐渐由北方旱地粗放农法向江南水田精耕细作农法转变。因为"著书圣贤起自西北"，成书于北方地区的、以旱地农业为主要论述对象的前代农书已不能适应新的稻作农业的需求，故而前代农学知识在新的农业地域与生态环境中已经面临危机。宋代农学家陈旉就批评《齐民要术》《四时纂要》等北方经典农书"腾口空言，夸张盗名""迂疏不适用"[③]。农业占候的对象是以晴雨旱涝为主的农业气象，而自然环境是农业气象形成的地理基础，不同地区的自然条件不同，自然在气象活动上也是千差万别，所以农业占候知识本质上是一种地方性知识，南北方地区气候迥异，产生于北方旱作农业的农业占候知识自然也不能适用于南方水田地区。实际上经济重心南移的过程也是传统农业占候知识的一个转折与断层的时期。大

---

① 中国社会科学院历史研究所文化室. 明代通俗日用类书集刊（第七册）[M]. 重庆：西南师范大学出版社，2011：45.

② 袁黄. 宝坻劝农书 [M]// 郑守森，等，校注. 宝坻劝农书·渠阳水利·山居琐言. 北京：中国农业出版社，2000：29.

③ 陈旉. 陈旉农书校注 [M]. 万国鼎，校注. 北京：农业出版社，1965：22.

约在宋室南渡之后，士人与农民就开始摸索适合于南方地区的农业占候知识，这些早期的尝试与实践大多被零星记载于士人的笔记文集以及农书之中，还没有形成专门性、系统性的专题①。这种情况在元代得到了改观，娄元礼所撰的《田家五行》详细记述了吴中地区的各种农业占候方法，是古代农业气象与农业占候领域的划时代著作，它的伟大之处在于其内容上的创新。之前的农业占候主要是通过某种作物或一年当中的某些具体日期的天气状况来进行农事占验，如"杏多实不虫者来年秋禾善"（《师旷占》）、"禾生于寅，壮于午、长于申，老于戌……"（《氾胜之书》）、"五谷当以十月朔旦占春祟：风从东来春贱；逆此则贵……"（《师旷占》），而《田家五行》则是通过天干地支、天时与气象状况来获知更多的农业讯息，其关注点不仅局限于某种作物是否在来年能获得丰收，而是期冀能够预测未来可能发生的农业气象灾害，以便趋利避害。《田家五行》还把先前的通过某些特定日期来进行农业占候的方法进一步发扬光大，将其按照月令的体例来进行排列，形成了月占类知识。相较之前农书中的农业占候知识，《田家五行》的最大特点是其知识的地域性太强。它关注的仅仅是太湖流域吴中地区的气候状况，该书"拾遗"部分里的"大分龙"可作为一个绝佳案例：

> 五月二十日大分龙，无雨而有雷谓之"锁龙门"，雷主当地少雨。至正壬辰春末夏初，水至，既非桃花，又非黄梅，去而复来，进退不巳。余家所种低田数多，正苦于插种过时，田中积水车竣未有干期，此日尚且勉强督工，喜晴固好，然八风周旋，正不知吉凶如何。至申时，忽东南阵起，见挂帆雨，随有雷三四声，方且惊愕。忽见一老农，拱手仰天且连称惭愧不已。因问其故，答云："今日无雨而有雷，谓之锁龙门。"复拱手相贺喜跃。或问："此处无雨，他处却雨，如何？"老农云："晴雨各以本境所致为占候也。"幼闻父老言：前宋时，平江府昆山县作水灾，临县常熟却称旱，上司谓接境，一般高下之地，岂

---

① 关于宋人笔记中占候的记载，参见谢智飞《论宋代笔记中的农事占候》一文，而宋代类书中的零星占候知识，具体可参见温革所撰的《分门琐碎录》一书。

有水旱如此相背之理，不准后申。其里人直赴于朝，诉诸史丞相。丞相怪问，亦然。众人因泣下而告曰："昆山日日雨，常熟只闻雷。"丞相谓此有理，悉听所陈。至今吴中相传以为古谚。又谚云"夏雨隔田晴"，又云"夏雨分牛脊"，又云"龙行然路"正此谓也。其年果然晴多雨少，自此日至立秋，止雨两番。①

这段文字中提及农业占候所适用的范围仅为本郡县，甚至还有相隔的田塍之间晴雨不同的现象发生，可见其知识适用范围之精准。明代中后期日用类书成为图书市场的畅销品之一，出版商们尽量试图将士、农、工、商这四个阶层都需要的各类知识囊括于其中，农业占候知识因为对关注农业与粮食状况的商人、经营性地主以及普通农民皆有很迫切的现实意义而被收入其中。彼时日用类书的主要销售市场为江南地区，从这些书的"农桑门"中对稻作农业重点论述而对旱地作物一言概之或直接省略的写法中即可看出。江南地区内部地形地貌复杂多样，平原和丘陵山地并存，气象条件也不尽相同，所以日用类书的编纂者们一方面吸取了以《田家五行》为代表的南方稻作农区的占候知识之精华，另一方面也抛弃了其中区域性过于强烈的一些条目。难能可贵的是，作为一种盈利性商业出版物，日用类书的撰者必然吸取了一些来自民间的、新的农业占候知识加入其中，可以站在农民的立场更好地思考哪些知识是他们所关心的而非最灵验的。日用类书能给最大范围的读者群体提供较为及时的、符合其心理需要的农业占候知识，以便读者能够在面对自然灾害的威胁与农业歉收的焦虑之时，从自己的角度来恰当地处理天人关系。

---

① 娄元礼. 田家五行拾遗 [M] // 顾廷龙，主编，《续修四库全书》编纂委员会编. 续修四库全书 975 子部·农家类. 上海：上海古籍出版社，2002：353.

结　语

　　以市民生活与市井文化为主要导向的庶民社会日常生活指南手册并不是在明代中后期的社会上才出现的新鲜事物。现存最早的日用类书是成书于南宋的《事林广记》，其中就有关于农学知识的专门篇章，元代与明代前中期的人们更是将其进行过多次翻刻，并丰富了其中的农学知识及增添了几幅耕织图像。他们同时还编辑出版了其他几部含有农学知识的日用类书。但在明代中后期的图书出版业中，日用类书这类题材的书籍才开始大批量生产与复制，其中的农学知识与之前相比也发生了范式性的转变：在类型上从单纯的"农桑类"变为"农桑门""时令门"与"牧养门"三种；在内容上更偏重于知识的实用性、新颖性与通俗性；在编排方式上更为简练、条理与程式化。明代中后期民众识字率的提升、书肆坊刻的繁盛与书籍流通的便捷使得这批日用类书中的通俗知识与技术得到了更大范围的传播，在当时的社会上形成了前代同类产品难以企及的影响。随着明清易代以及其带来的战乱、兵燹等灾祸的侵袭，日用类书的最大出版基地——建阳书坊逐渐走向衰落。清代以后，随着思想控制的加强与意识形态的收紧，加之很多士人将明亡的原因归咎于晚明的印刷文化与通俗书籍的大量出版①，所以继之的连城四堡与福州南后街等书坊虽然也刊刻了部分日用类书，但终究难以与明代中后期的鼎盛出版局

---

① 白谦慎. 傅山的世界：十七世纪中国书法的嬗变 [M]. 北京：生活·读书·新知三联书店，2015：197.

面相匹敌。

　　历史上发生的科学革命历来是科技史家们津津乐道且长盛不衰的重要课题，他们认为只有经由革命性的颠覆，才能实现科学研究上质的飞跃以及带动工业甚至整个社会的向前发展。因此完成于 17 世纪的近代科学革命成为科学史学者关注的一个重要课题。科学史家巴特菲尔德（Herbert Butterfield）认为"当科学运动发生时，其他变化也在社会中出现，其他因素将同科学运动结合在一起，共同创造这个我们所称谓的现代世界"①，科学革命在形塑现代世界进程方面的巨大推进作用使得人们将科学革命及其所带来的产业革命视作衡量进步与否的唯一标准。著名的李约瑟难题就是研究中国为何与近代科学革命失之交臂。科学革命课题带来的威力甚至远远超越了科学史学科本身，影响到很多其他学科的发展。例如，经济史研究中伊懋可（Mark Elvin）的"高水平陷阱"以及彭慕兰（Kenneth Pomeranz）的"大分流"，水利史研究中魏特夫（Wittfogel K.A）的"东方专制主义"与冀朝鼎的"基本经济区"，都是关于该问题的翻版。在这种风气的带动下，革命抑或变革成为科技史研究的焦点。例如，在研究古农书时，学者们往往将南宋农学家陈旉提到一个很高的地位，认为他撰写的那本篇幅极短的《农书》是我国古代第一部专门以南方水田农业为论述对象的农学书籍，从具体内容到写作体裁都突破了先前农书的藩篱，开创了一种全新的农学体系②。在该书的自序中，陈旉批评《齐民要术》《四时纂要》等前代农书腾口空言、夸张盗名、迂疎不适用③，这似乎标志着一种库恩所称的"范式的转变"，但对于与变革或革命相对的日常，却往往被人们忽略与遗忘。近十几年来，受到法国年鉴学派以人类活动整体的历史来取代以传统政治史为主体这种编史学观念的影响，许多科学史研究者也开始重新思考变革与日常之间的关系。例如，白馥兰从布罗代尔（Fernand Braudel）那里汲取了养分，认为科技史是由加速器和刹车这两个过程所组成

　　① 巴特菲尔德. 近代科学的起源 [M]. 张丽萍，郭贵春，等，译. 北京：华夏出版社，1988：168.

　　② 范楚玉. 陈旉的农学思想 [J]. 自然科学史研究，1991，10（2）：169−176；李根蟠.《陈旉农书》与"三才"理论：与《齐民要术》比较 [J]. 华南农业大学学报（社会科学版），2003，2（2）：101−108.

　　③ 陈旉. 陈旉农书校注 [M]. 万国鼎，校注. 北京：农业出版社，1965：22.

的，人们往往只关心加速的时刻，而对于这种刹车之力，即一个革命或创新与下一个革命或创新之间的技术停滞过程则经常被人们忽略，实际上它是十分重要的。基于其对中华帝国晚期房屋建筑、纺织和生育等方面的实证研究，白馥兰认为是日常技术而非科学革命塑造了这个物质世界①。

明代以降，特别是明代中期以后，随着市民生活的日益丰富，哲学风气发生了巨大转变，以王阳明为代表的哲人认为学问不仅仅是圣贤的专利，而是"下至闾井田野农工商贾之贱，莫不皆有是学"②，以王艮为首的泰州学派更是认为"圣人之道，无异于百姓日用，凡有异者，皆谓之异端"③。他们皆主张从日常生活中寻找真理，将庶民百姓的居家日用视作最重要的事情，并身体力行推行其理念，如泰州学派的韩乐吾常于农隙时节设帐讲学，农工商贾从之游者有千余名④。在这种思潮的带动下，士农工商以及普通百姓"愚夫"与"愚妇"被视作和士人、官宦甚至与圣人拥有同等的地位。这种情景在一定程度上影响了彼时技术书籍的书写，杨起元在给袁黄《劝农书》作序时高度评价该书，并引用罗近溪的"圣人之学，只在愚夫、愚妇身上；太平之治，只在耕夫、织妇身上"⑤来赞誉该部农书的通俗易懂。明代中后期以福建建阳书商为主体的盈利性书坊刊刻了诸多版本的日用类书，来销售给以士、农、工、商为代表的庶民百姓。这批日用类书中包含丰富的天文、地理、风水、堪舆、医药、农桑、契约、信函、书画等类别包罗万象的日常生活知识，从其开篇序言、翻刻次数、版权声明以及图书定价等皆能从侧面反映出它们具有很好的市场销量。但因为这些书籍普遍存在用纸低劣、版刻涣散以及错讹甚夥等诸多缺点，而被传统的士人与学者视作"稗贩之学""剽窃腐烂之书"或"村塾兔园册之类"，清代的四库馆臣也拒绝将其纳入《四库全书》。而对于

① 白馥兰. 技术与性别：晚期帝制中国的权力经纬 [M]. 江湄，邓京力，译. 南京：江苏人民出版社，2010：1–37.

② 王守仁. 王阳明全集（叁）[M]. 徐枫，等，点校. 天津：天津社会科学院出版社，2015：227.

③ 王艮. 王心斋全集 [M]. 陈祝生，主编. 南京：江苏教育出版社，2001：10.

④ 嵇文甫. 晚明思想史论 [M]. 北京：中华书局，2017：177.

⑤ 袁黄. 宝坻劝农书 [M]// 郑守森，等，校注. 宝坻劝农书·渠阳水利·山居琐言. 北京：中国农业出版社，2000：1.

其中的日用知识，学者们也给予极低的评价，如研究中国古代商业出版史的
美国学者贾晋珠就对日用类书等建版图书中知识之陈旧进行过猛烈抨击：

> 此外，就大多数建阳本的内容来看，我们很难通过翻阅它们来判
> 断当时哲学和知识界的趋势，以及医学和技术上的新发展……同样，
> 在晚明泛滥的建阳本医书中，有熊氏家族重刻的熊宗立编写的作品，
> 反映的大多是些陈旧概念，而非医学理论或实践上的最新发展。甚至
> 日用手册之类也是一次又一次地节选翻刻自旧书，有些甚至是宋代和
> 元代的。如果建阳书坊承担风险承印重要新书时，如宋应星的综合
> 科技专著《天工开物》，或一些制作精良的著作如带整叶插图的小说，
> 也往往复印或覆刻自原来在其他地方刻印的版本。①

贾氏对建版图书的批评在总体上来说是比较公允的，因为越是前代历经多次
翻刻的书籍越是具有知识的权威性和较强的市场销量，书商对其进行翻刻也
更为保险，而贾氏文中也提到，对新书的刻印则在某种程度上意味着"承担
风险"。虽然建版医书中的知识几乎没有发生变化，但日用类书中的农学部
分情况完全与此不同，因为其中涉及农学地域的转换与目标读者的改变。一
方面宋元时期日用类书中的农学知识大多是以论述北方旱地作物为主，这是
因为当时书商们抄袭的农书多是以北方地区为主的，南方的水田农业虽然有
所发展但并没有从文本中显现出其重要性，直到明代前中期，随着江南农业
生产的进一步发展，士人群体对江南地方性农学知识变得愈加关注，从而催
生出《便民图纂》这类的稻作区专业性农书，成为明代中后期日用类书书坊
主普遍参照的蓝本；另一方面宋元时期日用类书的目标读者是士人，这从它
们的知识排列和书籍牌记中即可看出，如元至顺年间西园精舍刊刻《纂图增
新类聚事林广记》的牌记中就提道："《事林》一书，资于博物洽闻之士尚矣，
道散天下，事无不该，物无不贯，其纪载容有能尽之者乎。"在中国古代士人

---

① 贾晋珠. 谋利而印：11—17世纪福建建阳的商业出版者 [M]. 邱葵，等，译. 福州：福建人民出版社，
2019：314−315.

阶层中流行着一种"一物不知，君子之耻"的说法，所以其时日用类书的作用就是帮助士人博闻多识，增加他们的博物见识与提供写作之素材。而在明代中后期，日用类书的阅读者与使用者多半是地主、识字的庶民百姓或某种行业的从业者，之前为士人博物而准备的日用类书籍就不能满足这些新兴读者对具体知识的需要，所以书商们只能对先前日用类书中的内容进行修订与改编，以适应当时书籍市场的需要。这一点在日用类书的编纂中很容易看到，如成书于明代前中期的日用类书《多能鄙事》中的农业知识多是对元代类书《居家必用事类全集》的抄袭，所以其市场销路极为有限，成为有明一代日用类书中农业知识的特例。而其后刊刻出版的日用类书对知识进行了重新加工，将农业知识编排成"农桑门""时令门"和"牧养门"等不同门类，撰者在摘抄前代文献的基础上融入自己的知识创新，加入一些新鲜的时兴知识以及根据当时的农业实际重新绘制一批新的耕织图，并为这些耕织图配上新添的民间竹枝词，体现了农学知识之新颖。基于这批新颖的史料做出的分析与探究，能够在一定程度上弥补先前关于明代中后期农业史研究的某些缺口，这是日用类书研究在农学史方面的价值与意义。

以往日用类书的研究者们多将日用类书中的资料视作对庶民生活的真实写照，先入为主地认为书中所载的知识是属于当时庶民大众的，他们继而以这些史料为媒介来探讨和揭橥当时社会生活的各个方面。实际上，这种观点和研究方法是值得商榷的。虽然明代中后期随着市民经济的繁荣与整个社会识字率的提高，日用类书的阅读群体也逐渐从士人阶层下移到庶民大众群体，书肆的书商们为了应对这种变化趋势，雇佣了一批编纂者对其中的知识进行更新换代。这种改变可被视作当时图书出版行业的一种"眼光向下的革命"，即书商及其雇佣文人对《农桑辑要》和《农桑衣食撮要》这两种近世农书进行了系统性研究，吸收了其编纂体例和其中的部分知识，尤其是继承了二书中关于"要"（即提纲挈领与技术性）与"辑""撮"（即条理化）的两个编写原则并将其发扬光大。他们又大段篇幅地抄袭了在民间广为流传的新修农书《便民图纂》，主要吸收了其中的农桑知识及耕织图像等内容，并售卖给感兴趣的读者，以期能对他们的农业实践进行指导，最终完成了农学知识的下移与民间化。当时建阳书坊五日举行一次的定期性书市，又能迅速将这些知识传递给庶民大众①。虽然日用类书中农学知识的最后落脚点是庶民百姓，书商编辑出版的出发点也是希望它能够被用于指导农业实践，甚至有时会吸收一些来自于农业实践的技术知识，它却不能被视作农业实践本身。如果我们将官员、士人编纂的农书视作农学知识的上层（或者姑且称之为农学），将地方志、地契、账簿等资料中关于真实农业情况的记载视作农业实践本身（或称为农业），那么日用类书中的农学知识仅仅是编纂者从农书（农学）中摘取，试图用以指导农业生产实践（农业）的一种中间产品而已，是农学知识介于农学与农业中间的一种镜像。有时因为其撰者为了增加销量而吸收一批来自民间的且行之有效的实践性农法，但它并不是农学实践本身，这一点可以视作本书通过关注日用类书中的农学知识而对日用类书研究所作的一点修正②。即对于日用类书中的某些日用知识而言③，其编纂者所起的作用是知识流转于不同阶层之间的中间商而非是庶民生活的真实记录者。

　　关于日用类书中知识所起的作用，历来是学界一个比较模糊的问题。研究者们大都在一定程度上肯定它们在将日用知识传播到民间这方面的积极作用，但对如何传播以及传播的具体效果都没有详细说明，对书商们所标榜的"四民并用""四民捷用"这类词汇也持否定态度，认为这仅仅是日用类书的编纂者们为了增加销量而夸大其词的一种广告宣传。日用类书的目标读者便是庶民百姓，毫无疑问这类书籍在民间社会有着极强的影响力。正如杨庆堃认为的那样，在传统时代，最畅销的书不是儒家的经典，而是为人们的日常

---

　　① 高彦颐. 闺塾师：明末清初江南的才女文化 [M]. 李志生，译. 南京：江苏人民出版社，2005：47.

　　② 这一点可以在法国书籍史上得到进一步印证。法国17世纪出现的大众读物"蓝皮书"或"蓝皮文库"与明代中后期的日用类书有相似的结构与内容，研究法国书籍史的学者们认为同样不能把它们仅仅视作"大众通俗读物"，因为这批书是由知识精英所书写的，并按照"出版者想象中其未来读者的阅读模式"来进行压缩、简化、插图等改编性工作。参见罗杰·夏蒂埃. 书籍的秩序：14至18世纪的书写文化与社会 [M]. 吴泓渺，张璐，译. 北京：商务印书馆，2013：95.

　　③ 根据笔者的粗略统计，日用类书中的知识大致可以分为三类，即纪实性、虚幻性与中间型，纪实性的如关于水路交通线路、历朝君臣、法律条文等的记载，虚幻性的如对山海异物、四夷杂志的想象性描述，而本书里所指的日用知识或技术类多属于中间型，即技术知识经由书商（通过改编经典文献、考察社会实践等途径来获取知识）向民间社会传播的过程。

生活提供农业节气与神秘知识的历书①。我们也可以确凿地认为，庶民百姓家里的技术类指导书籍（如果有的话）肯定不是大部头的《齐民要术》《营造法式》或《本草纲目》，而是皇历、《鲁班经》、简易医方手册以及各式各样的日用类书。这从《天工开物》导言中书商杨素卿试图模仿日用类书的形式来包装它以获取市场销售量的例子即可看出。笔者通过在本书各章节中的一系列研究，认为明代中后期日用类书农业篇章的读者是一部分士人、商人和一部分识字的农民，其中最主要的阅读者是从事生产经营的地主阶级。这些人或士或商，或农或工，都因为各种现实需要（劝农、经商、经营、增产等）而阅读日用类书中的农业篇章②。从日用类书所附的某些插图中我们可以得知，虽然有些人因为不识字而读不懂其中的内容，但经过他人（如士人、地主抑或乡邻）的转述而获取到其中的农学知识。从这种意义上来讲，日用类书的撰者宣称自己的读者受众是天下四民也并非全是夸大之词。本书虽极力呼吁学界应关注和发掘传统时期日用知识与日常技术中蕴含的意义与价值，但这并不代表笔者以此来否认或漠视历史时期所发生的科学革命与技术变革。正如白馥兰所说的那样，我们关注的是科技作为加速器和刹车这两个过程之间的相互影响和渗透③，关注的是技术在变革与日常之间的互动与转化。很多既往研究者认为日用类书产生的影响仅仅是之于下层庶民百姓的，而忽略了其知识向上传播的一面。与之相反，徐光启在撰写《农政全书》时就在具体知识与写作体例两个方面从邝璠那里获益良多。正如本书开篇里所揭示的那样，宋应星的《天工开物》也曾被建阳书坊的书商包装成日用类书来进行销售，其间技术知识的流动是多维、回旋与反复的，并不仅仅是单向的下移过程，从中可以看到科技名著与日用类书之间在知识上的连接与流动，也可以视作变革与日常之间互动之一例。最后，在评价明代包括日用类书在内的类

---

① 杨庆堃. 中国社会中的宗教（修订版）[M]. 范丽珠, 译. 成都：四川人民出版社, 2016: 14.

② 艾尔曼也认为，明代类书中农业等方面的内容明显增多，主要是针对传统中国社会群体上那些传统上或者在社会学意义上有文化的人，如文人、工匠和商人。

③ 白馥兰. 技术与性别：晚期帝制中国的权力经纬 [M]. 江湄, 邓京力, 译. 南京：江苏人民出版社, 2010: 12.

书类书籍的价值与作用时，艾尔曼（Benjamin A. Elman）悲观地表示，晚明类书为它庞大的读者群体创造了一个文本的博物馆，而不是自然的微观世界，这使得收集事物的知识被收藏在书本里，而并非是在博物馆或实验室里对自然本身进行的观摩和操作，这种情境进而导致了人们缺乏对在实验室里获得纯粹经验知识的兴趣[①]。他的这种观点对日用类书中某些赏析性的知识门类如"诸夷门"来说是成立的，但对于类似于农业、医学或尺牍等这些实用操作性的门类来说则是很难成立的。日用类书中农学知识的主要读者是那些对农业感兴趣的士人或其直接经营者与从业者，他们阅读该篇的目的不是出于博物目的而是想要将其付诸实践，所以他们并不会仅仅满足于文本的记载，而会将其应用到农业实践中。值得注意的一点是，彼时日用类书的读者大多是一些粗识文字的地主与庶民百姓，这些人即使不阅读日用类书，自身也不会对观察自然产生多么浓厚的兴趣，通过阅读日用类书反而进一步提升了其知识水平，即便是对于那些购买了日用类书仅将其当作闲书来消遣的人们来说，从总体上看，也会间接促进庶民生活圈之间的知识交流，所以日用类书总体上起到的作用是积极而非消极的。

明代中后期建阳书坊刊刻的日用类书还被销往朝鲜、日本及亚洲的其他国家与地区，有些还被传入西方，甚至成为当时欧洲学术界及当地人们了解与想象中国的主要依据[②]。值得注意的一点是，随着书籍刊印技术的进步与庶民阅读市场的开辟，世界上的很多其他地区在这段时期前后都生产出一批以居家日用知识为主要内容的书籍，以满足日益增长的识字人群对文本阅读的需求，明代中后期的中国仅是其中一个突出的代表但绝不是整个故事的全部[③]。彼时德国出现的以解决家庭生计为目的的综合性"家长学"（Hausvaterliteratur）著作，其重点也多是探讨与农事相关的活动，是当时民众

---

① 本杰明·艾尔曼. 收集与分类：明代汇编与类书 [J]. 学术月刊, 2009, 41（5）：138.

② 刘捷. 明末通俗类书与西方早期中国志的书写 [J]. 民俗研究, 2014（3）：35-42.

③ 根据英国历史学家彼得·伯克的叙述，欧洲的图书市场上有各式各样教人"如何做"的指南性书籍，教人耕作的农业知识也是其中的一环，仅17世纪就有两三千种。参见彼得·伯克. 知识社会史：从古登堡到狄德罗 [M]. 贾士蘅, 译. 台北：麦田出版, 2003：279.

启蒙的重要读物①。法国在 17 世纪初也出现了一批印刷粗糙的小开本廉价图书，被时人称作"蓝皮书"（Bibliotheque bleue），其中也有相当部分关于日常技术的手册。在 16—18 世纪英格兰的通俗读物浪潮中，包含农家日用指南的实用农民历（almanac）是当时最普及的乡间读物②。与中国一衣带水的邻邦日本在江户时代，随着庶民教育的普及和识字率的提升，也有一批类似《民家丰饶重宝记》《俗家重宝集》《万宝智惠袋》等家政类庶民日用指导手册相继问世③。笔者翻阅过其中一本名为《民家日用广益秘事大全》的日本日用类书，书中涉及农业的章节为"草木种植类第四"，撰者在该部分先叙述总体的农作物种植通用准则，然后分述水稻、小麦、荞麦、粟、大豆等各类谷类作物和菜类作物的种植方法，接着讲述果木类植物的栽培技术，最后是有关茶树、烟草等日用草木类作物的种植方法。这与明代中后期日用类书中的"农桑门"不论从目次排列还是种艺方法上都有着惊人的相似之处④。这些跨国别的同类日用农业知识出现的普遍社会背景与推动力是什么？它们之间是否存在着交流与相互借鉴？倘若有的话，那么它们之间知识传播的机制、动力与中介又是什么？倘若以国际视野来审视明代中后期出版的诸种日用类书，将它们放置在这场由印刷术发展和识字率提高而引发的全球性平民阅读浪潮中，估计会有更多的发现与收获，这是笔者下一步的研究计划。

---

① 董恺忱. 东亚与西欧农法比较研究 [M]. 北京：中国农业出版社，2007：305；亦可参见克莫斯基. 农业哲学 [M]. 曹贯一，译. 上海：上海社会科学院出版社，2016：9.

② 复旦大学历史学系. 新文化史与中国近代史研究 [M]. 上海：上海古籍出版社，2009：227-228.

③ 小泉吉永，解说. 江户时代庶民文库 40[M]. 收录一览. 东京：大空社，2015：1-8.

④ 三松馆主人. 江户时代の生活便利帖 现代語訳·民家日用廣益秘事大全 [M]. 内藤久男，訳. 東京：株式会社幻冬舎，2014：118-147.

参考文献

宋应星. 天工开物译注 [M]. 潘吉星, 译注. 上海：上海古籍出版社, 2016.

张秀民. 张秀民印刷史论文集 [M]. 北京：印刷工业出版社, 1988.

薮内清. 天工开物研究论文集 [M]. 章熊, 吴杰, 译. 北京：商务印书馆, 1959.

潘吉星. 宋应星评传 [M]. 南京：南京大学出版社, 2011.

小泉吉永, 解题. 江戸時代庶民文庫40[M]. 東京：大空社, 2015.

陈梦雷. 松鹤山房诗文集 [M]. 清康熙铜活字印本.

陈寿. 三国志 [M]. 北京：中华书局, 1982.

胡道静. 中国古代的类书 [M]. 北京：中华书局, 1982.

戚志芬. 中国古代的类书, 政书和丛书 [M]. 北京：商务印书馆, 2005.

吴蕙芳. 明清以来民间生活知识的构建与传递 [M]. 台北：台湾学生书局, 2007.

杨国桢. 明清土地契约文书研究 [M]. 北京：人民出版社, 1988.

缪咏禾. 中国出版通史：明代卷 [M]. 北京：中国书籍出版社, 2008.

中国社会科学院历史研究所文化室. 明代通俗日用类书集刊 [M]. 重庆：西南师范大学出版社, 2011.

王守仁. 王阳明全集 [M]. 徐枫, 等, 点校. 天津：天津社会科学院出版社, 2015.

沈善洪, 主编. 黄宗羲全集 [M]. 杭州：浙江古籍出版社, 1985.

李诩. 戒庵老人漫笔 [M]. 北京：中华书局, 1982.

张秀民. 中国印刷史 [M]. 上海：上海人民出版社, 1989.

崔溥. 崔溥漂海录校注 [M]. 朴元熇, 校注. 上海：上海书店出版社, 2013.

袁黄. 宝坻劝农书 [M]. 郑守森, 等, 校注. 北京：中国农业出版社, 2000.

牟复礼, 崔德瑞. 剑桥中国明代史：上卷 [M]. 北京：中国社会科学出版社, 1992.

张献忠. 从精英文化到大众传播：明代商业出版研究 [M]. 桂林：广西师范大学出版社, 2015.

龙阳子. 鼎锓崇文阁汇纂士民万用正宗不求人全编 [M]. 刊本. 潭阳：余文台, 1607（万历三十五年）.

酒井忠夫. 中国日用類書集成 [M]. 坂出祥伸, 等编. 東京：汲古書院, 1999-2004.

刘全波. 论明代日用类书的出版 [J]. 山东图书馆学刊, 2014 (5).

高儒、周弘祖撰. 百川书志 古今书刻 [M]. 上海：上海古籍出版社, 2005.

吴世灯. 建阳书坊的衰落与四堡书坊的崛起 [J]. 福建学刊, 1996 (3).

赵文. (景泰) 建阳县志 [M]. 袁铦, 续修. 刻本. 1504 (弘治十七年). 北京：北京出版社, 1998.

永瑢. 四库全书总目 [M]. 北京：中华书局, 1965.

郎瑛. 七修类稿 [M]. 上海：上海书店, 2001.

谢肇淛. 五杂组 [M]. 傅成, 校点. 上海：上海古籍出版社, 2012.

朱鼎臣. 新刻邺架新裁万宝全书：序 [M]. 刊本. 建阳：书林对山熊氏, 1641 (万历四十二年).

仁井田陞. 中国法制史研究：奴隷農奴法. 家族村落法 [M]. 東京：東京大学出版会, 1962.

林友春, 编. 近世中国教育史研究：その文教政策と庶民教育 [M]. 東京：国土社, 1958.

酒井忠夫. 元明時代の日用類書とその教育史的意義 [J]. 日本の教育史学, 1958 (1).

酒井忠夫. 中国日用類書史の研究 [M]. 東京：国書刊行会, 2011.

小川陽一. 日用類書による明清小説の研究 [M]. 東京：研文出版, 1995.

寺田隆信. 明清時代の商業書について [J]. 集刊東洋学, 1968, 20.

森三樹三郎博士頌壽記念事業會, 编. 東洋学論集：森三樹三郎博士頌壽記念 [M]. 京都：朋友書店, 1979.

森田明. 《商賈便覽》について：清代の商品流通に関する覚書 [J]. 福岡大学研究所報, 1972, 16.

水野正明. 《新安原板士商類要》について [J]. 東方学, 1980, 60.

石声汉. 介绍《便民图纂》[J]. 西北农学院学报, 1958 (1).

邝璠. 便民图纂 [M]. 石声汉, 康成懿, 校注. 北京：农业出版社, 1959.

邝璠. 便民图纂 [M]. 北京：中华书局, 1959.

郑振铎. 西谛书话 [M]. 北京：生活・读书・新知三联书店, 2005.

郑振铎. 西谛书目五卷 题跋一卷 [M]. 北京：文物出版社, 1963.

王重民. 中国善本书提要 [M]. 上海：上海古籍出版社, 1983.

吴蕙芳. 新社会史研究：民间日用类书的应用与展望 [J]. 政大史粹, 2000 (2).

吴蕙芳. 上海图书馆所藏《万宝全书》诸本：兼论民间日用类书中的拼凑问题 [J].

书目季刊，2003：36（4）.

吴蕙芳. 万宝全书：明清时期的民间生活实录 [M]. 台北：花木兰文化工作坊，2005.

吴蕙芳. 江户时期流传日本的一部中国识字书：《增订日用便览杂字》[J]. 书目季刊，2007：41（1）.

刘天振. 明代通俗类书研究 [M]. 济南：齐鲁书社，2006.

刘天振. 明代类书体小说集研究 [M]. 北京：中国社会科学出版社，2014.

贾晋珠. 谋利而印：11 至 17 世纪福建建阳的商业出版者 [M]. 邱葵，译. 福州：福建人民出版社，2019.

余英时. 中国近世宗教伦理与商人精神 [M]. 增订版. 北京：九州出版社，2014.

陈学文. 明清时期商业书及商人书之研究 [M]. 台北：红叶文化事业有限公司，1997.

张海英. 日用类书中的"商书"：析《新刻天下四民便览三台万用正宗·商旅门》[J]. 明史研究，2005.

复旦大学历史系. 变化中的明清江南社会与文化 [M]. 上海：复旦大学出版社，2016.

卜正民. 纵乐的困惑：明代的商业与文化 [M]. 方骏，译. 桂林：广西师范大学出版社，2016.

卜正民. 挣扎的帝国：元与明 [M]. 潘玮琳，译. 北京：中信出版集团，2016.

陈锋. 明清以来长江流域社会发展史论 [M]. 武汉：武汉大学出版社，2006.

王振忠. 闽南贸易背景下的民间日用类书：《指南尺牍生理要诀》研究 [J]. 安徽史学，2014（5）.

王振忠. 区域文化视野中的民间日用类书：从《祭文精选》看二十世纪河西走廊的社会生活 [J]. 地方文化研究，2014（1）.

仝建平. 宋元民间交际应用类书探微 [M]. 北京：中国社会科学出版社，2015.

周安邦. 明代日用类书《农桑门》中收录的农耕竹枝词初探 [J]. 兴大中文学报，2014（36）.

周安邦. 由明代日用类书《农桑门》中收录的蚕桑竹枝词探究吴中地区的蚕业活动 [J]. 兴大人文学报，2015（55）.

王正华. 生活，知识与文化商品：晚明福建版"日用类书"与其书画门 [J]. "中央研究院"近代史研究所集刊，2003（41）.

王尔敏. 明清时代庶民文化生活 [M]. 长沙：岳麓书社，2002.

尤陈俊. 法律知识的文字传播：明清日用类书与社会日常生活 [M]. 上海：上海人民出版社，2013.

陈学文. 明清时期乡村的社会治安和社会秩序整治：以日用类书为中心 [J]. 浙江社会科学，2015（3）.

徐嘉露. 明代民间日用类书契约体式的史料价值 [J]. 北方文物，2018（2）.

葛兆光. 中国思想史：导论 [M]. 上海：复旦大学出版社，2013.

石声汉. 试论《便民图纂》中的农业技术知识 [J]. 西北农学院学报，1958（1）.

坂出祥伸. 明代「日用類書」醫学門について [J]. 關西大学文学論集，1998：47（3）.

BRETELLE-ESTABLET F. Looking at it from Asia. The Processes that Shaped the Sources of History of Science[M]//Boston Studies of Philosophy of Science：vol. 265. Dordrecht：Springer，2010.

黄一农. 通书：中国传统天文与社会的交融 [J]. 汉学研究，1996：14（2）.

赵益. 明代通俗日用类书与庶民社会生活关系的再探讨 [J]. 古典文献研究，2013（16）.

武纬子. 新刊翰苑广记补订四民捷用学海群玉：序言 [M]. 刻本. 东京大学东洋文化研究所藏明熊冲宇种德堂，1607（万历三十五年）.

王毓瑚. 中国农学书录 [M]. 北京：中华书局，2006.

闵宗殿. 中国农业通史：明清卷 [M]. 北京：中国农业出版社，2016.

白馥兰. 技术、性别、历史：重新审视帝制中国的大转型 [M]. 吴秀杰，白岚玲，译. 南京：江苏人民出版社，2017.

不撰著人. 居家必用事类全集：序言 [M]. 刻本. 飞来山人刻本，1568（隆庆二年）.

刘基. 多能鄙事 [M]. 刻本. 出版地：范惟一刻本，1563（嘉靖四十二年）.

贾思勰. 齐民要术校释 [M]. 缪启愉，校释. 2 版. 北京：中国农业出版社，1998.

曾雄生. 中国农学史 [M]. 修订本. 福州：福建人民出版社，2012.

王祯. 农书译注 [M]. 缪启愉，缪桂龙，译注. 济南：齐鲁书社，2009.

陈旉. 陈旉农书校注 [M]. 万国鼎，校注. 北京：农业出版社，1965.

吴邦庆. 畿辅河道水利丛书 [M]. 许道龄，校. 北京：农业出版社，1964.

中国天文学史整理研究小组编. 科技史文集：第 10 辑 天文学史专辑 3[M]. 上海：上海科学技术出版社，1983.

汤勤福.《月令》祛疑：兼论政令，农书分离趋势 [J]. 学术月刊，2016（10）.

佚名. 新刊理气详辩纂要三台便览通书正宗 [M]. 刻本. 建阳：林维松刻本，1598（万历戊戌）.

董光璧. 刘基和他的《多能鄙事》[J]. 中国科技史料, 1981 (2).

肖克之.《便民图纂》版本说 [J]. 古今农业, 2001 (2).

鲁明善. 农桑衣食撮要 [M]. 王毓瑚, 校注. 北京: 农业出版社, 1962.

伊懋可. 大象的退却: 一部中国环境史 [M]. 梅雪芹, 等, 译. 南京: 江苏人民出版社, 2014.

ROEL STERCKX, MARTINA SIEBERT and DAGMAR SCHÄFER. Animals through Chinese History, Earliest Times to 1911[M]. Cambridge: Cambridge University Press, 2018.

陈振国. 清代马政研究 [M]. 长春: 吉林大学出版社, 2016.

王圻. 续文献通考 [M]. 明万历三十一年曹时聘等刻本.

苏克军. 传播学概论 [M]. 长春: 吉林大学出版社, 2017.

席文. 论文化簇 [J]. 复旦学报 (社会科学版), 2011 (6).

邝璠. 便民图纂 [M]. 扬州: 广陵书社, 2009.

徐兆玮. 徐兆玮日记 [M]. 李向东, 等, 标点. 合肥: 黄山书社, 2013.

殷子.《农政全书》数字化研究 [D]. 南京: 南京农业大学, 2007.

万国鼎. 邝璠《便民图纂》[J]. 中国农报, 1962 (11).

陈麦青. 关于《便民纂》[J]. 中国农史, 1985 (4).

天野元之助. 中国古农书考 [M]. 彭世奖, 林广信, 译. 北京: 农业出版社, 1992.

张廷玉, 等. 明史 [M]. 北京: 中华书局, 1974.

梁章钜, 郑珍. 称谓录亲属记 [M]. 冯惠民, 等, 点校. 北京: 中华书局, 1996.

焦竑. 国朝献征录 [M]. 徐象橒曼山馆刻本. 1616 (万历四十四年).

何宁. 淮南子集 [M]. 北京: 中华书局, 1998.

袁采. 袁氏世范 [M]. 北京: 中华书局, 1985.

陈荣捷. 王阳明《传习录》详注集评 [M]. 台北: 台湾学生书局, 1983.

张履祥, 辑补. 补农书校释 [M]. 陈恒力, 校释, 王达, 参校、增订. 北京: 农业出版社, 1983.

RAWSKI E S. Education and Popular Literacy in Ch'ing China[M]. Ann Arbor: University of Michigan Press, 1979.

朱维铮, 李天纲. 徐光启全集 [M]. 上海: 上海古籍出版社, 2010.

郑光祖. 一斑录 [M]. 清道光舟车所至丛书本.

钱曾. 读书敏求记 [M]. 北京: 书目文献出版社, 1984.

NEEDHAM J. Science and Civilisation in China, Volume 6 Part II: Agriculture[M].

BRAY F. Cambridge: Cambridge University Press, 1984.

董恺忱，范楚玉. 中国科学技术史：农学卷 [M]. 北京：科学出版社，2000.

佚名. 便民图纂 [M]. 刻本. 内阁文库藏江户时代手抄本，弘治壬戌（1502）（番号：汉 2560）.

邝璠. 便民图纂 [M]. 北京：文物出版社，2018.

北京图书馆古籍出版编辑组. 北京图书馆古籍珍本：丛刊 83 子部·丛书类 [M]. 北京：书目文献出版社，1998.

祝允明. 怀星堂集 [M]. 杭州：西泠印社出版社，2012.

董斯张.（崇祯）吴兴备志 [M]. 刊本. 南林刘氏嘉业堂，1914（民国三年）.

中国农业科学院、南京农业大学中国农业遗产研究室太湖地区农业史课题组. 太湖地区农业史稿 [M]. 北京：农业出版社，1990.

刘应棠. 梭山农谱 [M]. 王毓瑚，校. 北京：农业出版社，1960.

大司农司. 农桑辑要校注 [M]. 石声汉，校注，西北农学院古农学研究室，整理. 北京：中华书局，2014.

冯汝弼.（嘉靖）常熟县志 [M]. 邓韨，纂. 刻本. 1539（嘉靖十八年）.

牛若麟.（崇祯）吴县志 [M]. 王焕如，纂. 刻本. 1642（崇祯十五年）.

章楷. 中国植棉简史 [M]. 北京：中国三峡出版社，2009.

李伯重. 发展与制约：明清江南生产力研究 [M]. 台北：台湾联经出版事业公司，2002.

郑云飞. "荆桑" 和 "鲁桑" 名称由来小考 [J]. 农业考古，1990（1）.

俞宗本. 种树书 [M]. 康成懿，校注. 辛树帜，校阅. 北京：农业出版社，1962.

罗桂环. 中国栽培植物源流考 [M]. 广州：广东人民出版社，2018.

邱仲麟. 花园子与花树店：明清江南的花卉种植与园艺市场 [J]. "中央研究院" 历史语言研究所集刊，2007：87（3）.

王路. 花史左编 [M]. 李斌校点. 南京：江苏凤凰文艺出版社，2018.

王象晋. 群芳谱诠释（增补订正）[M]. 伊钦恒，诠释. 北京：农业出版社，1985.

朱熹. 四书章句集注 [M]. 北京：中华书局，1983.

邓拓. 中国救荒史 [M]. 武汉：武汉大学出版社，2012.

葛全胜，等. 中国历朝气候变化 [M]. 北京：科学出版社，2011.

江苏省建湖县《田家五行》选释小组.《田家五行》选释 [M]. 北京：中华书局，1976.

杨万里. 杨万里诗文集 [M]. 南昌：江西人民出版社，2006.

陈梦雷. 古今图书集成·职方典 [M]. 雍正铜活字本. 1726（雍正四年）.

顾廷龙. 续修四库全书：975 子部·农家类 [M].《续修四库全书》编纂委员会编. 上海：上海古籍出版社，2002.

陈元靓. 事林广记 [M]. 北京：中华书局，1998.

邹介正，等. 中国古代畜牧兽医史 [M]. 北京：中国农业科技出版社，1994.

闵宗殿. 中国农业通史·明清卷 [M]. 北京：中国农业出版社，2016.

闵宗殿. 中国农业通史·明清卷 [M]. 第二版. 北京：中国农业出版社，2020.

尹玲玲. 明清长江中下游渔业经济研究 [M]. 济南：齐鲁书社，2004.

曾雄生，陈沐，杜新豪. 中国农业与世界的对话 [M]. 贵阳：贵州民族出版社，2013.

徐光启. 农政全书校注 [M]. 石声汉，校注，石定枎，订补. 北京：中华书局，2020.

周昕.《耒耜经》和陆龟蒙 [M]. 北京：农业出版社，1990.

游修龄，曾雄生. 中国稻作文化史 [M]. 上海：上海人民出版社，2010.

楼璹. 耕织图诗：附录 [M]. 北京：中华书局，1985.

曾枣庄. 宋代序跋全编 [M]. 济南：齐鲁书社，2015.

王应麟. 困学纪闻 [M]. 上海：上海古籍出版社，2015.

刘宗彬. 徐渭小品 [M]. 南昌：江西人民出版社，2010.

孙杰. 竹枝词发展史 [M]. 上海：上海人民出版社，2014.

王红谊. 中国古代耕织图 [M]. 北京：红旗出版社，2009.

胡道静. 胡道静文集：农史论集、古农书辑录 [M]. 上海：上海人民出版社，2011.

谢东山，删正；张道，编集.（嘉靖）贵州通志 第二册 [M]. 张祥光，林建曾，王尧礼，点校. 贵阳：贵州人民出版社，2017.

杜新豪，曾雄生.《宝坻劝农书》与明代后期江南农学知识的北传 [J].《农业考古》2014（6）.

熊宗立. 居家必用事类全集（全十卷）[M]. 北京：书目文献出版社，1986.

南江.《居家必用事类全集》及《多能鄙事》中的有关部分 [J]. 中国食品，1984（9）.

篠田统. 中国食物史研究 [M]. 高桂林，薛来运，译. 北京：中国商业出版社，1987.

司马光. 资治通鉴 [M]. 萧放，等，点注. 北京：中国友谊出版公司，1993.

宋教松，注释. 相法牛经大全注释 [M]. 长沙：湖南科学技术出版社，1993.

马一龙. 农说 [M]. 北京：中华书局，1985.

袁黄，程璇，王竹舫. 宝坻劝农书·渠阳水利·山居琐言 [M]. 郑守森，况清楷，翟乾祥，校注. 北京：中国农业出版社，2000.

韩鄂. 四时纂要校释 [M]. 缪启愉, 校释. 北京: 农业出版社, 1981.

曾雄生. 六道, 首种, 六种考 [J]. 自然科学史研究, 1994 (4).

佚名. 陶朱公致富书 [M]. 聚文堂藏板, 南京: 南京农业大学农史室藏本.

万国鼎. 五谷史话 [M]. 北京: 中华书局, 1961.

李伯重. 江南的早期工业化 (1550—1850) [M]. 修订版. 北京: 中国人民大学出版社, 2010.

宋志英. 宋元方志经济资料丛刊 2 [M]. 北京: 国家图书馆出版社, 2015.

程杰. 花卉瓜果蔬菜文史考论 [M]. 北京: 商务印书馆, 2018.

周文华. 汝南圃史 [M]. 赵广升点校. 南京: 凤凰出版社, 2017.

曾雄生. 橘诗和橘史: 北宋陈舜俞《山中咏橘长咏》研读 [J]. 九州学林. 2012. 11.

文震亨. 长物志 [M]. 李霞, 王刚, 编著. 南京: 江苏凤凰文艺出版社, 2015.

陈思. 海棠谱 [M]. 北京: 中华书局, 1985.

彭世奖. 中国作物栽培简史 [M]. 北京: 中国农业出版社, 2012.

莫旦. (弘治) 吴江志 [M]. 刊本. 1488 (弘治元年).

曾才汉. (嘉靖) 太平县志 [M]. 叶良佩, 纂. 明嘉靖刻本. 1540 (嘉靖十九年).

宋濂, 等. 元史 [M]. 北京: 中华书局, 1976.

班固. 汉书 [M]. 颜师古, 注. 北京: 中华书局, 1962.

司农司. 四库全书·农家类·农桑辑要 [M]. 北京: 中国书店, 2018.

欧阳修. 欧阳修全集 [M]. 北京: 中华书局, 2001.

张彦远. 历代名画记 [M]. 周晓薇, 校点. 沈阳: 辽宁教育出版社, 2001.

郑樵. 通志二十略 [M]. 北京: 中华书局, 1995.

宋濂. 宋濂全集 [M]. 杭州: 浙江古籍出版社, 2012.

巫鸿. 武侯祠: 中国古代画像艺术的思想性 [M]. 北京: 生活·读书·新知三联书店, 2015.

巫鸿. 重屏: 中国绘画中的媒材与再现 [M]. 上海: 上海人民出版社, 2017.

巫鸿. 中国古代绘画中的女性空间 [M]. 北京: 生活·读书·新知三联书店, 2019.

柯律格. 明代的图像与视觉性 [M]. 黄晓娟, 译. 2 版. 北京: 北京大学出版社, 2016.

柯律格. 谁在看中国画 [M]. 梁霄, 译. 桂林: 广西师范大学出版社, 2020.

金秋鹏. 中国科学技术史: 图录卷 [M]. 北京: 科学出版社, 2008.

BRAY F, DOROFEEVA-LICHTMANN V, METAILIE G. Graphics and Text in the Production of Technical Knowledge in China: The Warp and the Weft[M]. Leiden:

Brill, 2007.

周昕. 农具史话 [M]. 北京：农业出版社，1980.

周昕. 中国农具发展史 [M]. 济南：山东科学技术出版社，2005.

周昕. 中国农具通史 [M]. 济南：山东科学技术出版社，2010.

周昕. 中国农具史纲及图谱 [M]. 北京：中国建材工业出版社，1998.

曾雄生.《天工开物》中水稻生产技术的调查研究 [J]. 农业考古，1987（3）.

史晓雷. 王祯《农器图谱》新探 [D]. 北京：中国科学院，2010.

史晓雷. 对山西屯留宋村金代墓葬壁画所绘农具的分析 [J]. 文物世界，2011（1）.

史晓雷. 从古代绘画看我国的水磨技术 [J]. 中国国家博物馆馆刊，2011（6）.

史晓雷. 山西太原居贤观明代壁画中的风扇车 [J]. 文物世界，2015（3）.

郏姣姣，史晓雷. 维多利亚阿伯特博物院藏清代外销画《制丝图》研究 [J]. 广西民族大学学报（自然科学版），2016（6）.

郏姣姣，史晓雷. 东京国立博物馆藏我国两幅牛转翻车图研究 [J]. 农业考古，2016（6）.

史晓雷. 图像证史：运河上已消失的"翻坝"技术 [J]. 长沙理工大学学报（社会科学版），2012（4）.

王潮生. 中国古代耕织图 [M]. 北京：中国农业出版社，1995.

渡部武. 历史研究中绘画资料的应用 [J]. 刘小燕，译. 农业考古，1987（2）.

渡部武.《耕织图》流传考 [J]. 曹幸穗，译. 农业考古，1989（1）.

渡部武. "探幽缩图"中的"耕织图"与高野山遍照尊院所藏"织图"：关于中国农书"耕织图"的流传及其影响（补遗之一）[J]. 吴十洲，译. 农业考古，1991（3）.

渡部武.《耕织图》对日本文化的影响 [J]. 陈炳义，译. 中国科技史料，1993（2）.

HAMMERS R L. Pictures of Tilling and Weaving: Art, Labor, and Technology in Song and Yuan China[M]. Hong Kong: Hong Kong University Press, 2011.

王加华. 技术传播的"幻象"：中国古代《耕织图》功能再探析 [J]. 中国社会经济史研究，2016（2）.

王加华. 显与隐：中国古代耕织图的时空表达 [J]. 民族艺术，2016（4）.

王加华. 观念、时势与个人心性：南宋楼璹《耕织图》的"诞生" [J]. 中原文化研究，2018（1）.

王加华. 谁是正统：中国古代耕织图政治象征意义探析 [J]. 民俗研究，2018（1）.

王加华. 教化与象征：中国古代耕织图意义探释 [J]. 文史哲，2018（3）.

王加华. 处处是江南：中国古代耕织图中的地域意识与观念 [J]. 中国历史地理论

丛, 2019 (3).

永瑢. 四库全书简明目录 [M]. 上海：上海古籍出版社, 1985.

岳珂. 愧郯录 [M]. 北京：中华书局, 2016.

叶梦得. 石林燕语 [M]. 上海：上海古籍出版社, 2012.

陈桂权.《耕织图》中的"男子采桑"[J]. 文史知识, 2013 (9).

叶德辉. 书林清话 [M]. 北京：华文出版社, 2012.

郑振铎. 中国版画史图录 1[M]. 北京：中国书店, 2012.

彼得·伯克. 图像证史 [M]. 杨豫译. 2 版. 北京：北京大学出版社, 2018.

郑之乔. 农桑易知录 [M]. 刻本. 宝庆, 1760 (乾隆二十五年).

朱国祯. 湧幢小品 [M]. 刻本. 1622 (天启二年).

杜新豪. 金汁：中国传统肥料知识与技术实践研究（10—19 世纪）[M]. 北京：中国农业科学技术出版社, 2018.

费孝通. 江村经济：中国农民的生活 [M]. 北京：商务印书馆, 2001.

高彦颐. 闺塾师：明末清初江南的才女文化 [M]. 李志生, 译. 南京：江苏人民出版社, 2005.

王潮生. 几种鲜见的《耕织图》[J]. 古今农业, 2003 (1).

黄世瑞. 浅说耕织图 [J]. 寻根, 1995 (3).

陈翔, 刘兵. 媒介, 艺术与科学传播：耕织图案例研究 [J]. 科普研究, 2019 (1).

鲁迅. 朝花夕拾 [M]. 北京：中国言实出版社, 2016.

吴聿明. 太仓南转村明墓及出土古籍 [J]. 文物, 1987 (3).

赵锦修, 张衮纂. 嘉靖江阴县志 [M]. 刘徐昌, 点校；江阴市政协学习文史委员会, 编. 上海：上海古籍出版社, 2011.

顾炎武. 天下郡国利病书 [M]. 黄坤, 等, 校点. 上海：上海古籍出版社, 2012.

顾炎武. 日知录校注 [M]. 陈垣, 校注. 合肥：安徽大学出版社, 2007.

赵翼. 廿二史劄记校证 [M]. 王树民, 校证. 北京：中华书局, 2013.

文莹. 玉壶清话 [M]. 北京：中华书局, 1984.

杜文澜. 古谣谚 [M]. 北京：中华书局, 1958.

王鏊.（正德）姑苏志 [M]. 刻本. 姑苏：1506 (正德元年).

钟敬文. 民俗学概论（第二版）[M]. 北京：高等教育出版社, 2010.

谢肇淛. 五杂组 [M]. 傅成, 校点. 上海：上海古籍出版社, 2012.

祁寯藻. 祁寯藻集 [M]. 太原：三晋出版社, 2015.

余象斗. 新刻天下四民便览三台万用正宗 [M]. 刻本. 建阳：余氏双峰堂, 1599

((万历二十七年).

王充. 论衡校释 [M]. 黄晖，撰. 北京：中华书局，1990.

黎翔凤. 管子校注 [M]. 梁运华，整理. 北京：中华书局，2004.

费根. 小冰河时代：气候如何改变历史（1300—1850）[M]. 苏静涛，译. 杭州：浙江大学出版社，2013.

庞元英. 文昌杂录 [M]. 北京：中华书局，1985.

胡古愚. 树艺篇 [M]. 明纯白斋抄本.

陈家其. 明清时期气候变化对太湖流域农业经济的影响 [J]. 中国农史，1991（3）.

朱鼎臣. 新刻邺架新裁万宝全书 [M]. 日本东京大学东洋文化研究所藏潭邑书林对山熊氏刊本.

孙锦标. 通俗常言疏证 [M]. 北京：中华书局，2000.

中国民间文学集成全国编辑委员会，中国民间文学集成湖北卷编辑委员会. 中国谚语集成·湖北卷 [M]. 北京：中央民族大学出版社，1994.

龙阳子. 鼎锓崇文阁汇纂士民万用正宗不求人全编 [M]. 万历三十五年潭阳余文台刊本.

高铨. 蚕桑辑要 [M]. 刻本. 遵义：王青莲，1831（道光十一年）.

宁业高，桑传贤. 中国历代农业诗歌选 [M]. 北京：农业出版社，1988.

丁柔克. 柳弧 [M]. 北京：中华书局，2002.

陈允中. 新刻群书摘要士民便用一事不求人 M]. 万历年间书林种德堂版.

陈元靓. 岁时广记 [M]. 许逸民，点校. 北京：中华书局，2020.

彭君谷. （康熙）盐山县志 [M]. 钱国寿，纂. 清康熙十年刻本，1671.

高斯得. 耻堂存稿 [M]. 北京：中华书局，1985.

谢智飞. 北宋士人笔下的农业：以北宋笔记为中心 [D]. 北京：中国科学院大学，2018.

陈光前. 慈利县志 [M]. 刻本. 天一阁藏万历刻本，上海：上海古籍书店，1964.

北京图书馆古籍出版编辑组. 北京图书馆古籍珍本：丛刊 80 子部·类书类 [M]. 北京：书目文献出版社，1988.

李伯重. 简论"江南地区"的界定 [J]. 中国社会经济史研究，1991（1）.

冯贤亮. 明清江南地区的环境变动与社会控制 [M]. 上海：上海人民出版社，2002.

万志英. 剑桥中国经济史：古代到 19 世纪 [M]. 崔传刚，译. 北京：中国人民大学出版社，2018.

范金民. 明清江南商业的发展 [M]. 南京：南京大学出版社，1998.

钱肃乐, 张采. （崇祯）太仓州志 [M]. 国家图书馆藏崇祯刻本.

韩浚.（万历）嘉定县志 [M]. 张应武, 纂. 明万历刻本.

杨正泰, 校注. 天下水陆路程·天下路程图引·客商一览醒迷 [M]. 太原：山西人民出版社, 1992.

黄省曾. 理生玉镜稻品 [M]. 北京：中华书局, 1985.

陈超. 气候视野下的宋元明清时期江南农业问题研究 [M]. 郑州：郑州大学出版社, 2016.

施威. 汉唐时期农业气象预报研究：以《相雨书》为中心 [J]. 中国农史, 2017（6）.

范金民. 明清杭嘉湖农村经济结构的变化 [J]. 中国农史, 1988（2）.

谢国桢. 谢国桢全集：第四册 [M]. 谢小彬, 杨璐, 主编. 北京：北京出版社, 2013.

徐献忠. 吴兴掌故集 [M]. 台北：成文出版社, 1983.

周学濬.（同治）湖州府志 [M]. 刊本. 1874（同治十三年）.

李英华. 试论经营地主 [J]. 思想战线, 1985（2）.

汪曰桢. 湖蚕述注释 [M]. 蒋猷龙, 注释. 北京：农业出版社, 1987.

谢智飞. 论宋代笔记中的农事占候 [J]. 农业考古, 2019（1）.

白谦慎. 傅山的世界：十七世纪中国书法的嬗变 [M]. 北京：生活·读书·新知三联书店, 2015.

巴特菲尔德. 近代科学的起源 [M]. 张丽萍, 郭贵春, 等, 译. 北京：华夏出版社, 1988.

范楚玉. 陈旉的农学思想 [J]. 自然科学史研究, 1991（2）.

李根蟠.《陈旉农书》与"三才"理论：与《齐民要术》比较 [J]. 华南农业大学学报（社会科学版）, 2003（2）.

白馥兰. 技术与性别：晚期帝制中国的权力经纬 [M]. 江湄, 邓京力, 译. 南京：江苏人民出版社, 2010.

王艮. 王心斋全集 [M]. 陈祝生, 主编. 南京：江苏教育出版社, 2001.

嵇文甫. 晚明思想史论 [M]. 北京：中华书局, 2017.

罗杰·夏蒂埃. 书籍的秩序：14 至 18 世纪的书写文化与社会 [M]. 吴泓渺, 张璐, 译. 北京：商务印书馆, 2013.

杨庆堃. 中国社会中的宗教（修订版）[M]. 范丽珠, 译. 成都：四川人民出版社, 2016.

艾尔曼. 收集与分类：明代汇编与类书 [J]. 学术月刊, 2009（5）.

刘捷. 明末通俗类书与西方早期中国志的书写 [J]. 民俗研究, 2014（3）.

彼得·伯克. 知识社会史：从古登堡到狄德罗 [M]. 贾士蘅，译. 台北：麦田出版，2003.

董恺忱. 东亚与西欧农法比较研究 [M]. 北京：中国农业出版社，2007.

克莫斯基. 农业哲学 [M]. 曹贯一，译. 上海：上海社会科学院出版社，2016.

复旦大学历史学系. 新文化史与中国近代史研究 [M]. 上海：上海古籍出版社，2009.

三松館主人. 江戸時代の生活便利帖 現代語訳·民家日用廣益秘事大全 [M]. 内藤久男，訳. 東京：株式会社幻冬舎，2014.

后 记

古农书是中国传统农学的最重要载体，也是研究传统农学知识体系形成、发展与演变的主要依据。可以毫不夸张地说，我们现在所了解的中国古代农业史正是以农书为骨架而搭建起来的。但传统农书也存在着先天性缺陷：一是大多数农书过于热衷于对先前经典作品的引用而致使其原创性不足，有些甚至不标注出处，使得我们经常难以判断一项新技术的具体产生年代；二是它的受众群体主要局限在官宦与士大夫阶层，其影响不能遍及普通民众。日用类书是将日常生活所需各类知识分类汇编的一种民间生活指南，其中的"农桑门""牧养门"与"时令门"皆是与农业相关的篇章。作为一种商品性出版物，知识的时效性是日用类书编纂者的一个重要考量因素，且日用类书本身就是随着市民文化的繁荣与识字率的提升而出现的，其销售对象或潜在读者正是庶民大众。所以对日用类书中的农学知识进行研究可在某种程度上弥补传统农书研究之不逮，这正是笔者撰写此书的初衷。

确定了研究主题之后，研究时段的选取就成为下一个问题。笔者对从南宋《事林广记》到明代末年多种日用类书中的农学篇章进行逐一梳理，以其中的农学知识为依据将这批日用类书分为两类，一类是南宋—明代前中期的日用类书，另一类是明代中后期的日用类书，而二者分界的时间节点就是邝璠《便民图纂》的刊布。也就是说随着弘治年间《便民图纂》一书的刊刻与流传，日用类书中的农学知识与前代相比发生了范式性的转变，而这种转变恰好与明代中后期的社会变革互为表里，这也为研究这一时期的农学知识社会史提供了绝佳的素材。故而，笔者在本书开篇花费颇多笔墨来描述这本引发日用类书中农学知识转型的《便民图纂》，继而遵循日用类书的固有体例，分别以农桑知识、耕织图词与农业占候为中心，描述了其中所含农学知识的特质性，同时也勾勒了明代中后期农学知识与社会经济、世俗文化、思想心态等方面互动的几幅图像。

本书的写成，得益于中国科学院自然科学史研究所"十三五"重大突破项目"科技知识的创造与传播"与国家社会科学基金青年项目"中国古代日用类书中的农业史料整理与研究"的支持。首先，要感谢关晓武、曾雄生、罗桂环、张柏春、韩毅、韩琦、曹幸穗、樊志民、倪根金、曹希敬、潘澍原等老师与同事在项目立项与执行过程中给予的诸多支持与帮助。其次，要感谢为本书提供方法与资料支持的各位朋友，白馥兰、梁其姿、Elaine Leong、高彦颐在研究方法与思路上给予过指导，孙显斌、邹怡、李昕升、王吉辰、郑诚、汪小虎、高峰、崔德卿、杨建庭、袁静先后为本书的撰写提供过若干宝贵资料。再次，要感谢阅读全部或部分书稿并参与讨论的学界同仁，葛小寒、方万鹏、宋元明、朱绯、宋尚志通读了本书初稿，协助核对引文并订正了几处讹误；本书的部分章节曾在韩国全北大学、南京农业大学、云南大学与山东大学举办的学术会议上报告过，王思明、古克礼、阿梅龙、王加华、徐旺生、沈志忠、赵珍、王建革、王加华等与会专家都提出过一些建设性意见。山东科学技术出版社杨磊与胡启航高效而出色的编辑工作，亦为本书的顺利出版提供了莫大的帮助。

最后，要特别感谢我的祖母朱鸿英。笔者幼年时的大部分时间是跟随她一起生活的，祖母对灶王像中"时令节气与福运吉时表"的解说使我对有关涓吉择日、几龙治水、几牛耕田，以及几姑看蚕等民间通俗知识有所了解。每年元宵节祖母还会通过蒸面灯的方式来预测当年所宜禾稼与每月雨水状况，祖孙间的日常对话中也会涉及诸多关于课晴问雨、占卜旱潦，以及星命克择的乡言俚语，这些都在冥冥之中为笔者写作本书提供了必要的知识储备，激起了笔者对此类知识的最初兴趣。透过泛黄的纸张，每当发现 17 世纪书坊编辑者们的书面记载与祖母口头叙述中的许多知识毫无二致之时，我惊诧于历史的厚重感与传统知识跨越时空的强大生命力。

杜新豪